油藏工程理论研究与实践

Theoretical Research and Practice of Reservoir Engineering

计秉玉 著

科学出版社

北京

内 容 简 介

本书是作者从事油田开发工作40年来在油藏工程方面主要研究成果的总结，涵盖了油田开发机理、井网分析与设计理论、油田开发指标预测与分析、渗流力学若干问题、油田开发优化等方面的研究进展，也涉及几种典型油田开发模式与油田开发方法的认识与思考。

本书可供油田开发技术人员及开发管理人员阅读，也可供高等院校石油工程、管理科学与工程专业的教师、学生参考。

图书在版编目（CIP）数据

油藏工程理论研究与实践 / 计秉玉著. --北京：科学出版社，2024.
8. -- ISBN 978-7-03-079158-0

Ⅰ. TE34

中国国家版本馆 CIP 数据核字第 20248YH901 号

责任编辑：万群霞　冯晓利 / 责任校对：王萌萌
责任印制：师艳茹 / 封面设计：无极书装

科 学 出 版 社 出版

北京东黄城根北街 16 号
邮政编码：100717
http://www.sciencep.com

中煤（北京）印务有限公司印刷
科学出版社发行　各地新华书店经销
*
2024 年 8 月第 一 版　开本：787×1092 1/16
2024 年 8 月第一次印刷　印张：21
字数：377 000

定价：220.00 元

（如有印装质量问题，我社负责调换）

前　言

　　油藏工程是油田开发工作中的关键学科，在油田开发全过程中起着引领作用。然而关于什么是油藏工程，业界目前还没有统一的定义。根据多年的工作体会和思考，笔者认为油藏工程研究的内涵是油田开发机理与方法，开发指标变化规律与预测方法，开发动态分析及对油藏地质再认识，以及开发规划与开发方案优化设计的理论、方法和应用；它是以渗流力学、热力学、物理化学等学科为基础，充分运用数学方法、计算机模拟技术和实验等手段进行研究的工程学科，目标是实现油藏采收率最高、价值最大化。

　　笔者参加工作伊始，从事油藏地质科研工作，工作之余偶然翻阅麦斯盖特①的《采油物理原理》，随即对油藏工程学科产生兴趣；之后又研读了克磊洛夫等的《油田开发科学原理》②、《油田开发设计》③，克瑞斯特④的《地下水力学》，童宪章⑤的《压力恢复曲线在油、气田开发中的应用》等著作，深受启发，意识到从事油藏工程方面的工作更可以充分发挥自己数理方面的特长，因此走上了油藏工程理论与应用的研究之路，并为之奉献了整个职业生涯。

　　笔者先后在大庆油田、中国石化石油勘探开发研究院从事油藏工程的研究与应用。在 40 余载的工作中，力争做到横跨学术界与工业界，致力融合"学院派"的学术科研与"现场派"的工程应用，在理论与实践方面颇有一些收获。为此，将多年油藏工程方面的研究成果、认识与体会悉心整理，并以专著的形式出版。

　　全书共 7 章，包括油田开发机理研究、井网分析与设计等多年的科研成果，以及多油层油田开发模式、低渗透砂岩油田开发模式等中国典型油田开发做法的归纳概括，同时涵盖了多学科油藏研究方法，并包含油藏工程学科发展趋势等方面的思考。笔者的研究成果及一些思想若能对油田开发技术人

---

① 麦斯盖特 M. 采油物理原理(上下册). 俞志汉, 李奉孝, 译. 北京: 石油工业出版社, 1979.

② 阿·波·克磊洛夫, 等. 油田开发科学原理(上下册). 北京: 石油工业出版社, 1956.

③ 克磊洛夫 А П, 别拉什 П M. 包利索夫 Ю П, 等. 油田开发设计. 王福松, 赵钧, 译. 北京: 中国工业出版社, 1964.

④ 克瑞斯特 N. 地下水力学. 刘慰宁, 叶诗美, 王谦身, 译. 北京: 中国工业出版社, 1964.

⑤ 童宪章. 压力恢复曲线在油、气田开发中的应用. 北京: 石油工业出版社, 1983.

员，尤其是对刚参加工作的青年同志及在校学生有所启迪和帮助，也就完成了一个油田开发战线上"老兵"的心愿。

出版本书的另一愿望是希望可以抛砖引玉，与对该方面感兴趣的同仁进行学术讨论，希望对活跃学术氛围起到一些积极作用。

本书的一些成果得到了许多同事的帮助，深表感谢。限于篇幅，姓名在此不再一一列举，但在具体章节内容中将会提到。同时，感谢方吉超博士、何应付博士、姚瑜敏博士帮助整理全书。

由于学识所限，拙作难免存在疏漏之处，敬请广大读者批评指正。

作　者

2023 年 10 月

目　　录

第1章 油田开发机理研究

油田开发机理是油田开发方式或方法所依据的科学原理，是油田开发设计的理论基础和油藏工程研究的重点内容。不同类型油藏、不同开发阶段的重大开发调整，都应该以相应的开发机理为指导。为此，笔者多年来针对高含水油田周期注水机理、注采结构调整机理、滞留气提高采收率机理，针对低渗透油田的渗吸法采油机理、二氧化碳非完全混相驱机理、高频脉冲注水机理，以及稠油油藏的化学复合冷采机理等方面开展研究并取得突破性认识。本章阐述笔者在油田开发机理与方法研究领域取得的重要成果与实践应用。

1.1 厚油层周期注水力学机理

苏联学者沙尔巴托娃和苏尔古切夫[1]于20世纪50年代末第一次提出周期注水概念，认为利用现有的注水设备周期性地改变注水方式，在油层中人为地建立不稳定状态可以强化采油过程。根据这个结论，自1964年开始，苏联曾先后在波克罗夫(Pokrov)等50余个油田进行周期注水矿场试验或工业性开采，均取得较好的开发效果。矿场经验表明，周期注水与常规(稳定)注水相比可提高采收率3～10个百分点。

从1965年开始，苏联开始注重周期注水机理研究。其中以全苏石油科学院研究人员20世纪70年代建立的数学模型影响力最大[2]，但问题是该模型只是在人为引进水滞留系数概念的基础上(即假定周期注水有效果情况下)，通过估算垂向非均质油层内高低渗透率层段间的交渗流量，分析周期注水改善开发效果及其影响因素，不能从本质上阐明周期注水作用的力学机理。

有学者通过室内实验认为[1]，周期注水改善开发效果的物理实质是在停注阶段充分发挥了毛细管力的窜流作用，结果使低渗透层段中驱出更多的原油到高渗透水淹层并被采出，并由此推论出水湿油层更适合于周期注水的结论。

美国学者Craig[3]也提出周期注水发挥层段间"交渗"作用提高纵向波及效率的观点，一些石油公司在水湿油层开展了大量周期注水实践，并取得良好效果。

我国大庆喇萨杏油田主力储层呈偏油湿特点，能否应用周期注水改善水驱效果？20世纪90年代以来，大庆油田开发界对此很重视，但在工业化应用前需要从机理上加深认识。在此背景下，笔者以渗流力学为基础，在前人工作基础上进一步深入探讨周期注水作用机理。

1.1.1 周期注水条件下油水纵向窜流特征分析

周期注水是指注水井周期性地开井与关井的注水方式，是不稳定注水的一种，可以在油层中形成不稳定的压力场、速度场。

1. 垂向非均质油层高低渗透率层段间产生附加压力差

渗流力学分析与数值模拟计算表明，在稳定注水情况下，由油水密度差产生的重力作用和油水两相间毛细管力作用使油水在纵向上运动并产生垂向平衡，如不考虑位势差，油层纵向上高低渗透层段间各相压力趋于相等。而周期注水却打破了这种平衡，表现为：在周期注水的停注或减少注水量半个周期内，注采不平衡导致地层压力下降，由于含油饱和度(影响综合弹性压缩系数的重要因素)和渗透率差异，使高渗透层段压力下降快，低渗透层段压力下降慢——这种下降速度的不同步导致了同一时刻内高渗透层段压力较低，低渗透层段压力较高，从而在层段间产生除毛细管力和重力之外的一种压力差(对于这种不稳定注水所固有的压力差，我们称之为附加压力差)。相反，在重新注水或加大注水量半个周期内，高渗透层段压力恢复得快，低渗透层段压力恢复得慢，又产生反向压力差，数值模拟结果见图1-1。

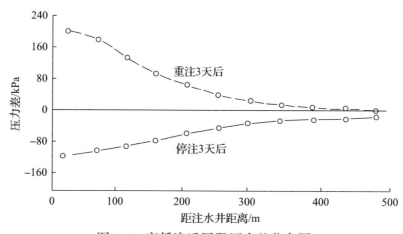

图1-1 高低渗透层段压力差分布图

2. 层段间产生三种不同性质的纵向窜流

以垂直向下方向为 z 方向建立坐标系，假定油层中只存在油水两相，由达西定律可写出下列油水纵向运动方程：

$$v_{zw} = -\frac{k_z k_{rw}}{\mu_w} \cdot \frac{\partial \Phi_w}{\partial z} = -\frac{k_z k_{rw}}{\mu_w}\left(\frac{\partial p_w}{\partial z} - \rho_w g\right) \tag{1-1}$$

$$v_{zo} = -\frac{k_z k_{ro}}{\mu_o} \cdot \frac{\partial \Phi_o}{\partial z} = -\frac{k_z k_{ro}}{\mu_o}\left(\frac{\partial p_o}{\partial z} - \rho_o g\right) \tag{1-2}$$

式中，ρ、p 分别为密度和压力；μ 为黏度；下标 w 和 o 分别表示水相和油相；v_{zw} 和 v_{zo} 分别为 z 方向水相和油相的流速；k_z、k_{rw} 和 k_{ro} 分别为垂向绝对渗透率、水相相对渗透率和油相相对渗透率（均为达西单位制，下同）；Φ_w、Φ_o 分别为水相和油相的势。

由于周期注水在层段间产生附加压力差，所以有

$$v_{zt} = v_{zw} + v_{zo} \neq 0 \tag{1-3}$$

联立式(1-1)～式(1-3)，并令

$$\lambda_1 = \frac{k_z k_{rw}}{\mu_w}, \quad \lambda_2 = \frac{k_z k_{ro}}{\mu_o}, \quad p_c = p_o - p_w$$

得

$$v_{zw} = \frac{\lambda_1 \lambda_2}{\lambda_1 + \lambda_2}\left[\frac{\partial p_c}{\partial z} + (\rho_w - \rho_o)g\right] + \frac{\lambda_1}{\lambda_1 + \lambda_2} v_{zt} \tag{1-4}$$

式中，v_{zt} 分别为 z 方向油水总流速；p_c 为油水相毛细管力。

令 $\dfrac{\partial p_{wa}}{\partial z}$ 表示周期注水作用产生的附加压力（p_{wa}）梯度，有

$$v_{zt} = -\left(\lambda_1 + \lambda_2\right)\frac{\partial p_{wa}}{\partial z} \tag{1-5}$$

则式(1-4)变为

$$v_{zw} = \frac{\lambda_1 \lambda_2}{\lambda_1 + \lambda_2}\left[\frac{\partial p_c}{\partial z} + (\rho_w - \rho_o)g\right] - \lambda_1 \frac{\partial p_{wa}}{\partial z} \tag{1-6}$$

令

$$v_{zww} = \frac{\lambda_1 \lambda_2}{\lambda_1 + \lambda_2}\left(\rho_w - \rho_o\right)g \tag{1-7}$$

$$v_{zwc} = \frac{\lambda_1 \lambda_2}{\lambda_1 + \lambda_2}\frac{\partial p_c}{\partial z} \tag{1-8}$$

$$v_{zwa} = -\lambda_1 \frac{\partial p_{wa}}{\partial z} \tag{1-9}$$

则式(1-6)可写成

$$v_{zw} = v_{zwc} + v_{zww} + v_{zwa} \tag{1-10}$$

式(1-6)或式(1-10)表明，周期注水作用下水在垂向非均质油层纵向上产生重力窜流、毛细管力和附加窜流3种形式的运动。

1.1.2 毛细管力窜流特性及其对开发效果的影响

毛细管力窜流是水驱油田开发过程中普遍存在的一种现象。为研究周期注水改善开发效果力学机理的需要，下面对这一问题进行深入剖析。由 Leverett J 函数[①]表达式，可将毛细管力写成

$$p_c = \left(\frac{\phi}{k}\right)^{\frac{1}{2}} \sigma \cos\theta \cdot J\left(S_w\right) \tag{1-11}$$

式中，ϕ 为孔隙度；k 为渗透率；S_w 为含水饱和度；σ 为油水界面张力；$J\left(S_w\right)$ 为 Leverett J 函数；θ 为润湿角。

毛细管束模型中渗透率与孔隙半径关系：

$$k = \frac{\phi r_c^2}{8} \tag{1-12}$$

式中，r_c 为孔隙半径。

将式(1-12)代入式(1-11)，可得

$$p_c = \frac{2\sqrt{2}}{r_c}\sigma \cdot \cos\theta \cdot J\left(S_w\right) = p_c\left(S_w, r_c, \cos\theta\right) \tag{1-13}$$

---

① 由 Leverett 建立的归一化含水饱和度函数。

为考察毛细管力在油层纵向上的变化，将式(1-13)对 z 求偏导数，有

$$\frac{\partial p_c}{\partial z} = \frac{\partial p_c}{\partial S_w}\frac{\partial S_w}{\partial z} + \frac{\partial p_c}{\partial r_c}\frac{\partial r_c}{\partial z} + \frac{\partial p_c}{\partial \cos\theta}\frac{\partial \cos\theta}{\partial z} = \frac{\partial p_c}{\partial S_w}\frac{\partial S_w}{\partial z} - \frac{2\sqrt{2}\sigma\cos\theta J(S_w)}{r_c^2}\frac{\partial r_c}{\partial z}$$

$$+ \frac{2\sqrt{2}\sigma J(S_w)}{r_c}\frac{\partial \cos\theta}{\partial z}$$

$$(1-14)$$

令

$$v_{zwc1} = \frac{\lambda_1\lambda_2}{\lambda_1+\lambda_2}\frac{\partial p_c}{\partial S_w}\frac{\partial S_w}{\partial z} \qquad (1-15)$$

$$v_{zwc2} = \frac{\lambda_1\lambda_2}{\lambda_1+\lambda_2}\left[-\frac{2\sqrt{2}\sigma\cos\theta J(S_w)}{r_c^2}\right]\frac{\partial r_c}{\partial z} \qquad (1-16)$$

$$v_{zwc3} = \frac{\lambda_1\lambda_2}{\lambda_1+\lambda_2}\left[\frac{2\sqrt{2}\sigma J(S_w)}{r_c}\right]\frac{\partial \cos\theta}{\partial z} \qquad (1-17)$$

则

$$v_{zwc} = v_{zwc1} + v_{zwc2} + v_{zwc3} \qquad (1-18)$$

由式(1-18)可见，按成因可将毛细管力引起水的纵向窜流进一步分为 3 部分。

1. 含水饱和度差异引起水纵向毛细管力窜流

式(1-15)表明，不考虑其他因素，含水饱和度在油层纵向上分布的差异将会产生毛细管力窜流。由毛细管压力曲线形态可知(图 1-2、图 1-3)，不论油层水湿还是油湿，均有 $\frac{\partial p_c}{\partial S_w} < 0$，即窜流速度 v_{zwc1} 与梯度 $\frac{\partial S_w}{\partial z}$ 方向相反，说明水总是由高含水饱和度层段向低含水饱和度层段窜流，并且窜流量的大小与 $\frac{\partial S_w}{\partial z}$ 成正比，即油层纵向小层段间饱和度差异越悬殊，窜流量越大。

据上述分析可知，饱和度差异产生的毛细管力窜流对各种地质条件油藏，不同开发阶段均起到均匀水淹、减缓层段间矛盾的作用。

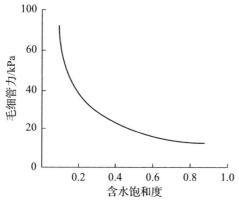
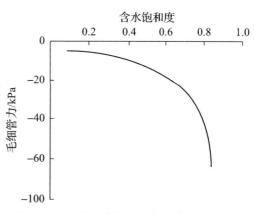

图 1-2 水湿油层毛细管力曲线示意图　　图 1-3 油湿油层毛细管力曲线示意图

2. 孔隙半径变化引起水纵向毛管窜流

对于水湿油层，$\cos\theta > 0$，由式 (1-16) 可知，窜流速度 v_{zwc2} 与 $\partial r_c /\partial z$ 反向，说明水由大孔隙高渗透层窜向小孔隙低渗透层段；相反，对于油湿油层，$\cos\theta < 0$，窜流速度 v_{zwc2} 与 $\partial r_c /\partial z$ 同向，水则从小孔隙低渗透层段窜向大孔隙高渗透层段。这种由孔隙大小变化所产生的水窜流大小与 $\partial r_c /\partial z$ 即层段间孔隙大小差异成正比。

在开发过程中低渗透层段具有较高的剩余油饱和度，高渗透层段具有较高的注入水饱和度。上述分析表明，孔隙半径差异产生的毛细管力窜流对水湿油层将起到均匀水淹作用，有利于油田的开发，而对油湿油层则刚好相反。这就是水湿油层为什么常常比油湿油层开发效果好的一个根本原因。

3. 润湿性变化引起水纵向毛管窜流

式 (1-17) 表明，由润湿性强弱变化所产生的毛细管力窜流速度 v_{zwc3} 与 $\partial\cos\theta /\partial z$ 同向，说明水窜向强水湿方向，并且润湿性变化越大，这种窜流越剧烈。

大庆油田运用自动吸入法测定油层润湿性资料统计表明，随着渗透率降低，孔隙半径变小，泥质含量增加，束缚水饱和度升高，油层水湿性增强。所以，一般情况下润湿性差异产生的毛细管力窜流使水从高渗透层段窜向低渗透层段，是油田开发的有利因素。

1.1.3 周期注水改善开发效果的力学机制

1. 附加窜流对开发效果的影响

模拟计算和理论分析表明，稳定注水情况下，油层纵向油水总速度为

$$v_{zt} = v_{zw} + v_{zo} = 0 \qquad (1-19)$$

此时水在油层纵向上窜流速度可表达为

$$v_{zw} = \frac{\lambda_1 \lambda_2}{\lambda_1 + \lambda_2}\left[\frac{\partial p_o}{\partial z} + (\rho_w - \rho_o)g\right] \qquad (1-20)$$

比较式(1-20)与式(1-4)可知,重力窜流和毛细管力窜流是周期注水和稳定注水共存的窜流形式,只有附加压力差产生的附加窜流才是周期注水所特有的。

这个附加窜流具有方向随着周期注水方式的改变而变化的特性。在停注或减少注水量半周期内,油水均从低渗透层段窜向高渗透层段,而在重新注水或加大注水量半周期内油水又均从高渗透层段窜向低渗透层段。只是由于高低渗透层段间含水饱和度的差异引起流度的变化,使在一个完整的周期内有更多的水从高含水的高渗透层段窜向低含水的低渗透层段,更多的油从低渗透层段窜向高渗透层段,从而改变了垂向非均质油层在稳定注水条件下由重力和毛细管力垂向平衡所形成的油水垂向分布,使水淹更加均匀。

周期注水产生的附加窜流能够起到调节厚油层内层段间矛盾的作用,是油田开发有利因素,这就是矿场实践所证实的周期注水可用于各种类型油藏和不同开发阶段的根本原因。周期注水均匀高低渗透层段间水淹作用的数值模拟结果(一个周期)见图1-4。

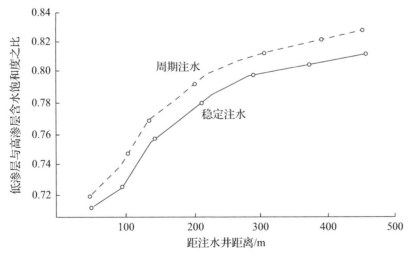

图1-4 高低渗透层段水淹程度对比图

上述分析表明,对于垂向非均质的厚油层,在孔隙结构和油层物性一定情况下，注水开发过程中影响毛细管力窜流强弱的基本因素是饱和度差异。而周期注水产生的附加窜流有减小层段间饱和度差异的作用，这恰恰说明周期注水将会削弱，而不是强化毛细管力窜流。因此苏联学者提出的周期注水改善开发效果的主要机理是充分发挥毛细管力作用存在片面性。

2. 影响周期注水效果的根本因素

通过周期注水附加窜流作用机制可以推论，影响周期注水改善开发效果的根本因素是层段间渗透率差异和饱和度差异。这种差异越大，层段间产生的附加压力差将越大，两个方向的流度差也越大，从而在一个周期内由高渗透层段渗入到低渗透层段的水量和低渗透层段渗入到高渗透层段中的油量也越多，即周期注水改善水驱效果越明显。换句话说，当层段间矛盾越突出时越适合于周期注水。

水湿油层毛细管力在注水开发过程中起到均匀水淹作用，在一定程度上减小了层段间饱和度差异，使周期注水附加窜流改善开发效果的潜力变差。通过一个水湿正韵律模型的数值模拟计算发现，当考虑毛细管力时，常规稳定水驱采收率(含水率98%时的采出程度)为39.1%，而在相同累积注水量(或注水孔隙体积)下的周期注水采收率上升到43.1%，提高了4个百分点。而不考虑毛细管力影响时，常规稳定水驱采收率为30.5%，周期注水采收率上升到36.7%，提高了6.2个百分点，比存在毛细管力情况时的效果更加明显。

大量的数值模拟计算表明，常规稳定水驱不利的因素一般有利于周期注水改善开发相对效果的提高。笔者运用正交设计法设计油藏模型和周期注水方案(在数值模拟方案设计中引用正交设计方法尚属首次)，以提高采收率百分数作为指标。通过数值模拟计算及进一步的方差分析发现，正韵律油层周期注水效果比反韵律油层明显，油湿油层周期注水效果比水湿油层明显；非均质性越强，原油黏度越大(在水驱范围内)，周期注水效果越显著。

值得注意的是，本章关于周期注水改善开发效果力学机理是在油层压力高于饱和压力，即只存在油水两相运动条件下得到的。对于高饱和压力油田，如果停注阶段地层压力过低将会形成溶解气驱动，原油性质遭到破坏，周期注水效果将会大大变差。对于低渗透裂缝性储层，渗流条件与机制发生变化，还应当开展专门性的研究。

1.1.4 小结

(1)以渗流力学解析公式为基础并结合油藏数值模拟计算，深入研究垂向非均质油层周期注水作用力学机理，得到如下结论：通过周期注水可以在垂向非均质厚油层高低渗透层段间造成附加压力差，产生附加窜流。这个附加窜流能起到均匀油层纵向水淹的作用，有利于开发效果的改善，并且稳定注水条件下层段间开发矛盾越突出，剩余油潜力越大，周期注水效果越明显。

(2)毛细管力窜流是稳定注水与周期注水所共存的一种窜流形式，决定其大小的主要因素是饱和度的差异、孔隙半径差异和润湿角差异，并没有随着周期注水作用而增强的规律性。相反，周期注水均匀水淹作用将会削弱毛细管力，而有利于常规水驱的毛细管力存在也会降低周期注水效果。

(3)依据笔者对周期注水力学机理的研究，大庆喇萨杏油田开展了周期注水现场试验，扩大周期注水规模，使周期注水成为油田高含水后期的一种重要调整手段。

1.2　油层注采结构调整机理数学模型研究

喇萨杏油田是大庆油区的主体油田，是典型的多层非均质大型砂岩油田。进入高含水后期后，虽然经过多次层系细分调整，但一个开发层系内各小层仍然存在较大的渗透率极差，开采的不平衡性仍然比较突出，严重影响了石油采收率。因此，在"八五"以后，油田决策层决定通过油水井工艺措施，调整高低渗透率层间注水产液结构，降低油井综合含水率，实现稳油控水、改善整体开发效果。但这种做法是否是短期行为、开发指标后期如何变化、是否为正确的战略性决策，都需要深入论证，需要从原理上给予回答。物理模拟需要考虑因素多，相似性很弱。矿场试验周期长，短期内难以得到确切结论。因此，油田开发技术决策者安排，由笔者牵头，开展以数学模型为手段的油藏工程研究，得到了许多重要结论，为整个油田全面实施稳油控水重大系统工程提供了重要的理论依据。

1.2.1　工艺措施作用后油水井指标变化数学表征

多油层砂岩油田高含水期进行调整的主要工艺措施是分层注水、差油层压裂、"三换"(抽油机换型、抽油机换电泵和小泵换大泵)和高含水层堵水。这些工艺措施直接影响注水量和产液量变化，也影响整个开发层系的含水率、采收率和经济效益。笔者以大庆喇萨杏油田地质开发特征为依据，推导了一套表征措施作用的数学公式。

1. 脱气条件下产量计算公式

自 1985 年以后, 大庆油田为保持原油稳产, 举升方式由自喷转向抽油, 尤其是近几年来大规模的 "三换", 使油井流压远低于泡点压力, 从而在油井附近形成脱气圈, 渗流条件发生了变化。根据流态可将油井渗流区划分成两个流动区域, 在脱气区内考虑油气两相, 在未脱气区内仅考虑油相。两个区域遵循不同的渗流规律(为简化计算, 先考虑油气两相, 然后再对水相进行修正, 具体推导见第 3 章)。

依据油气两相渗流的油气两相稳定渗流理论和单相裘布依(Dupuit)公式, 结合大庆油田油气相对渗透率曲线和高压物性特征, 可以推出产量计算公式:

$$q_o = J_b \left[(p_R - p_f) - c(p_b - p_f)^2 \right] \tag{1-21}$$

式中, q_o 为产油量; J_b 为流压等于泡点条件下采油指数; p_R 为地层压力; p_f 为流体压力; p_b 为饱和压力(泡点压力); c 为与油层流体性质相关的常数。

2. 含水率、压裂及堵水对产液量影响的修正方程

1) 含水率的影响

式(1-21)中的产量是在油气两相条件下推导出来的。由于含水, 增加了油层中液流的总流度, 还应对公式进行修正。生产数据统计结果表明, 含水条件下的产液量可描述为

$$q_L = J_b e^{b f_w} \left[(p_R - p_f) - (c + n f_w)(p_b - p_f)^2 \right] \tag{1-22}$$

式中, q_L 为产液量; f_w 为含水率; b、n 均为与储层、原油物性相关的参数。

2) 压裂的影响

由于压裂效果受油层本身岩性、物性参数、含水率、压裂设备、压裂液和填充砂的特性, 以及工艺过程、管理方法等多种因素的影响, 完全依靠矿场统计的油量、含水率变化与压裂效果的关系在时间和区域上很难具有普遍性。因此, 应该从压裂改造油层机制出发, 分析压裂对开发指标的作用特征。

从开发地质观点看, 压裂在油井(或水井)附近人为地造一条高渗透带, 从而增强油井渗流能力, 可用减小渗流阻力倍数来表征。该情况下压裂井的产液量可进一步修正为

$$q_{\mathrm{L}} = K_{\mathrm{p}} \mathrm{e}^{bf_{\mathrm{w}}} J_{\mathrm{b}} \left[\left(p_{\mathrm{R}} - p_{\mathrm{f}} \right) - \left(c + n f_{\mathrm{w}} \right) \left(p_{\mathrm{b}} - p_{\mathrm{f}} \right)^2 \right] \tag{1-23}$$

式中，K_{p} 为压裂减小渗流阻力倍数。该式的物理意义比较明确，体现了地层流体性质、含水率、脱气和压裂等因素对产液量的影响或贡献。

3) 堵水的影响

对于单井层，堵水后产液量为零，油井"三换"并没有改变油层特性，只是工作制度和渗流条件的改变，在产液量公式中已有体现。

对于一个层段，如果油井数为 n_{o}、压裂井数为 n_{f}、堵水井数为 n_{p}，则全层的产液量表达式为

$$Q_{\mathrm{L}} = \left[n_{\mathrm{o}} + \left(K_{\mathrm{p}} - 1 \right) n_{\mathrm{f}} - n_{\mathrm{p}} \right] J_{\mathrm{b}} \mathrm{e}^{bf_{\mathrm{w}}} \left[\left(p_{\mathrm{R}} - p_{\mathrm{f}} \right) - \left(c + n f_{\mathrm{w}} \right) \left(p_{\mathrm{b}} - p_{\mathrm{f}} \right)^2 \right] \tag{1-24}$$

式中，Q_{L} 为层段产液量。

3. 分层注水后注水量变化

分层注水的作用是通过水嘴压力损失控制高渗透层的注水井底压力和相对提高低渗透层的注水量，从而提高低渗透层注水量比例。因此，分注井单井层吸水量可表示为

$$Q_{\mathrm{j}} = I_{\mathrm{w}} \mathrm{e}^{bf_{\mathrm{w}}} \left(p_{\mathrm{h}}' - p_{\mathrm{w}} \right) \tag{1-25}$$

对于整个层段，如果分层注水井数为 n_{d}，则全层吸水量为

$$Q_{\mathrm{t}} = I_{\mathrm{w}} \mathrm{e}^{bf_{\mathrm{w}}} \left[n_{\mathrm{w}} \left(p_{\mathrm{h}} - p_{\mathrm{w}} \right) + n_{\mathrm{d}} \left(p_{\mathrm{h}}' - p_{\mathrm{h}} \right) \right] \tag{1-26}$$

式中，I_{w} 为吸水指数；p_{h}、p_{h}' 分别为分注前后注水井井底压力；p_{w} 为水井地层压力。

1.2.2 工艺措施后油层开发指标变化数学模型

对于像大庆喇萨杏油田这样的陆相湖盆三角洲沉积的储层，在垂向和平面上都具有严重的非均质性。开发过程中各种调整措施本质上就是解决或减弱由这些非均质性带来的开采不平衡性问题，从而达到改善整体开发效果的目的。为此，笔者概括并研究建立了层间非均质和平面非均质调整两种数学模型。

1. 层间调整数学模型

假定油层在纵向上由一系列性质不同、含水率不同的层段组成。分层注水、堵水和压裂等措施改变了高低渗透层的渗流条件，加速了低含水、差油层的开采速度，控制了高含水高渗透层的开采速度，从而减缓了开采不平衡矛盾。上述控制措施和开发指标动态之间的联系，各层段之间的相互影响可由下列微分方程组描述。

1）压力方程

对于注水开发油田，油水井地层压力间可能存在较大的差别，所以应将油水井区域分开考虑。根据物质平衡原理和两区域间压力差产生的渗流，推导出如下压力变化微分方程：

$$\frac{\mathrm{d}p_{oi}}{\mathrm{d}t} = \frac{(1-S_{wc})(n_o+n_w)}{N_iC_t}\left[\frac{n_w}{n_w+n_o}\lambda_i(p_{wi}-p_{oi})-\frac{Q_{Li}}{n_o}\right] \tag{1-27}$$

$$\frac{\mathrm{d}p_{wi}}{\mathrm{d}t} = \frac{(1-S_{wc})(n_o+n_w)}{N_iC_t}\left[\frac{Q_{Li}}{n_w}-\frac{n_o}{n_w+n_o}\lambda_i(p_{wi}-p_{oi})\right] \tag{1-28}$$

式中，$i=1,2,\cdots,n$，表示层段数；C_t 为综合压缩系数；λ_i 为第 i 层段油水井区域传导率；n_o、n_w 分别为油井数、水井数；N_i 为第 i 层段地质储量；Q_L 为层段产液量；p_w 为水井地层压力；p_o 为油井地层压力；S_{wc} 为束缚水饱和度。

2）含水方程

由甲型、乙型水驱特征曲线和西帕切夫（Sipachev）曲线，可以推出含水率变化微分方程：

$$\frac{\mathrm{d}f_{wi}}{\mathrm{d}t} = \frac{Q_{Li}}{N_ib}(1-f_{wi})^2 f_{wi} \tag{1-29}$$

或

$$\frac{\mathrm{d}f_{wi}}{\mathrm{d}t} = \frac{Q_{Li}}{N_i(B/2)}(1-f_{wi})^{3/2} \tag{1-30}$$

式中，B 为与原油性质有关的参数。以上 $3n$ 个非线性方程组可使用 Runge-Kutta 方法数值求解出给定的工艺措施和油藏地质条件下的各层段 p_{wi}、p_{oi}、f_{wi}

变化，进而求出其他开发指标变化。

以上诸式中 Q_{Li} 可由式 (1-24) 计算，在给定全区液量约束条件下，流压求解由下式数值法反求得到

$$Q_L = \sum_{i=1}^{n} \left[n_o + (K_p - 1) n_{fi} - n_{pi} \right] J_b e^{bf_{wi}} \left[p_{oi} - p_f - (c + mf_w)(p_b - p_f)^2 \right] \quad (1\text{-}31)$$

2. 平面调整数学模型

为不失一般性，平面调整模型可假设由 1 口水井区域和 n_o 口不同油层性质、不同含水率的油井区域组成，运用与层间调整相类似的方法，忽略油井之间可能存在的窜流作用，可以推导出油水井压力方程分别为

$$\frac{\mathrm{d}p_{oi}}{\mathrm{d}t} = \frac{(1 - S_{wc}) n_o}{N C_t} \left[\frac{\lambda_i \lambda}{\lambda + \sum \lambda_i} (p_w - p_{oi}) - q_{li} \right] \quad (1\text{-}32)$$

$$\frac{\mathrm{d}p_w}{\mathrm{d}t} = \frac{(1 - S_{wc}) n_o}{N C_t} \left[q_w - \sum \frac{\lambda_i \lambda}{\lambda_i + \sum \lambda_i} (p_w - p_{oi}) \right] \quad (1\text{-}33)$$

含水率方程仍用式 (1-29) 或式 (1-30) 表示。

可以看出，除系数差别外，平面调整微分方程与层间调整微分方程具有相同的结构。因此，层间结构调整作用和平面调整作用可用统一的微分方程式进行描述。或者说，运用层间结构调整模型，通过系数调整即可表征整个油藏开发调整效果。

1.2.3　工艺措施条件下开发指标变化特征

运用上述数学模型可以计算不同措施条件、不同措施工作量下的开发指标变化特征。

1. 最终采收率变化

计算结果表明，分层注水、差油层压裂及高含水层堵水等措施作用与无措施自然开采条件比较，差油层开采速度变快，产液比例加大，高含水层得到一定的限制，水驱效果变好，达到含水率极限（98%）后整体采收率均有不同程度的提高（0.7%~1.1%）。甲型水驱曲线先缓后陡，乙型水驱曲线呈反 S 形变化，在短期内可能会出现向采出程度轴方向偏转或下降现象

（图 1-5 和图 1-6），说明运用刚刚注采调整后的水驱曲线预测可采储量数值将偏大。

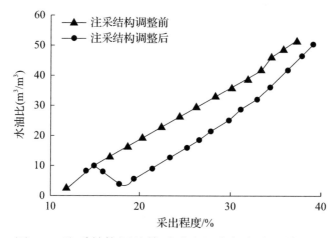

图 1-5　注采结构调整前后采出程度与水油比关系图

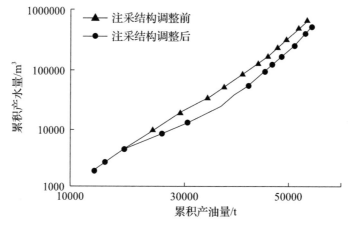

图 1-6　注采结构调整前后累积产油量与累积产水量关系图

通过上述模型计算，还可以得到如下结论：①差油层渗透率越低，储量比例越大，注采结构调整后采收率增加值越高；②在不同含水率条件下进行注采结构调整提高采收率差别不大，只是累积注水量有所不同，但在相同注水系数下，调整时机越早越好；③其他条件不变且高低渗透层差异比较大的情况下，措施强度增大，采收率增高。

2. 产油量与产油量递减率变化

1）油井定液条件下

与无措施相比较，各种工艺措施后初期产油量增加，但后期却随着含水上升率的逐步变大，递减略有加快趋势，产油量降低(图 1-7)，采取措施时间越早，前期增油效果越明显，但后期下降幅度也相对增大(图 1-8)。差油层储量(或厚度)比例越大，采取措施增油效果前期越明显，但后期下降幅度也较大。

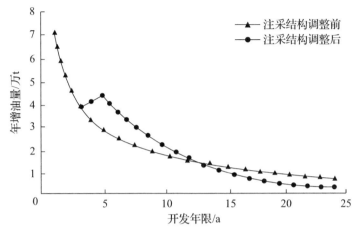

图 1-7　注采结构调整前后产油量变化曲线

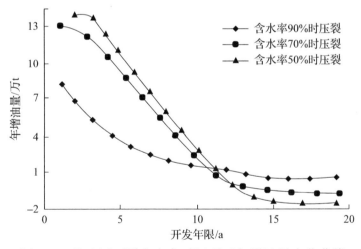

图 1-8　差油层不同含水率时压裂后年增油量变化曲线

2) 油井定压条件下

差油层工艺措施后可以较大幅度增加产油量，但后期与无措施相比也有所下降。压裂时间越晚，产油量增长幅度越小，但后期下降幅度也小(图 1-9)。对于层间非均质油层，由于堵水后液量下降幅度较大，产油量与无措施相比有所下降。

但对于平面非均质油层，堵水通过改变液流方向作用会使平面相邻低含水油井地层压力升高,产油量增加。整个油层产量的升降取决于被堵井与其相邻的渗透率、产液和含水率差异。

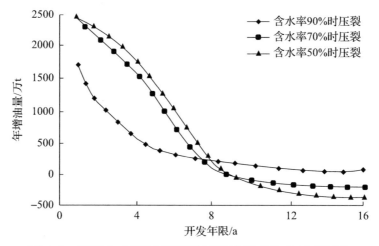

图 1-9　不同含水率时压裂后年增油量变化曲线(定压)

分层注水提高了差油层的产油量,但也降低了高含水层的产油量,整个产油量变化取决于高低渗透层分注后注水井流压相对变化幅度、储量比例和油层含水差异和产能系数的差异。

3. 含水率及含水上升率变化

采取工艺措施调整注采结构后,含水率变化的一般规律:与无措施相比,初期下降,后期略有增加趋势(图1-10),含水上升率随含水变化也呈现出前期降低、后期略高的趋势,但最高值(峰值)有所降低(图1-11)。

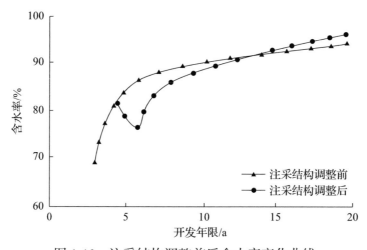

图 1-10　注采结构调整前后含水率变化曲线

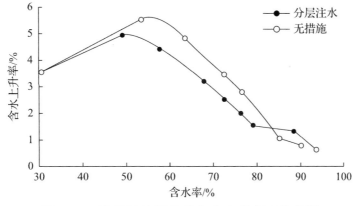

图 1-11　注采结构调整后含水上升率变化曲线

1.2.4　小结

多层非均质油田进入高含水阶段后，通过油水井工艺措施作用，可以改善整个层系的开发效果，并提高整体采收率。从空间储层结构上看，达到含水极限后低渗透油层动用程度大幅度提高，高渗透油层有所降低，但使水驱更加均匀。从时间上看，早期效果较好，晚期效果相对变差，但在整个阶段提高了石油最终采收率。因此，通过注采结构调整实现稳油控水措施在大庆喇萨杏油田是可行的，并可成为多层非均质油藏高含水后期重要的开发调整模式。

笔者的研究成果为大庆油田稳油控水工程奠定了油藏工程理论基础。近年来，大庆油田通过实施稳油控水工程取得了很好的开发效果，开发动态实践证明了本节结论的正确性，也表明了在实施重大措施之前充分运用数学模型进行机理分析、模拟、预测和论证的必要性。

1.3　低渗透油藏渗吸法采油机理

特低渗透油藏(渗透率小于 $10^{-2}\mu m^2$)储量巨大，是今后进一步开采的主要对象。这种类型油层常常伴有裂缝发育，从而构成基质岩块-裂缝系统。基质岩块起到"储油"作用，而裂缝起到从基质到油井的"导油"作用。在常规的注水开发过程中，由于渗透率的巨大差异，基质岩块、裂缝驱替矛盾相当突出，导致在油井较高含水条件下基质岩块中仍有大量剩余油不能被采出，造成储量损失。油田开发实践与研究表明，特低渗透油层常常为水湿油层，充分发挥毛细管力渗吸作用在一定条件下可成为一种开采这类油层的有效方式。为此，美国斯坦福大学和中国科学院渗流流体力学研究所等单位开展了室内油层物理实验研究。为进一步加深认识，指导大庆外围特低渗透油藏开发实践，20世纪90年代末，笔者以渗流力学原理为基础，对渗吸作用机理与特征进行数学模型研究。

1.3.1 毛细管力作用特征

基质岩块-裂缝系统中，以裂缝与基质岩块的分界线法线方向为X方向建立坐标系（图1-12）。

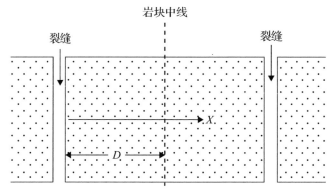

图1-12 基质岩块-裂缝系统示意图

根据达西定律有

$$v_w = -\frac{kk_{rw}}{\mu_w}\frac{\partial p_w}{\partial x} \tag{1-34}$$

$$v_o = -\frac{kk_{ro}}{\mu_o}\frac{\partial p_o}{\partial x} \tag{1-35}$$

$$p_c = p_o - p_w \tag{1-36}$$

式中，v_w、v_o分别为水相、油相速度；k为绝对渗透率；k_{rw}、k_{ro}分别为水相、油相相对渗透率；μ_w、μ_o分别为水相、油相黏度；p_w、p_o、p_c分别为水相压力、油相压力、水油相间毛细管力。

令$\lambda_o = \dfrac{k_{ro}}{\mu_o}$，$\lambda_w = \dfrac{k_{rw}}{\mu_w}$，与式（1-34）～式（1-36）联立，有

$$v_t = v_w + v_o = -k(\lambda_w + \lambda_o)\frac{\partial p_w}{\partial x} - k\lambda_o\frac{\partial p_c}{\partial x} \tag{1-37}$$

$$\frac{\partial p_{\mathrm{w}}}{\partial x} = -\frac{v_{\mathrm{t}} + k\lambda_{\mathrm{o}}\dfrac{\partial p_{\mathrm{c}}}{\partial x}}{k\left(\lambda_{\mathrm{w}} + \lambda_{\mathrm{o}}\right)} \tag{1-38}$$

令

$$h_{\mathrm{w}} = \frac{\lambda_{\mathrm{w}}\lambda_{\mathrm{o}}}{\lambda_{\mathrm{w}} + \lambda_{\mathrm{o}}} \tag{1-39}$$

$$f_{\mathrm{w}} = \frac{\lambda_{\mathrm{w}}}{\lambda_{\mathrm{w}} + \lambda_{\mathrm{o}}} \tag{1-40}$$

则有

$$v_{\mathrm{w}} = f_{\mathrm{w}}v_{\mathrm{t}} + kh_{\mathrm{w}}\frac{\partial p_{\mathrm{c}}}{\partial x} \tag{1-41}$$

设 ϕ 为孔隙度，S_{w} 为含水饱和度，k 为绝对渗透率，根据物质平衡原理，可以导出基质岩块含水饱和度变化方程：

$$\phi\frac{\partial S_{\mathrm{w}}}{\partial t} = -\frac{\partial\left(f_{\mathrm{w}}v_{\mathrm{t}}\right)}{\partial x} - \frac{\partial\left(kh_{\mathrm{w}}\dfrac{\partial p_{\mathrm{c}}}{\partial x}\right)}{\partial x} \tag{1-42}$$

式 (1-42) 等号右边第一项为由水力压差驱动作用部分，第二项为毛细管力作用部分。如不考虑毛细管力作用，即 $p_{\mathrm{c}} = 0$ 时，由式 (1-42) 即可导出对应于高渗透油层的 Buckley-Leverett 方程。而当 $v_{\mathrm{t}} = 0$ 时，即不考虑水力压差作用情况下，式 (1-42) 对应于特低渗透油层仅描述毛细管力渗吸作用过程，即基质岩块与裂缝之间的交换过程。

设 p_{c} 为 S_{w}、k 与润湿角余弦 $\cos\theta$ 的函数：

$$\frac{\partial p_{\mathrm{c}}}{\partial x} = \frac{\partial p_{\mathrm{c}}}{\partial S_{\mathrm{w}}}\frac{\partial S_{\mathrm{w}}}{\partial x} + \frac{\partial p_{\mathrm{c}}}{\partial k}\frac{\partial k}{\partial x} + \frac{\partial p_{\mathrm{c}}}{\partial\cos\theta}\frac{\partial\cos\theta}{\partial x} \tag{1-43}$$

式中，θ 为润湿角。对应于式 (1-43) 等号右边三项，毛细管力所引起的油水流动可以分解为三个部分：第一部分为含水饱和度空间变化所引起的窜流，第二部分为由渗透率变化引起的窜流，第三部分为由润湿性变化引起的窜流（见 1.1 节）。

油水相对渗透率曲线特征表明，不论对水湿还是油湿油层，都有 $\partial p_{\mathrm{c}}/S_{\mathrm{w}} < 0$，

说明水的流动方向与饱和度梯度方向相反，起到改善开发效果的作用。

$$\frac{\partial p_c}{\partial k} = -\frac{1}{2}\sigma\phi^{\frac{1}{2}}k^{-\frac{3}{2}}\cos\theta\cdot J(S_w) \tag{1-44}$$

式中，

$$J(S_w) = \frac{p_c}{\sigma\cos\theta}\sqrt{\frac{k}{\phi}} \tag{1-45}$$

可以看出：对于水湿油层，$\cos\theta>0$，$\partial p_c/\partial k<0$。水从高渗透裂缝流向低渗透基质岩块，有利于低渗透油层的开采。相反，对于油湿油层，$\cos\theta<0$，$\partial p_c/\partial k>0$，水则从低渗透基质岩块流向高渗透裂缝，不利于低渗透单元的开采。

综上所述，毛细管压力对水湿裂缝性非均质油层起有利于基质岩块开采的作用。

1.3.2　渗吸作用数学模型与动态变化特征

仅考虑渗吸作用情况下，由式（1-42）有

$$\frac{\partial S_w}{\partial t} = -\frac{k}{\phi}\left[\frac{\partial}{\partial x}\left(\frac{\lambda_o\lambda_w}{\lambda_o+\lambda_w}\frac{\partial p_c}{\partial x}\right)\right] = -\frac{k}{\phi}\left[\frac{\partial}{\partial x}\left(\frac{\lambda_o\lambda_w}{\lambda_o+\lambda_w}\frac{\partial p_c}{\partial S_w}\right)\frac{\partial S_w}{\partial x}\right.$$
$$\left.+\left(\frac{\lambda_o\lambda_w}{\lambda_o+\lambda_w}\frac{\partial p_c}{\partial S_w}\right)\frac{\partial^2 S_w}{\partial x^2}\right] \tag{1-46}$$

为方便起见，令

$$F(S_w) = -\frac{\lambda_o\lambda_w}{\lambda_o+\lambda_w}\frac{\partial p_c}{\partial S_w} \tag{1-47}$$

$$F'(S_w) = \frac{\partial F(S_w)}{\partial S_w} \tag{1-48}$$

则有

$$\frac{\partial S_w}{\partial t} = \frac{k}{\phi}\left[F'(S_w)\left(\frac{\partial S_w}{\partial x}\right)^2 + F(S_w)\frac{\partial^2 S_w}{\partial x^2}\right] \tag{1-49}$$

该式即为毛细管力作用下基质岩块饱和度变化微分方程。

分别以岩块中心线和左边界裂缝为边界条件，考虑中心部位饱和度空间变化较小，有

$$\left[\frac{\partial S_\mathrm{w}}{\partial x}\right]_{x=D} = 0 \tag{1-50}$$

$$\left[S_\mathrm{w}\right]_{x=0} = S_\mathrm{wf} \tag{1-51}$$

式中，S_wf 为裂缝系统含水饱和度；D 为基质岩块半宽。

初始条件为

$$\left[S_\mathrm{w}\right]_{t=0} = S_\mathrm{w0}(x) \tag{1-52}$$

令 S 为基质岩块与裂缝交换面积，可求出渗吸采油量：

$$q_\mathrm{o} = SkF\left(S_\mathrm{w}\right)\left(\frac{\partial S_\mathrm{w}}{\partial x}\right)_{x=0} \tag{1-53}$$

1.3.3　模型动态参数的确定

统计数据表明，对于低渗透油藏，Leverett 定义的 J 函数具有如下形式：

$$J\left(S_\mathrm{w}\right) = aS_\mathrm{w}^b \tag{1-54}$$

利用大庆油区的头台油田 26 条压汞曲线，回归得出 $a=0.0586$，$b=-2.6235$。同样利用朝阳沟油田 4 条压汞曲线，回归得出 $a=0.0344$，$b=-4.7243$。

式 (1-54) 代入式 (1-45)，有

$$p_\mathrm{c} = a\sigma\cos\theta\, S_\mathrm{w}^b \left/ \left(\frac{k}{\phi}\right)^{-1/2}\right. \tag{1-55}$$

对式 (1-55) S_w 求偏导数，得

$$\frac{\partial p_\mathrm{c}}{\partial S_\mathrm{w}} = ab\sigma\cos\theta\, S_\mathrm{w}^{b-1} \left/ \left(\frac{k}{\phi}\right)^{-1/2}\right. \tag{1-56}$$

相对渗透率曲线统计资料表明：

$$k_\mathrm{ro}\left(S_\mathrm{w}\right) = \left(\frac{1-S_\mathrm{or}-S_\mathrm{w}}{1-S_\mathrm{or}-S_\mathrm{wi}}\right)^n \tag{1-57}$$

$$k_{rw}\left(S_{w}\right)=\left(\frac{S_{w}-S_{wi}}{1-S_{wi}}\right)^{m} \tag{1-58}$$

式中，k_{ro} 和 k_{rw} 分别为油相和水相相对渗透率；S_{wi} 为束缚水饱和度；S_{or} 为残余油饱和度。

对于大庆油区的朝阳沟油田：$S_{or}=0.375$，$S_{wi}=0.4$，$n=1.9$，$m=1.65$；对大庆油区的头台油田：$S_{or}=0.353$，$S_{wi}=0.473$，$n=1.89$，$m=1.65$。

为方便起见，令

$$A=a\sigma\cos\theta b\left(\frac{k}{\phi}\right)^{-1/2} \tag{1-59}$$

$$B\left(S_{w}\right)=\left(\frac{1-S_{or}-S_{w}}{1-S_{or}-S_{wi}}\right)^{n}\frac{1}{\mu_{o}}+\left(\frac{S_{w}-S_{wi}}{1-S_{wi}}\right)^{m}\frac{1}{\mu_{w}} \tag{1-60}$$

$$C\left(S_{w}\right)=-\left(\frac{1-S_{or}-S_{w}}{1-S_{or}-S_{wi}}\right)^{n}\frac{1}{\mu_{w}}\left(\frac{S_{w}-S_{wi}}{1-S_{wi}}\right)^{m}\frac{1}{\mu_{o}} \tag{1-61}$$

$$D\left(S_{w}\right)=AS_{w}^{b-1} \tag{1-62}$$

式(1-60)～式(1-62)分别对 S_{w} 求导，有

$$B'\left(S_{w}\right)=-\frac{n}{\mu_{o}}\left(\frac{1-S_{or}-S_{w}}{1-S_{or}-S_{wi}}\right)^{n-1}\frac{1}{1-S_{or}-S_{wi}}+\frac{m}{\mu_{w}}\left(\frac{S_{w}-S_{wi}}{1-S_{wi}}\right)^{m-1}\frac{1}{1-S_{wi}} \tag{1-63}$$

$$C'\left(S_{w}\right)=-\frac{1}{\mu_{o}\mu_{w}}\left[\left(\frac{1-S_{or}-S_{w}}{1-S_{or}-S_{wi}}\right)^{n}\left(\frac{S_{w}-S_{wi}}{1-S_{wi}}\right)^{m-1}\frac{m}{1-S_{wi}}\right.$$
$$\left.-\left(\frac{S_{w}-S_{wi}}{1-S_{wi}}\right)^{m}\left(\frac{1-S_{or}-S_{w}}{1-S_{or}-S_{wi}}\right)^{n-1}\frac{n}{1-S_{or}-S_{wi}}\right] \tag{1-64}$$

$$D'\left(S_{w}\right)=A(b-1)S_{w}^{b-2} \tag{1-65}$$

则有

$$F\left(S_{w}\right)=\frac{C\left(S_{w}\right)D\left(S_{w}\right)}{B\left(S_{w}\right)} \tag{1-66}$$

$$F'(S_{\mathrm{w}}) = \left\{ B(S_{\mathrm{w}}) \left[C'(S_{\mathrm{w}}) D(S_{\mathrm{w}}) + C(S_{\mathrm{w}}) D'(S_{\mathrm{w}}) \right] \right. \\ \left. - \left[C(S_{\mathrm{w}}) D(S_{\mathrm{w}}) B'(S_{\mathrm{w}}) \right] \right\} / \left[B(S_{\mathrm{w}}) \right]^2 \tag{1-67}$$

由于式(1-46)的非线性，笔者使用有限差分方法对其进行数值求解，运用上述模型参数对渗吸作用适合的地质条件、做法以及开发指标变化特征进行了初步的研究。

1.3.4　基于渗吸作用数学模型的几点认识

1. 渗吸作用改善开发效果的地质条件

研究表明，依靠毛细管力渗吸作用作为一种有效开采方式是有一定条件的，在开发设计时应予注意。

(1)渗吸产油量和注采压差驱动采油量比值与 $\sqrt{k}$ 成反比，说明渗透率越低，越应该采用有利于发挥渗吸作用的开采方式。

(2)渗吸法采油主要适合于水湿裂缝性储层，裂缝越发育，基质岩块与裂缝接触面积越大，渗吸效果越好。

(3)在断层附近或靠近砂体尖灭部位，由于饱和度梯度较大，渗吸作用较强，适合水井转油井发挥渗吸作用。

2. 发挥渗吸作用的做法

前已论述，对于水湿裂缝性储层，毛细管力渗吸作用可以把原油从低渗透的基质岩块置换到高渗透裂缝之中。因此，在开发过程中应充分发挥这种作用，改善开发效果。数值计算与分析表明，有两种有效做法：

(1)对于注采系统相对比较完善，基质岩块与裂缝渗透率级差较小，基质岩块具有一定渗透能力的情况，采用降低驱替速度，或采用周期注水方法更能有效发挥毛细管力渗吸作用(此情况下周期注水与1.1节周期注水机理不同)。

(2)对于注采系统不完善，基质岩块与裂缝渗透率级差较大，基质岩块渗透能力更低的情况，可以将注水井转变为油井，采用吞吐等方式依靠渗吸作用实现基质岩块中原油的开采。

3. 水井转抽后开发指标变化特征

1)含水率变化

计算表明，与常规水驱明显不同，由于基质中原油在渗吸作用下不断流向裂缝，使裂缝中含油饱和度不断上升，含水饱和度不断下降，从而使井中产出液中的含水率随时间呈不断下降趋势（图 1-13）。

2）产油量变化

在渗吸作用下，只要满足一定的液量，由于含水率的下降，产油量将随时间呈不断上升趋势（图 1-13）。大庆油区头台油田开发实践证明了上述结论的正确性（图 1-14）。

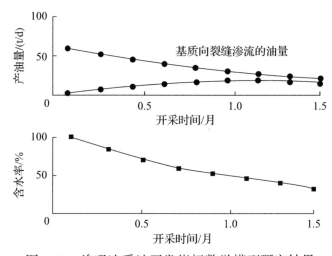

图 1-13　渗吸法采油开发指标数学模型研究结果

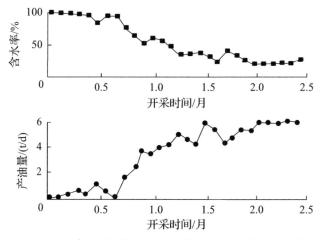

图 1-14　头台油田茂 65-92 井转抽开发指标变化特征

1.3.5　小结

对于常规注水开发，依靠压差驱动力难以动用的水湿特低渗透裂缝性储层，毛细管力渗吸作用可以将储油介质-基质岩块中的原油置换到裂缝之中并被开采出来。因此，对于这类储层可以采用周期注水或水井转油井等方式，充分发挥毛细管力的渗吸作用，改善开发效果。

目前，致密储层通过大量压裂液进入储层补充能量，产生渗吸作用置换原油的机理也可利用本章模型解释。

1.4 低渗透油藏 CO_2 驱油机理

CO_2 驱油在美国发展迅速且成效显著，目前已达到了年增油千万吨级的规模，取得较好的经济效果，成为主要的提高采收率方法之一。同时，由于温室气体减排促进碳捕获与封存(CCS)/碳捕获、利用与封存(CCUS)技术的发展，尤其是为实现"双碳"目标，CO_2 驱油与封存更成为石油工业、电力工业以及政府部门十分关心的课题。

我国从 20 世纪 60 年代进行了 CO_2 驱油室内实验研究，70～80 年代进行了大量现场试验。但由于我国东部老油田以石蜡基原油为主，混相程度差，再加上 CO_2 气源匮乏，地面管网设施不配套等原因，导致 CO_2 驱油的技术经济效果与美国相比存在较大差距。目前进行中的 CO_2 驱油项目仍处于试验阶段，尚无较大规模商业化应用。

与水驱相比，CO_2 驱油过程更加复杂，不仅包含动力学过程，还涉及热力学过程，甚至酸岩反应等化学过程。其中，热力学过程主要为 CO_2 与原油间的溶解、萃取、扩散等物理化学作用，与原油化学组成直接相关。因此，CO_2 驱油的开发效果受储层特征、井网、注采压差、原油组成等多重因素的影响。

在整个 CO_2 驱油过程中，各种物理化学作用直接影响油气相的流动能力，进而影响驱替的动力学过程；而动力学过程又会改变油藏压力分布，从而使各物理化学平衡发生移动。两者之间相互制约，共同决定了油藏的压力场、饱和度场、组分浓度场，并导致 CO_2 与原油间的界面张力、毛细管力、油气相密度和黏度等参数具有时变性和空变性的特点。对该过程的理解对揭示 CO_2 驱油机理、评价 CO_2 驱油适应性及驱油方案设计至关重要，但在目前相应研究中尚不多见(主要集中在热力学、物理化学及细长管测定最小混相压力等方面)。

近年来，笔者带领学生何应付博士、刘玄博士就这些方面开展研究，进一步揭示了低渗透油藏条件下 CO_2 驱油过程中在动力学制约下的物理化学作用机理，尝试创立能有效指导我国低渗透油藏 CO_2 驱油的新理论。

1.4.1　物理化学作用与规律

CO_2 与原油间主要的物理化学作用可以概括为三个方面：一是溶解/凝析作用，CO_2 从气相-超临界相转移到油相中，降低了油相密度与黏度，增加弹性能量，降低油气界面张力；二是蒸发/萃取作用，油相中的轻烃组分转移到 CO_2 相中，使油相密度与黏度增大，对高含蜡油藏或高含沥青质油藏，甚至会出现固相沉积；三是 CO_2 在油相中的扩散作用，具体可以分为分子扩散和水力弥散两种(分子扩散是由组分浓度差引起的，水力弥散是由储层微观非均质性导致的)，两者的宏观作用数学表达式一致，并可用菲克(Fick)定律统一起来。扩散作用使 CO_2 组分的波及体积远远大于 CO_2 相的波及体积，为此笔者定义了相波及系数和组分波及系数的概念。

上述三种物理化学作用受油藏所处的动力学条件，尤其是注入端高压反漏斗、采出端低压漏斗和整个压力剖面均对注采井间相变化特征和物理化学特征产生重大影响。在大量组分模拟计算基础上，笔者将其概括为以下 4 个方面规律。

1. 相变与相界面变化规律

使用油藏数值模拟组分模型可以计算模拟 CO_2 驱替的整个过程。不失一般性，笔者团队采用大庆外围某油田的流体物性和储层参数，模拟计算获得注入井与生产井连井剖面上的油藏压力及饱和度分布，见图 1-15(注入 CO_2 量为 0.4PV(PV 为孔隙体积的倍数)时注采井连井剖面上压力及油相、气相饱和度分布图。左侧为注入井，右侧为采出井，横坐标为注采井间无量纲距离 l)。

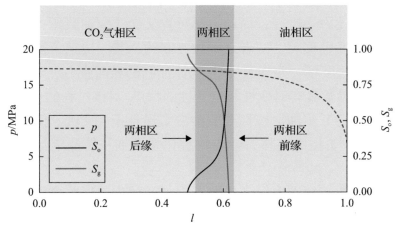

图 1-15　注入井与生产井连井剖面上的油藏压力及饱和度分布

　　注入初期，在注入端附近储层压力一般高于 CO_2 与原油间的一次接触混相压力。此时 CO_2 与原油达到一次接触混相状态，相界面消失。在此过程中，压力场对混相起主导作用，出现暂时混相，该现象具有普遍性。

　　随着 CO_2 的持续注入，储层流体朝向低压采出端推进，CO_2 及部分轻烃组分逐渐分离出来形成单独相，即富 CO_2 气相，油气相界面产生，随之混相状态消失。在油气两相区内，存在 CO_2 相前缘和油相后缘。由于蒸发萃取效应，前缘的界面张力升高速度较慢，后缘界面张力升高速度较快[图 1-16(a)、(b)]。同时，前缘运动速度大于后缘运动速度，因此两相区长度不断增大。在该阶段，除仍受压力影响外，CO_2 对原油的萃取作用已成为关键因素。但总体上呈现低界面张力驱过程。

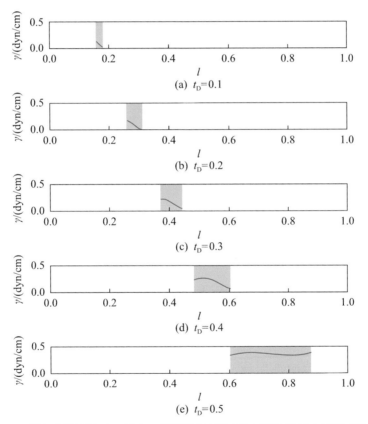

图 1-16　不同无量纲注入时间 t_D 情况下的两相区范围及油气界面张力分布
γ 为界面张力，1dyn/cm=1mN/m

　　当表面张力低于临界表面张力时，低表面张力区内的相渗曲线、毛细管力曲线同样会发生变化。因此驱替过程不同于典型的非混相驱，属于近混相驱范畴。

随着气相前缘进一步向采出端推进，储层压力下降较大，压力作用又成为主导：油相中溶解的 CO_2 重新蒸发到气相中建立新的平衡，CO_2 浓度进一步降低，密度增大；气相密度随着压力降低持续减小，因此油气界面张力加大[图 1-16(e)]，并在整个两相区内均大于近混相临界表面张力，驱替过程转变为普通的非混相驱替。

概括起来，在整个 CO_2 驱替过程中，呈现出暂时混相—相分离—前缘界面张力降低—界面张力升高的规律。

2. 组分变化规律

在 CO_2 波及的范围，各组分的变化规律分三个区域来考察，即注入端纯 CO_2 超临界相区、井间富 CO_2 气相-油相混合区和采出端纯油相区。图 1-17 是无量纲时间 0.4 时，注采井连井剖面上三个区域内油相、气相中各（拟）组分的摩尔分数分布情况。

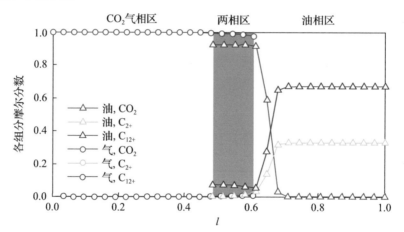

图 1-17 注采井连井剖面上不同区域内油、气两相组分变化
气(C_{2+})数值与 C_{12+} 接近，被覆盖而显示不出对应图例

从图 1-17 中可以看出，在注入端左侧，储层中主要为 CO_2 气体存在，这是由于高压下 CO_2 与原油形成混相，从而实现活塞式驱替，以及 CO_2 对原油中各组分具有较高的萃取作用造成的。对部分重油油样，或高含蜡、沥青质油样，该区域可能出现固相沉积。

在井间两相区内，原油中轻烃组分（图 1-17 中的 C_{2+}）和重烃组分（C_{12+}）逐渐被萃取进富 CO_2 气相中；同时，CO_2 也大量进入原油，使原油中烃类的浓度下降。值得注意的是，对两相区内的油相来说，其中轻烃组分越靠近气相（左侧）浓度越低，但重烃组分则相反，越靠近气相浓度越高。这是因为 CO_2 对轻组分的萃取能力较强，而对重组分萃取能力则较弱。在油气过渡带中，CO_2

对原油萃取时间越长，轻组分挥发越多，留下的原油就越重。

靠近采出端，CO_2 通过扩散作用进入纯油相区域中，且浓度逐渐降低，分布服从扩散方程。

3. 物性变化规律

溶解、扩散进入油相的这部分 CO_2 降低了原油的密度和黏度，使原油更易流动，且相对于密度来说，黏度下降的比例更大。对本节模拟的油样而言，溶解 CO_2 后黏度可降至原始黏度的 1/10 以下（图 1-18 和图 1-19）。但是在两相区内部，油相的密度和黏度均逐渐升高，这是由于富 CO_2 气体萃取轻烃组分后，使油相中重烃的含量越来越高，从而导致油相密度、黏度升高。对部分原油，在两相区后缘，油相的密度甚至可以超过原始地层原油密度。

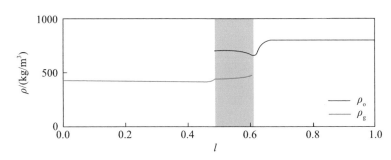

图 1-18 油、气两相密度在连井剖面上的分布

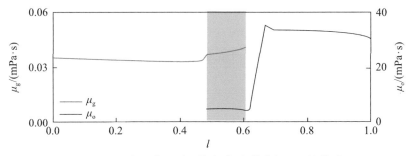

图 1-19 油、气两相黏度在连井剖面上的分布

对于气相，从注入端到采出端，其中的轻烃比例不断增大，故其密度与黏度也随之持续增大。

对 CO_2 驱而言，相渗曲线、毛细管压力曲线亦随界面张力具有时变性与空变性的特征。此处不再赘述。

4. CO_2 在油相中扩散规律

在注入端，CO_2 溶解于原油，形成浓度梯度，并在油相中向采出端扩散。

这种宏观的扩散作用是分子扩散和水力弥散两种作用混合的结果。

在渗透率较高的储层，水力弥散作用较强，成为扩散的主要因素；而在渗流速度极慢的低渗、致密储层，分子扩散的作用往往起到主导作用。

扩散作用使 CO_2 组分超越气相前缘，进入油相向采出端运移，起到原油降黏、增加弹性能量的作用。

综上所述，在我国的 CO_2 驱项目中，由于储层渗透率较低，注入井高流压注入，采出井低流压生产，整个注采剖面上压力变化很大，动力学过程与物理化学过程相互耦合、制约，共同决定了油藏的压力场、饱和度场、组分浓度场，使 CO_2 与原油间的界面张力、混相状态、毛细管力、油气相密度和黏度等具有时变性和空变性特征。因此传统中将地层压力与最小混相压力进行比较来简单判定是混相驱或是非混相驱的做法，以及 Zick[4]针对富气驱提出的凝析/蒸发近混相驱过程具有局限性，正基于此，笔者提出非完全混相驱的概念。

所谓非完全混相驱，是指在驱替中存在注入端暂时混相、井间油气界面张力降低、原油密度与黏度降低，以及压缩系数升高等机理的驱替过程，呈现出传统意义上的完全混相、非混相和近混相在时间上演变、空间上并存的特征。

1.4.2 非完全混相驱表征方法

依据前述动力学与物理化学耦合作用机理，笔者提出几个重要的无量纲参数对 CO_2 非完全混相驱机理进行表征。

1. 混相状态表征参数

混相状态与范围是制约非完全混相驱效果的重要因素。为定量描述和表征混相状态，定义 3 个无量纲参数，即富 CO_2 相体积系数、低界面张力区体积分数和界面张力降比系数。

1）富 CO_2 相体积系数

富 CO_2 相体积系数指油相被完全驱替，孔隙中仅有 CO_2 气相（含轻质烃类气，有时含有水相）的孔隙空间比例，其表达式为

$$C_p = \frac{\int_{S_w + S_g = 1} \phi S_g dV}{\int \phi dV} = \frac{\int_{S_w + S_g = 1} \phi S_g dV}{PV} \tag{1-68}$$

式中，C_p 为纯 CO_2 相体积系数；ϕ 为储层孔隙度；S_g 为富 CO_2 气相饱和度；PV 为孔隙体积；S_w 为水相饱和度；dV 为体积微元。

2）低界面张力区体积分数

富 CO_2 气相与原油发生萃取/溶解平衡后，会导致油气界面的界面张力发生改变。当界面张力 γ 下降到近混相临界界面张力 γ_c 之下时，油气相渗曲线和毛细管力曲线将发生移动。因此，界面张力降低区域的体积是近混相效应的量度之一，将其定义为该体积与总孔隙体积的比值：

$$C_s = \frac{\int_{\gamma < \gamma_c} \phi dV}{PV} \tag{1-69}$$

3）界面张力降比系数

在低界面张力区内，界面张力下降的比例反映了驱替向活塞式驱替移动的程度。因此定义界面张力降比系数 C_γ 为低界面张力区内界面张力降与近混相临界界面张力的比值：

$$C_\gamma = \frac{\int_{\gamma < \gamma_c} \phi(\gamma_c - \gamma) dV}{\gamma_c \int_{\gamma < \gamma_c} \phi dV} \tag{1-70}$$

式中，γ 为体积元 dV 内的界面张力值；γ_c 为近混相临界界面张力。

C_p、C_s、C_γ 3 个参数在驱替过程中是连续变化的，可以通过对组分数值模拟的计算结果统计计算获得。本次模拟结果表明，在无量纲注入时间 t_D=1.0 时，C_p=41%，C_s=17%，C_γ=26%。

2. 组分波及系数

为定量表征 CO_2 组分进入油相的范围，定义 CO_2 组分波及系数 C_c 为 CO_2 摩尔分数超过 ε 的体积与总油相体积之比（ε 是能够显著影响油相黏度、密度的 CO_2 浓度下限，可以通过对实验结果进行分析得出）：

$$C_c = \frac{\int_{x > \varepsilon} \phi S_o dV}{\int \phi S_o dV} \tag{1-71}$$

本书模拟结果表明（临界值 ε 取 0.01），在无量纲注入时间 t_D=1.0 时，C_c=56%，此时的富 CO_2 气相波及系数为 48%。

3. 烃类携带系数

为描述富 CO_2 相萃取的烃类的量，定义烃类携带系数 C_h 为地层条件下进入生产井的气相中烃组分的质量分数：

$$C_h = \frac{\sum_i M_i y_i}{\sum_i M_i y_i} \tag{1-72}$$

式中，下标 i 代表第 i 种组分，指代体系中所有组分；M_i 为组分 i 的摩尔质量；y_i 为组分 i 在气相中的摩尔分数，利用地层条件下进入生产井井底的气相组成进行计算。本书模拟结果表明，在无量纲注入时间 $t_D=1.0$ 时，$C_h=1.7\%$，即地层条件下气相可以携带所萃取的约 1.7% 的原油。

4. 降黏指数

将溶解 CO_2 后原油黏度降低的比例定义为 CO_2 驱的降黏指数 C_μ：

$$C_\mu = \frac{\int \left(\mu_o^0 - \mu_o\right)\phi S_o dV}{\mu_o^0 \int \phi S_o dV} \tag{1-73}$$

式中，μ_o 为体积元 dV 内的原油黏度；μ_o^0 为注 CO_2 前的原油黏度；S_o 为油相饱和度。

5. 增弹指数

将溶解 CO_2 后原油弹性压缩系数增加的比例定义为 CO_2 驱的增弹指数 C_e：

$$C_e = \frac{\int \left(c_o - c_o^0\right)\phi S_o dV}{c_o^0 \int \phi S_o dV} \tag{1-74}$$

式中，c_o 为体积元 dV 内原油的弹性压缩系数，定义为 $c_o = \left(-\frac{1}{V}\frac{dV}{dp}\right)_o$。该系数不仅与油藏温度、压力有关，还受溶解 CO_2 后油相组成的影响，需要利用状态方程进行计算。

模拟结果表明，在无量纲注入时间 $t_D=1.0$ 时，降黏指数 $C_\mu=21\%$、增弹指数 $C_e=2.6\%$。即一般情况下，降黏的作用要大于增弹作用。这两个参数与 CO_2

组分波及系数结合，即可表征降黏、增弹两种效应对整体驱替效果的贡献。

1.4.3 小结

(1) CO_2 驱过程中存在溶解、蒸发、混相、扩散等多种物理化学作用。各作用受油藏温压条件、原油组成、注采压力等多种因素的综合影响。因此宏观的驱替过程是物理化学与动力学耦合作用的结果，仅考虑热力学平衡的实验室研究不能完全表征油藏中驱替的实际过程。

(2) 在 CO_2 注入初期，注入井附近出现暂时的一次接触混相，随后相分离形成的近混相和采出端的非混相。整个过程中，压力场、饱和度场、密度场、黏度场、组分场具有时变性和空变性。

(3) 本章提出的 7 个无量纲参数是表征驱替过程里 CO_2 与原油相互作用的定量指标，由组分数值模拟结果统计得到，可用于研究各效应的相关关系及重要程度，已应用于 CO_2 驱油项目筛选、开发方案优化设计以及 CO_2 驱油过程中开发效果评价。

(4) 由于 CO_2 具有较低的密度和较高的流度，故在驱替过程中可能发生的重力超覆和黏性指进现象，以及高含水条件下 CO_2-油-水三相渗流、酸岩反应对驱油效果的影响等问题还有待进一步研究。

1.5 稠油化学复合冷采机理

国际能源署 (IEA) 2020 年全球油气资源评估表明，全球剩余稠油可采资源量高达 2559.2 亿 t，将成为原油生产的重要潜力之一。中国稠油资源非常丰富，资源量占总石油资源量的 20%～25%，是能源安全保障的重要组成部分。除作为能源外，稠油中沥青也是具有较大经济价值的原料。因此，稠油开发已成为业内重要关注点之一。

稠油的主要开发方式为热采，以美国、加拿大和中国等的蒸汽吞吐、蒸汽驱、火烧油层和蒸汽辅助重力泄油 (SAGD) 等为代表。近些年来，一些石油公司和研究部门对稠油油藏也进行了化学冷采技术探索，如聚合物驱技术 (加拿大佩利肯莱克 (Pelican Lake) 油田，原油黏度为 300～2500mPa·s)、溶剂萃取 (VAPEX) 技术、出砂冷采技术和烃气泡沫油冷采技术等，但这些技术尚处于试验阶段，应用规模较小。中国热采稠油油藏主要位于辽河、胜利、新疆和河南等油田，由于油藏埋深较大 (大多数埋深大于 900m)，以蒸汽吞吐开发方式为主，产量占稠油热采年产量的 80% 以上。目前，蒸汽吞吐平均 7～8 轮次，油汽比低于 0.5，成本不断上升，平均采收率不到 20%。按照国际惯例做法，稠油油藏蒸汽吞吐后要转蒸汽驱，进而大幅度提高采收率。但由于中国大多数稠油埋藏深，井筒热损失较大，同时边底水活跃，地层压力较高，无法形成有效蒸汽腔，蒸汽驱难以成为规模化接替技术。

热采的主要机理是利用稠油黏度对温度的高度敏感性，通过增温降黏提高稠油地下流动能力。理论与实践表明，在一定条件下通过化学方法也可以实现稠油降黏，达到稠油油藏有效开采的目的。我国普通原油化学驱技术（地层原油黏度小于 100mPa·s）比较成熟，借鉴这些技术，并结合稠油油藏特征，探索蒸汽吞吐后转化学复合驱技术是一个值得注意的方向。因此，笔者与所带领的国家重点研发计划项目研究团队，尤其是伦增珉、赵锁奇、夏淑倩、张军与方吉超等同事，近年来开展了稠油油藏化学复合驱油机理研究。

1.5.1 稠油致黏机理

稠油开采的主要难点是黏度高和流动性差，实现其有效开采的关键就是降黏。而有的放矢地降黏应该对稠油致黏机理具有深入的认识。在一定的温度、压力条件下，稠油致黏的机理是由其化学组成和聚集结构决定的，根本上讲是原油分子之间相互作用。稠油一般为生物降解和水洗后的产物，与普通原油相比，其胶质、沥青质含量较高，环烷烃、石油羧酸、Ca^{2+} 占比较大。另外，多轮次蒸汽吞吐又促使稠油中含有一定的水分子，这些组成的化学性质及其结构是影响稠油黏度极其重要的因素。笔者团队运用扫描电镜（SEM）、原子力显微镜（AFM）和透射电镜（TEM）等观测手段、高分辨率质谱和计算机分子动力学模拟等方法，对稠油致黏机制开展研究，并形成 4 点认识。

1. 稠油形成缔合体、联合体等超分子结构

沥青质间优先以 π-π 堆积作用形成缔合体，缔合体间以氢键作用形成大规模联合体。分子动力学模拟表明（图 1-20），沥青分子存在"面对面"的 π-π 堆积，范德瓦耳斯力主导沥青质分子形成"沥青缔合体"。从沥青缔合体向外依次是胶质、芳香组分和饱和组分。轻质组分构成稠油胶体体系的分散介质，沥青胶核对稠油胶体的整体构型起主导作用。随着沥青分子尺寸增大，缔合程度相应增强，形成以较大尺寸沥青缔合体为中心的超分子结构，小尺寸沥青胶核缔合程度较低，形成较分散的小尺寸稠油分子类胶体结构。沥青缔合体周围的分子环境（如胶质含量/极性、轻质组分含量等）也对稠油胶体体系整体构型产生影响。

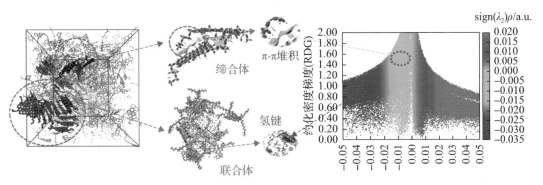

图 1-20　稠油分子缔合体-联合体结构

RDG 表示约化密度梯度(reduced density gradient)。蓝色为强引力，如氢键等；绿色为范德瓦耳斯力作用；红色为强斥力，如空间位阻等。ρ 为电子密度，λ_2 为 ρ 的黑塞(Hessian)矩阵的第二大特征值

以沥青缔合体为中心的稠油类胶体结构并不是完全分散和孤立的，沥青缔合体之间通过极性组分相互作用，形成更大尺度的、多种组成和多种氢键作用的"稠油联合体"。稠油联合体的形成，与沥青缔合体周围吸附的"外壳"分子特性相关。当这些分子间存在较强相互作用时，可引起沥青胶核的相互靠近及联合。稠油中石油酸、微量水与沥青胶核能够形成氢键，借助氢键"桥接"作用，沥青缔合体相互连接，最终形成稠油联合体。缔合体-联合体结构构成庞大的分子作用力网络，形成了联合的结构性致黏机制。

为了进一步观察稠油分子联合体的形态和大小，利用 45℃下石油醚蒸气熏蒸稠油油滴(王 152 稠油)96h，得到轻质组分流失后的稠油分子联合体样品。SEM[图 1-21(a)]观测到大量球状联合体，直径为 300~400nm。TEM[图 1-21(b)]证实联合体以球状或椭球状为主，少量存在片状结构，其尺寸大多在几十纳米到上百纳米之间，稠油样品中既存在球状和椭球状超大分子联合体，也存在片状联合体，而且片状和球状、椭球状的超大分子联合体之间相

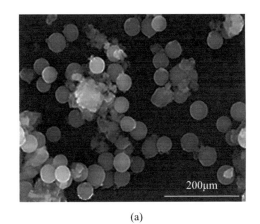

(a)

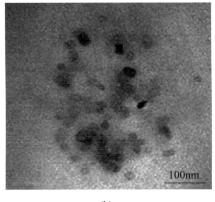

(b)

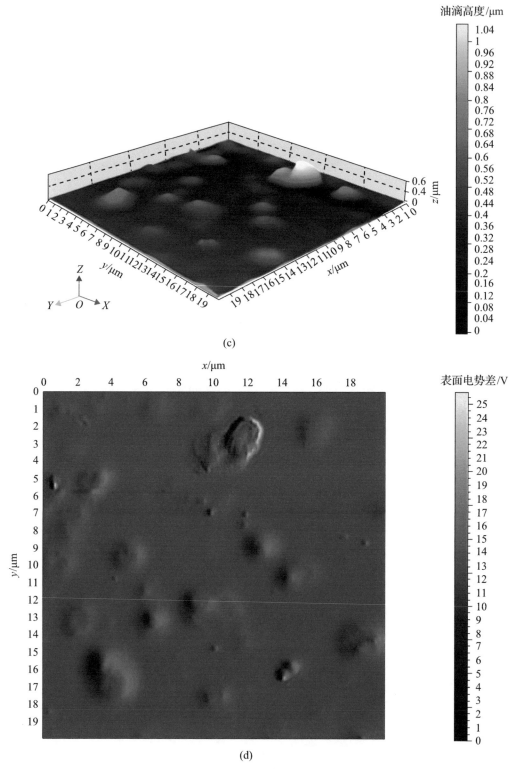

(c)

(d)

图 1-21 胜利油田稠油王 152 油样重组分联合体微观形貌

互搭接在一起，进一步采用 AFM 评价立体形貌信息，结果表明〔图 1-21（c）、（d）〕超大分子聚集体具有球状或椭球状凸起，少量片状结构与球状结构相连，聚集体高度主要分布在 20～250nm，这与 SEM 和 TEM 的结果基本一致。

2. 石油酸的氢键作用

石油酸是稠油的重要组成部分，其中环烷酸约占 80%，且环数分布差别大。例如，新疆红浅油田稠油以 1～3 环的环烷酸为主，碳数分布在 C_{15}～C_{50}；而胜利油田低硫和高硫稠油石油酸以 2～5 环的环烷酸为主，碳数分布在 C_{27}～C_{35}。石油酸中羧酸基团与胶质、沥青质中杂原子间易形成氢键网络，促进稠油分子类胶体结构进一步联合，导致稠油体系黏度增加。酸碱萃取法分离石油酸结果表明（图 1-22），不同馏程的脱酸稠油酸值仅为 0.1～0.3mg KOH/g，大幅度小于对应的馏分油，脱酸效果明显。进一步将 420～460℃馏分段的石油酸和脱酸油按不同比例混合（图 1-23），发现混合油黏度随石油酸质量分数增大而增大，实验证实石油酸为稠油致黏主要组分之一。

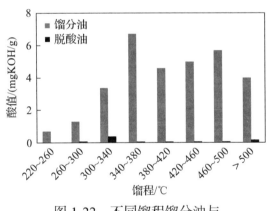

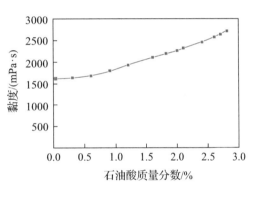

图 1-22　不同馏程馏分油与
脱酸油酸值

图 1-23　馏分油黏度随石油
酸质量分数的变化

3. 水分子的氢键作用

借助微量水周围的氢键"桥接"作用，环烷酸和沥青缔合体在水周围聚集，形成稠油联合体。非平衡分子动力学模拟结果表明（图 1-24），当稠油分子体系中加入一定量水分子后，体系黏度最高可增加 80%。另外，稠油分子扩散系数随含水量变化也能反映微量水促进稠油分子形成联合体结构作用。将 60mg 稠油（孤岛样品）溶于 0.5mL 氘代氯仿溶剂中，加入微量水充分混合后，测定扩散序谱（DOSY）获得核心位置的扩散系数。实验结果显示（图 1-25），扩散系数随含水量增加先减小再增大，加水量在 25μL 时，稠油样品的扩散系数达到最小值。扩散系数减小表明水分子可促使稠油分子聚集长大，通过水分子媒介作用将沥青质分子缔合体变成更大的联合体。水分子数量的进一步增加，可能会引起稠油联合体间氢键被多余水分子取代，从而形成多个小型缔合体-联合体结构，往水包油乳化液方向发展，黏度呈降低趋势。

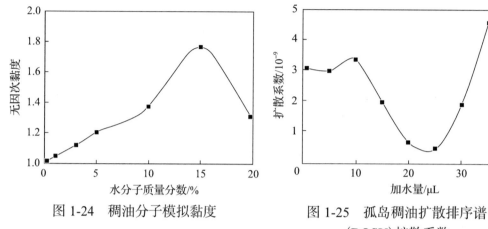

图1-24　稠油分子模拟黏度　　　　图1-25　孤岛稠油扩散排序谱
　　　　　　　　　　　　　　　　　　　　　　（DOSY）扩散系数

4. Ca^{2+}与二元环烷酸形成配位体

中国稠油钙离子含量较高，分析化验表明东部胜利油田、辽河油田的稠油钙离子含量为100～300mg/kg，西部新疆油田、胜利春风采油厂钙离子含量更高达1000～2000mg/kg。可溶有机钙以环烷酸钙为主，约占稠油中总钙含量的80%。通过原油乳化相富集稠油中环烷酸钙组分，再利用高分辨率质谱检测环烷酸钙分子中氧原子类型，发现环烷酸钙分子中O$_4$类（二元羧酸）丰度显著，说明Ca^{2+}优先选择二元羧酸结合。环形或长链型二元环烷酸钙分子（图1-26）结构较大，极性低，钙离子与二元环烷酸之间的离子键更加稳定，会形成分子量更大的聚合物，这也是稠油致黏的因素之一。

1.5.2　乳化降黏机理

基于稠油油藏多轮次蒸汽吞吐后含水率较高的特点，在其中加入水溶性降黏剂，拆散稠油分子缔合体-联合体结构，形成水包油乳状液，破坏庞大的分子作用力网络，使体系黏度由缔合体-联合体控制的超分子结构黏度转变为由外相水控制的乳液结构黏度。室内实验结果表明（图1-27），黏度为2000mPa·s的稠油作为内相形成的水包油乳液体系，降黏率可达99%，极大地提高了稠油在储层内的流动能力，能够达到稠油热采的降黏效果。需要注意的是，油

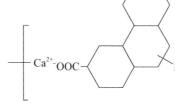

图 1-26　Ca^{2+} 与环烷酸形成的配位体

R 表示烃基

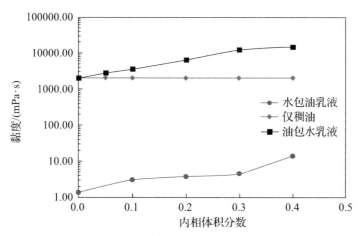

图 1-27　不同类型乳液黏度变化曲线

包水乳状液的黏度很大，不利于稠油流动，因此乳液类型控制是乳化降黏的关键。

　　水包油乳化过程是一个重要的相变过程，油水界面面积大幅度增加，体系能量上升，属于热力学不稳定体系。当降黏剂加入油水体系后，其界面张力可降低至 $10^{-3} \sim 10^{-2}$mN/m，这为蒸汽吞吐后形成水包油乳液提供了必要的热力学条件。另外，多轮次蒸汽吞吐后，近井地带及窜流通道含水饱和度高达

50%～70%，油藏平均温度由 40%～60%上升到 60%～70%，为形成水包油乳状液提供了有利条件，实验结果如图 1-28 和图 1-29 所示。

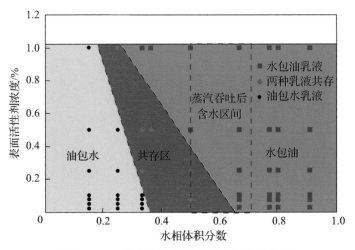

图 1-28　不同条件下的乳状液类型分布

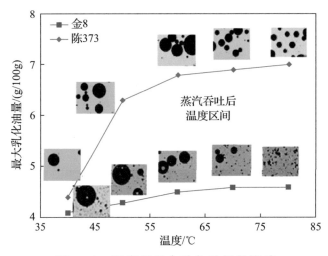

图 1-29　温度对最大乳化油量的影响

　　多孔介质的孔隙结构复杂性也是促进水包油乳液形成的动力学有利条件。笔者认为，油滴在多孔介质中运移时会产生两种随机力：一是从孔到喉的运动过程中，流动截面的变化引起速度变化导致的随机力；二是孔隙通道的迂曲特性导致的与岩石骨架碰撞作用引起速度方向发生变化产生的随机力。这两种随机力起到促进乳化的扰动作用，提供了乳化所需能量，是影响水包油乳化降黏的积极因素。另外，扩散双电子层、外相水中聚合物结构屏障性有利于乳状液的稳定性。

1.5.3　分散降黏机理

蒸汽吞吐未波及的高含油地带，可以通过加入油溶性化学剂实现分散降黏来提高稠油流动能力。分散降黏就是利用降黏剂分子同源嵌入作用打开沥青质层状 π-π 堆积结构，拉大沥青质分子间质心距，减弱沥青质分子间的缔合结构，达到降黏的目的。笔者团队运用分子动力学模拟，计算了稠油(20℃)、稠油(50℃)、稠油+甲苯、稠油+降黏剂/甲苯的径向分布函数(radial distribution function, RDF)，稠油体系中沥青质-沥青质的 RDF 曲线相比表明(图 1-30)，后三个体系沥青质分子间距明显被拉大，其中添加降黏剂的体系质心距增加最明显，沥青质分子间面面堆积的比例从 0.95 降低到了 0.66。室内实验证实(图 1-31)，油溶性降黏剂可有效对稠油进行分散降黏，胜利油田稠油样品(15632mPa·s，50℃)在降黏剂加量 0.08%时，表观降黏率可达 70%。

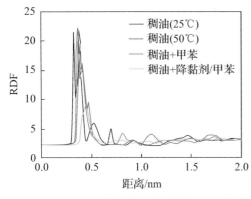

图 1-30　不同体系沥青质的 RDF 曲线

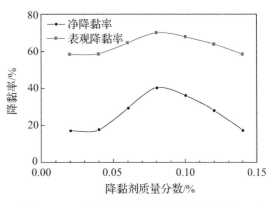

图 1-31　油溶性降黏剂的降黏效果(50℃)

1.5.4　降低启动压力机理

稠油中胶质沥青分子具有较强的极性基团，部分杂原子结构带有一定的电荷，导致胶质沥青质偶极距较大，一般为 10～20deb[①]。极性基团与带电结构易使胶质沥青质吸附于带电荷的岩石表面，形成特殊理化性质的边界层。同时，较强的偶极矩促使胶质沥青质趋于定向组合，形成结构性黏度。边界层效应与结构性黏度使稠油在驱动时存在启动压力梯度。室内实验结果表明(图 1-32)，随着稠油黏度大幅度增加，启动压力梯度明显增大，当地层原油黏度达到 2000mPa·s 时，启动压力梯度达 1.15MPa/m。这是除黏度外影响稠油在多孔介质中流动的又一因素。通过加入降黏剂形成水包油乳状液(油水比

---

①　1deb = 3.33564×10^{-30}C·m。

4：6），可以改变沥青质与岩石矿物间作用力，实现润湿性反转，同时破坏稠油分子结构性黏度，启动压力梯度仅为 0.07MPa/m，降幅达 94%，较大地提高了稠油流动能力。

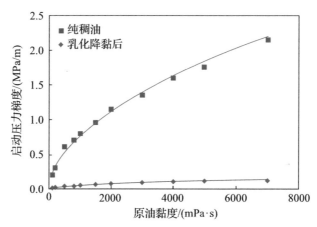

图 1-32　原油黏度对启动压力梯度的影响(岩石渗透率为 2.93D)

1.5.5　稠油化学复合驱油藏工程原理

对于常规原油化学复合驱，以毛细管准数$\left[\mu_{\mathrm{w}}v/(\sigma\cos\theta)，简称毛细管数\right]$为依据，降低油水界面张力和提高驱替液黏度成为提高采收率的油藏工程原理。笔者针对非均质稠油油藏特征，对该原理进一步拓展与完善。

1. 稠油驱油效率量纲分析

根据油藏工程原理，可以假设影响稠油驱替效率主要因素有油水黏度、驱替速度、界面张力和润湿性。驱油效率可以表征为如下的一般形式：

$$E_{\mathrm{R}}=f\left(\mu_{\mathrm{w}},\mu_{\mathrm{o}},v,\sigma\cos\theta\right) \tag{1-75}$$

式中，μ_{w}为水相黏度；μ_{o}为油相黏度；v为驱替速度；σ为界面张力。

运用量纲分析方法，可以将式(1-75)进一步改进，体现各因素间联合作用，抓住问题的本质。在量纲分析时，取μ_{w}、v、$\sigma\cos\theta$为基本量，驱油效率E_{R}、μ_{o}为导出量。其中μ_{w}量纲为$\dfrac{\mathrm{M}}{\mathrm{TL}}$，$v$量纲为$\dfrac{\mathrm{L}}{\mathrm{T}}$，$\sigma\cos\theta$量纲为$\dfrac{\mathrm{M}}{\mathrm{T}^2}$。

根据量纲分析理论，导出量的量纲均为基本量的量纲幂次函数乘积的形式表征，有

$$\left(\frac{\mathrm{M}}{\mathrm{TL}}\right)^{\alpha}\left(\frac{\mathrm{L}}{\mathrm{T}}\right)^{\beta}\left(\frac{\mathrm{M}}{\mathrm{T}^2}\right)^{\gamma}=\mathrm{M}^{\alpha+\gamma}\mathrm{L}^{-\alpha+\beta}\mathrm{T}^{-\alpha-\beta-2\gamma} \tag{1-76}$$

对应于无因次驱油效率 E_R，有方程组 $\alpha+\gamma=0$，$-\alpha+\beta=0$，$-\alpha-\beta-2\gamma=0$，显然，$\alpha=1$，$\beta=1$，$\gamma=1$ 是其中一个解。同理对应油层黏度 μ_o 而由式(1-75)可得到驱油效率无量纲表达式：

$$E_R=\frac{\mu_w v}{\sigma\cos\theta}f\left(\frac{\mu_o}{\mu_w}\right) \tag{1-77}$$

式中，$f\left(\dfrac{\mu_o}{\mu_w}\right)$ 仅表示驱油效率 E_R 与 $\dfrac{\mu_o}{\mu_w}$ 存在函数关系，由实验测定的方法给出。

式(1-77)说明了驱油效率 E_R 与毛细管数 $(\mu_w v)/(\sigma\cos\theta)$ 成正比关系并受到黏度比 μ_o/μ_w 的影响。因此，即使不考虑流动性的情况下，稠油开采时也应大幅度降低原油黏度控制流度比，提高驱油效率。

2. "降、驱、洗、调"协同作用数学模型

储层非均质性引起降黏剂窜流，导致降黏剂波及程度低，利用效率低，开发效果不理想。针对性运用化学复合驱技术不仅能降低稠油黏度，提高动用能力，还能使稠油油藏驱替更加均衡、更能发挥降黏剂作用，从而更大程度提高稠油开发效果。假设稠油油藏由 n 个物性不同的油层组成，化学复合驱的"降、驱、洗、调"协同作用提高采收率原理可由如下数学模型表征：

目标函数：

$$R_F=\max_x\sum_{i=1}^{n}r_{Ni}R_i \tag{1-78}$$

式中，$x=(r_{qi},k_{ro},k_{rw},\mu_w,\mu_o)$ 为优化参数集。

约束条件：

$$f_w\leqslant f_{wl} \tag{1-79}$$

$$f_w=\sum_{i=1}^{n}r_{qi}f_{wi} \tag{1-80}$$

$$f_{wi}=\left[\frac{1}{1+\frac{k_{ro}(S_w)}{k_{rw}(S_w)}\frac{\mu_w}{\mu_o}}\right]_i \tag{1-81}$$

$$R_i = \left(\frac{S_w - S_{wc}}{1 - S_{wc}}\right)_i \qquad (1\text{-}82)$$

式(1-78)~式(1-82)中，r_{Ni}为第i层地质储量比例；R_i为第i层采出程度；f_w为总体含水率；f_{wl}为经济极限含水率；r_{qi}为第i层是液比例；f_{wi}为第i层含水率；k_{ro}为油相相对渗透率；k_{rw}为水相相对渗透率；μ_w为水相黏度；μ_o为油相黏度；S_w为油层含水饱和度；S_{wc}为束缚水饱和度。

上述数学模型在油藏工程中体现为：利用高效降黏剂形成水包油乳状液，降低稠油黏度μ_o，提高稠油流动能力。通过聚合物与降黏剂协同作用，既可提高注入体系黏度，改善油水黏度比μ_o/μ_w，同时可以稳定乳状液体系。降黏剂的界面活性可有效吸附岩石表面的剩余油，降低油水界面张力，大幅度降低启动压力梯度，改善油水相渗曲线$k_{ro}(S_w)$与$k_{rw}(S_w)$，通过对相渗曲线和油水黏度的综合作用，化学复合驱实现采出液含水率降低，单层驱油效率大幅度提高。另外，堵水调剖可有效调整层段间开采速度r_{qi}，提高低渗层、低波及区域的分流率，充分发挥化学复合驱油体系的整体作用，在达到含水界限F_{wl}时，实现稠油油藏均衡驱替、高效驱油的协同增效目的。上述模型计算与非均质岩心驱替实验表明，化学复合驱可提高稠油采收率20%。

1.5.6 小结

（1）沥青分子优先以π-π作用形成缔合体，缔合体间范德瓦耳斯力和石油酸氢键作用、Ca^{2+}与环烷酸配位作用等形成大规模联合体，联合体构成分子作用力网络，形成结构致黏机制。

（2）油多轮次蒸汽吞吐后开展化学复合驱，通过水包化降黏和分散降黏，破坏稠油结构致黏机制，降黏率可达90%以上，能够大幅度提升稠油流动能力。

（3）化学复合驱通过降黏促流、流度控制和调堵封窜等协同作用，实现了稠油油藏均衡驱替，相关计算与实验表明提高采收率20%，可以成为埋藏较深、非均质性较强的稠油油藏蒸汽吞吐后或水驱稠油油藏重要的接替技术。

1.6 高频脉冲注水提高采收率机理研究

高频脉冲注水与本章前面提到的周期注水的主要差别是周期很短，常以分钟计，而传统的周期注水周期则以月计，因此决定了两者之间在驱油机理方面的不同。

　　一般认为，油层中流体渗流速度比较小，惯性力可忽略(气体流速较高时可能要考虑惯性力)。而脉冲式注水，由于频率较高，速度变化剧烈，产生较大的加速度，进而形成不可忽视的惯性力。这种惯性力对渗流方程的影响及其对驱油效果的影响，需要开展研究。

　　关于惯性力的研究，最早由 Forchheimer[5]在室内实验时发现，随着流速的增大，渗流速度与水力梯度之间的关系逐渐偏离线性关系；流速越大，非线性特征越明显，并首次提出了 Forchheimer 方程。此后，Lindquist[6]、Hubbert[7]、Scheidegger[8]认为，Forchheimer 方程中非线性渗流主要是由于惯性力引起的；当在雷诺数很小时，黏滞力占主要作用，惯性力可以忽略不计，方程变为达西公式形式；当雷诺数很大时，惯性力逐渐占主要作用，黏滞力的作用与其相比可以忽略不计，方程变化为二次方形式。随后，Forchheimer 二次方程成为描述非达西渗流规律的基本方程，且国内外学者重点研究了方程相关系数的确定方法及其在工程实践中的应用。笔者认为，脉冲注入引起的非达西渗流，其形成机制与前人研究的明显不同，其并非由流速过大引起，而是周期性变化引起的。因此，现有的高速非达西渗流方程也不完全适用于脉冲注入。

　　在脉冲注入渗流规律方面，国内外学者也开展了大量的研究，但主要集中在单相渗流孔渗变化特征、相对渗透率、脉冲波在多孔介质中的传播规律三个方面，关于局部加速度以及由此导致的惯性力的影响没有提及。

　　因此，笔者在何应付博士、唐永强博士帮助下，采用理论分析与室内物理模拟相结合的方法，探索脉冲注入条件下惯性力对渗流规律的影响，分析惯性力对驱油效果的作用。

1.6.1　单相运动方程

1. 方程推导及表观渗透率

　　达西定律推导过程中，假设驱动力与黏性阻力平衡，流体没有加速度，忽略了惯性力。但是高频脉冲注入条件下，流体速度变化和惯性力不能忽略，达西定律不适用。

　　取图 1-33 所示的微元体，假设流体受到驱动压差，黏滞力和惯性力的作用，不同于达西定律，惯性力产生的根本原因是脉冲式注入，流速发生很大变化，从而产生加速度。

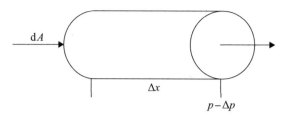

图 1-33　微元体示意图

驱动压差:

$$p\mathrm{d}A - \left(p + \frac{\partial p}{\partial x}\mathrm{d}x \right)\mathrm{d}A = -\frac{\partial p}{\partial x}\mathrm{d}x\mathrm{d}A \tag{1-83}$$

黏滞力:

$$F = \tau_0 \pi d \cdot \mathrm{d}x \tag{1-84}$$

加速度:

$$a = \frac{\mathrm{d}u}{\mathrm{d}x} = \frac{\partial u}{\partial t} + u\frac{\partial u}{\partial x} \tag{1-85}$$

式(1-83)~式(1-85)中, A 为岩心样品横截面面积; p 为压力; u 为渗流速度; a 为加速度; F 为黏滞力; t 为时间; τ_0 为剪切应力。

对于一维等截面积渗流:

$$\frac{\partial u}{\partial x} = 0 \tag{1-86}$$

由牛顿第二定律, 有

$$-\frac{\partial p}{\partial x}\mathrm{d}x\mathrm{d}A - \tau_0 \pi \mathrm{d}A\mathrm{d}x = \rho\mathrm{d}x\mathrm{d}A\frac{\partial u}{\partial t} \tag{1-87}$$

即

$$\Delta p = \rho\frac{\partial u}{\partial t}L + \frac{4\tau_0}{d}L \tag{1-88}$$

式中, L 为岩心长度; Δp 为压差。

由牛顿内摩擦定律(达西定律条件下):

$$\frac{4\tau_0 L}{d} = \frac{32\mu u L}{d^2} = \frac{8\mu u L}{r^2} \tag{1-89}$$

根据毛细管束模型：

$$k = \frac{\phi r^2}{8} \tag{1-90}$$

式中，k 为渗透率；ϕ 为孔隙度；μ 为黏度。

将式(1-90)代入式(1-89)，有

$$\frac{4\tau_0 L}{d} = \frac{32\mu u L}{d^2} = \frac{\phi \mu u L}{k} \tag{1-91}$$

进而有

$$\frac{\Delta p}{L} = \frac{\rho}{A}\frac{\mathrm{d}Q}{\mathrm{d}t} + \frac{\phi \mu Q}{kA} \tag{1-92}$$

式中，Q 为流量；ρ 为密度。

当 $\dfrac{\mathrm{d}Q}{\mathrm{d}t} = 0$，即恒速注入情况下表现出达西定律规律；当 $\dfrac{\mathrm{d}Q}{\mathrm{d}t} \neq 0$，产生惯性力和附加压力梯度，可令

$$\frac{\Delta p'}{L} = \frac{\rho}{A}\frac{\mathrm{d}Q}{\mathrm{d}t} \tag{1-93}$$

$$\frac{\Delta p - \Delta p'}{L} = \frac{\phi \mu Q}{kA} \tag{1-94}$$

式中，$\Delta p'$ 为惯性力产生的附加压力差。

在恒速注入条件下，由达西定律计算的渗透率为达西渗透率；在脉冲注入情况下，仍按照达西定律计算的渗透率可称为表观渗透率(视渗透率)，该渗透率随时间变化，具有时变性。由前述一维单相渗流方程可以得到

$$\frac{\rho}{A}\frac{\mathrm{d}Q}{\mathrm{d}t} + \frac{\phi \mu Q}{kA} = \frac{\phi \mu Q}{\overline{k}A} \tag{1-95}$$

即

$$\frac{1}{\overline{k}} = \frac{\rho}{\mu\phi}\frac{\mathrm{d}Q}{Q\mathrm{d}t} + \frac{1}{k} \tag{1-96}$$

式中，$\overline{k}$ 为视渗透率。易见，当 $\dfrac{\mathrm{d}Q}{\mathrm{d}t} > 0$ 时，即增加注入量，$\overline{k} < k$，视渗透率小于达西渗透率；当 $\dfrac{\mathrm{d}Q}{\mathrm{d}t} < 0$ 时，即降低注入量时，视渗透率大于达西定律渗

透率。

脉冲具有周期性，可由正弦函数描述：

$$Q(t) = Q_0 + Q_m \sin(\omega t) \tag{1-97}$$

式中，Q_m 为振幅；ω 为脉冲频率，并且有

$$Q_0 = \frac{Q_{max} + Q_{min}}{2} \tag{1-98}$$

$$Q_m = \frac{Q_{max} - Q_{min}}{2} \tag{1-99}$$

将注入量表达式代入视渗透率计算公式中，即可获得不同频率和振幅下的视渗透率：

$$\frac{1}{\bar{k}} = \frac{1}{k} + \frac{\rho}{\mu\phi} \frac{\omega Q_m \cos\omega t}{Q_0 + Q_m \sin\omega t} \tag{1-100}$$

2. 岩心实验

根据实际压力脉冲波的波形，利用 ISCO 泵，采用瞬间改变注入流速的方法在室内模拟脉冲，建立了室内压力脉冲驱替实验流程和装置(图1-34)，主要的实验设备包括恒压恒速泵、中间容器、压力采集器、岩心夹持器、环压泵。整个系统能够满足 50Hz 以下，不同振幅的脉冲波要求。

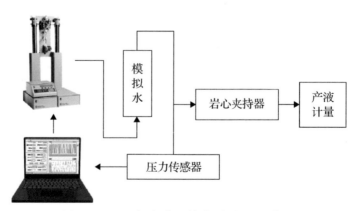

图1-34　压力脉冲驱替实验流程和装置

实验所用 4 组天然石英砂岩岩心，其物性见表 1-1。实验所用模拟水为 6g/mL 的 KCl 水溶液，以防止岩心内的黏土引发水敏。在常态下，模拟水的密度约为 1g/mL，黏度为 0.948mPa·s。

表 1-1　相渗滞后实验岩心基本情况

编号	长度/cm	直径/cm	孔隙体积/cm³	孔隙度/%	渗透率/$10^{-3}\mu m^2$
1	9.998	2.500	10.264	20.91	492.23
2	10.128	2.500	9.644	19.40	249.31
3	9.946	2.500	9.020	18.48	22.67
4	10.680	2.500	8.596	16.40	9.73

3. 结果分析

不同频率、振幅的脉冲注入对岩心渗透率影响实验结果如图 1-35～图 1-38 所示。实验结果表明，当施加压力脉冲后渗透率有所增加；岩心渗透率越高，表观渗透率变化越大，例如在 5Hz、20%振幅条件下，1 号岩心的表观渗透率达

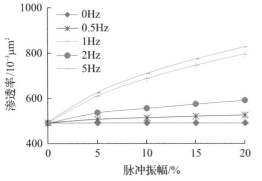

图 1-35　1 号岩心不同频率下
脉冲驱替实验结果

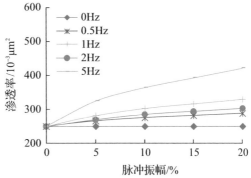

图 1-36　2 号岩心不同频率下
脉冲驱替实验结果

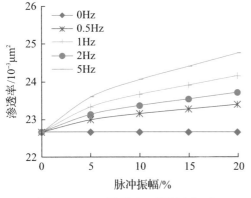

图 1-37　3 号岩心不同频率下
脉冲驱替实验结果

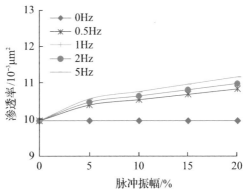

图 1-38　4 号岩心不同频率下
脉冲驱替实验结果

到了 $824×10^{-3}μm^2$，增大了约 67%；而 4 号岩心渗透率由 $9.73×10^{-3}μm^2$ 增大至 $11.2×10^{-3}μm^2$，仅增大了约 15%。

图 1-39 为 2 号岩心脉冲振幅 20%时计算视渗透率与实验实测视渗透率的结果。考虑到惯性项主要产生在流量变化时刻，因此将模拟计算流量变化前后 10 个点平均渗透率与实测渗透率进行对比。可以看出，与匀速驱替的达西渗透率相比，脉冲驱替下视渗透率明显增加，惯性力起到了重要作用。因此，脉冲驱替的理论分析和数值计算中必须考虑惯性项的影响(需说明的是，计算的视渗透率一般低于实验值，可能还有一些其他诸如流固耦合作用等方面因素影响，有待深入研究)。

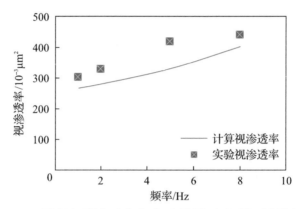

图 1-39　2 号岩心视渗透率与实验结果对比(脉冲振幅 20%)

总的来看，室内物理模拟和理论分析表明：①脉冲注入将会产生惯性力，使表观渗透率增加，并且脉冲振幅越大，表观渗透率越大；②高渗透岩心表观渗透率增大幅度明显大于低渗透岩心，说明惯性力在高渗透储层中更为突出。

1.6.2　惯性力对水驱油效果的影响

1. 水驱油毛细管数的影响

根据上述公式，传统毛细管数中驱替相速度表达式可用式(1-101)替换：

$$v_{wc} = \frac{kk_{rw}}{\mu_w}\left(\frac{\rho_w}{A}\frac{dQ_w}{dt} + \frac{\phi\mu_w Q_w}{kA} \right) \tag{1-101}$$

修正后的毛细管数为

$$N_{cc} = \frac{\mu_w}{\sigma\cos\theta}\frac{kk_{rw}}{\mu_w}\left(\frac{\rho_w}{A}\frac{dQ_w}{dt} + \frac{\phi\mu_w Q_w}{kk_{rw}A} \right) \tag{1-102}$$

即

$$N_{cc} = \frac{kk_{rw}}{\sigma\cos\theta}\frac{\rho_w}{A}\frac{dQ_w}{dt} + \frac{v_w\mu_w}{\sigma\cos\theta}\qquad(1\text{-}103)$$

式中，N_{cc} 为毛细管数；v_w 为达西渗流条件下的渗流速度。

进一步，将

$$Q(t) = Q_0 + Q_m\sin(\omega t)\qquad(1\text{-}104)$$

代入到毛细管数表达式[式(1-103)]，有

$$N_{cc} = \frac{kk_{rw}}{\sigma\cos\theta}\frac{\rho_w}{A}Q_m\omega\cos(\omega t) + \frac{v_w\mu_w}{\sigma\cos\theta}\qquad(1\text{-}105)$$

或者

$$N_{cc} = \rho_w\frac{kk_{rw}}{\mu_w}\frac{v'_w\mu_w}{\sigma\cos\theta}\omega\cos(\omega t) + \frac{v_w\mu_w}{\sigma\cos\theta}\qquad(1\text{-}106)$$

式中，v'_w 为脉冲作用引起的附加流速。

从式(1-105)和式(1-106)可以看出，压力脉冲作用下的毛细管数可以分为两个部分：一部分相当于恒速注入的毛细管数；另一部分为脉冲作用引起的附加项，其与脉冲注入流体密度、脉冲频率、脉冲振幅、界面张力、渗透率等有关。对于恒速注入，相当于脉冲振幅为 0，即第一项等于 0，退化为传统毛细管数公式。在高频情况下，修正的毛细管数将会有很大的增加。物理上可以解释为脉冲注入产生瞬时冲击力，激活残余油滴通过喉道，从而提高驱油效率。

2. 岩心实验与相对渗透率曲线

实验选用渗透率为 $250\times10^{-3}\mu m^2$ 的岩心，脉冲的频率为 10Hz，脉冲振幅分别设定为 0%、5%、10% 和 15%（图 1-40）。实验步骤主要参考标准《岩石中两相流体相对渗透率测定方法》（SY/T 5345—2007）。

实验结果表明（图 1-40），与常规注水（脉冲振幅 0%）相比，相对渗透率曲线向右移动，油相相对渗透率增加，油水两相渗流区变宽，最大增幅达 14.72%。振幅越大，等渗点越高，等渗点处对应的含水饱和度增大，最大增幅达 7.9%。振幅越大，残余油条件下的含水饱和度就越大，对应的水相相对渗透率也明显升高，水相相对渗透率升高幅度最大为 23.07%，即高频脉冲注水可以降低残余油饱和度，进而提高驱油效率，并且同频率情况下脉冲振幅越大，效果越明显。

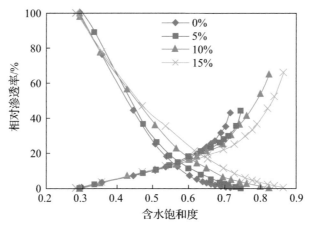

图 1-40　脉冲注水相对渗透率曲线实验结果

1.6.3　高频脉冲注水的认识与结论

（1）渗流力学理论分析与实验表明，高频脉冲注入条件下惯性力是存在的，并且振幅与频率越大，表观渗透率变化越大。

（2）高频脉冲注水驱油起到增大毛细管数的作用，可以激活部分残余油，进而改变相对渗透率曲线，提高驱油效率，改善水驱油效果。

（3）高频脉冲注入对储层可能产生的机械波动及其与流体渗流发生耦合效应尚待进一步研究。

1.7　特高含水油藏滞留气提高采收率机理

特高含水油藏控水是改善开发效果，提高采收率的根本途径。目前主要做法有降低流度比的聚合物驱、改善相渗曲线与流度比的二元与三元化学复合驱和调剖堵水等工艺措施，由于化学剂高昂的费用及油藏高盐、高温等条件限制了其更大规模化的应用。调剖堵水作用半径小，因此有必要探索其他方面的提高采收率机理与技术。

调研发现，三个方面的矿场实践显示出油藏中存在一定量的气体能够控水增油。一是美国等国家经常使用的一次采油后水驱混气油更能提高采收率。二是特高含水油藏降压开采（停止注水）提高采收率方法。三是注入混有 CO_2 的碳酸水提高采收率技术。这些技术的共性就是可以在油相中存在气相，但与注气开发不同，这些气相饱和度不高，不形成流度较大的连续流动相，主要作用不是形成驱油的驱动力和补充能量，而是起到降低水相渗透率和产出液含水率的作用。

驱替过程中，存在部分难以被后续流体驱动而滞留孔喉中的气体，笔者称之为滞留气。Kralik 等[9]研究了滞留气饱和度的影响因素，包括岩心孔隙度和最大含气饱和度等，并发现油相相对渗透率几乎仅是油饱和度的函数，而水相相对渗透率在有滞留气的情况下明显偏低。Schneider 和 Owens[10]研究了不同润湿性情况下，滞留气饱和度对油水相对渗透率的影响，指出对于水湿系统，油相渗透率开始受到滞留气的影响而下降；但随着含水饱和度的增加，不同滞留气饱和度情况下的油相渗透率曲线出现相交并有部分反转。水相相对渗透率随滞留气饱和度增大而下降。Kim 和 Kovscek[11]研究了水驱与溶解气驱过程中，不同原油黏度及不同注采比条件下，临界气体饱和度与采收率的关系。Jones 等[12]在微观模型中进行了泡沫流动试验，研究多孔介质中气体滞留的行为，滞留气体的量与泡沫质量及总流速有关。除此以外 Bernard 和 Jacobs[13]、Mulyadi 等[14]、Jerauld[15]、Kantzas 等[16]研究了残余气饱和度的影响因素及其对气水渗流的影响。但以上的研究主要集中在残余气饱和度对相渗变化的影响、含水气藏和 CO_2 地质埋存方面，而针对人工注入滞留气提高特高含水油藏采收率，特别是提高采收率机理、注入方式、注入介质对滞留气驱效果的影响还未涉及。因此，笔者与何应付、唐永强、李宜强等通过岩心物理模拟实验和油藏数值模拟研究了人工注入滞留气提高采收率机理，证实人工形成滞留气能够起到控水增油作用，且室内岩心驱替可提高采收率 8 个百分点左右，井组数模结果可提高采收率 2 个百分点。

1.7.1　岩心物理模拟实验

岩心物理实验目标：明确滞留气是否可以改变油水相渗曲线和提高采收率，寻找何种做法可以较大幅度提高采收率。

1. 实验材料与实验方法

天然贝雷岩心，长度 10cm，孔隙度 19.4%，渗透率 $249×10^{-3}\mu m^2$；模拟水（NaCl 与蒸馏水配制），20℃时矿化度为 3500mg/L，密度为 1.012g/mL，黏度为 1.087mPa·s；模拟油由白油与煤油配制（煤油占比 0.4），20℃时黏度为 5.5mPa·s；滞留气为氮气，20℃时黏度为 0.01734mPa·s。

在常规实验的基础上，采用"分次、微量、低速"的方法向岩心注气，减弱气体窜流的影响，使注入气体在岩心中尽量平稳流动。通过"静置、旋转"等方法人为模拟实际油藏中气体自然扩散的过程，使气体在岩心样品中得以充分扩散，达到产生稳定分散滞留气的目的。岩心夹持器竖立放置，由上而下的方向注气，以利用气体与实验流体重力差异的特点，使气体平稳流动，同时在实验过程中必须保持实验压力的稳定。

2. 滞留气对油水相对渗透率的影响实验

为了对比滞留气产生前后水驱效果及油水两相相对渗透率的变化，分别开展一段塞注气和两段塞注气两组实验，结果如图 1-41 和图 1-42 所示。从实验结果中可以看出，形成稳定滞留气后进一步水驱采收率有所上升，第一组实验提高 4.15 个百分点，第二组实验提高 8 个百分点，两个段塞分别提高 4.37 个百分点和 3.75 个百分点（图 1-41）。分析其机理为：在岩心中以滞留气形式存在的气体，对水相产生明显的阻力效果，含水率降低；同时滞留气占据水相的位置，使水相能够进入未波及的小孔道，进而使更多的原油得以动用，达到控水增油的目的，即滞留气的形成可以降低水相渗透率，而油相相对渗透率上升（图 1-42）。

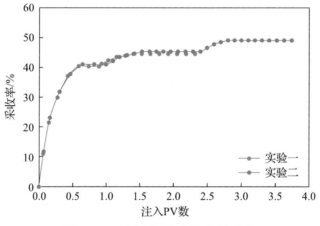

图 1-41　注气前后采收率的变化

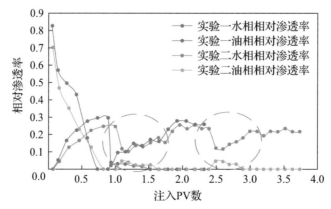

图 1-42　注气前后油、水两相相对渗透率的变化

3. 水气同注对驱油效率的影响实验

实验方案和岩心参数如表 1-2 所示，实验时先水驱至含水率 100%，再以总速度 1mL/min 进行氮气和水同注实验，结果如图 1-43 和图 1-44 所示。

表 1-2　不同气液比方案岩心基本数据

岩心编号	气液比	长度/cm	直径/cm	渗透率/$10^{-3}\mu m^2$	孔隙度/%	原始含油饱和度/%
3-1	1∶1	30	2.5	252	20.0	59.3
3-2	2∶1	30	2.5	243	18.8	52.7
3-3	4∶1	30	2.5	246	19.8	58.0
3-4	6∶1	30	2.5	254	18.7	58.7
3-5	13∶1	30	2.5	261	19.6	57.5

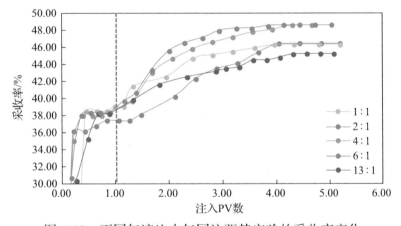

图 1-43　不同气液比水气同注驱替实验的采收率变化

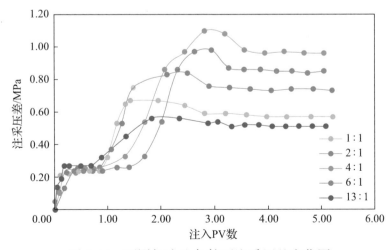

图 1-44　不同气液比条件下注采压差变化图

由图 1-43 和图 1-44 可知，各组实验在水驱阶段的采收率大致相同，各气液比方案均能一定程度上提高采收率，其中气液比为 4 ∶ 1 的方案提高采收率幅度最大，为 10.61 个百分点，气液比 13 ∶ 1 的方案提高采收率幅度最低，为 7.10 个百分点。

随着气液比的增加，气水同注提高采收率的幅度并非单调递增或递减，而是有一个最佳气液比，在此气液比下能够达到最好的驱油效果。当气液比较小时，由于气量较小，分散在水相中，随水相移动，水相仍为流动通道内的主要流动相，导致气体无法发挥驱油作用，采收率较低。当气液比较大时，由于增大了气量，气体大量进入通道内，容易发生气窜且很难控制，在出口端大量见气，采收率较低。

各组实验在水驱阶段的注采压差大致相同，水气同注阶段注采压差均高于水驱阶段，但变化趋势不同(图 1-44)。因为注气后气体以气泡的形式进入孔喉通道中，而气泡产生的贾敏效应使得水在大孔道或渗透性好的层中渗流阻力增大，注采压差升高。其中 4 ∶ 1 气液比提高幅度最大，这是由于注气量较小时，气体阻力效果较差，注采压差较低；注气量较大时，极易发生气窜，气体不能充分分散到孔隙，气阻效果下降。

随着气体的不断注入，气相饱和度不断增加，气体逐渐占据了孔隙通道，改善了流动通道内油水的流动情况，使水相的流动能力相对下降(图 1-45)。在本组实验中，气液比 4 ∶ 1 时水相相对渗透率的下降幅度最大，1 ∶ 1 下降幅度最小。不同气液比水相相对渗透率下降的含气饱和度区间为 0.2～0.3。

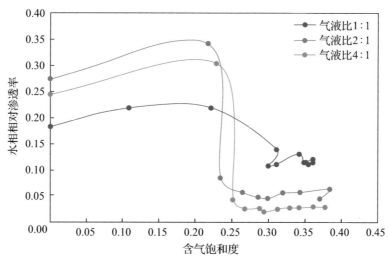

图 1-45　不同气液比下水相相对渗透率随含气饱和度的变化

将气窜开始时的含气饱和度定义为临界含气饱和度，该值大小代表了渗透率下降的程度。比较不同气液比下的临界含气饱和度与相应的采收率提高值(图 1-46)，可以看出临界饱和度越高，水气同注的提高采收率幅度越大。

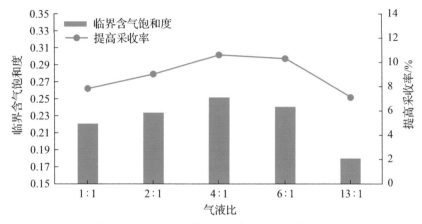

图 1-46　气液比对临界含气饱和度与提高采收率增量影响

1.7.2　滞留气作用数值模拟研究

在实验基础上，利用数值模拟方法进一步研究了高渗高含水油藏建立滞留气提高采收率的可行性。基于 Eclipse 组分模型，采用 P-R 状态方程和两相闪蒸方法计算模型中的油气相平衡；模型中两口直井，一注一采，模型尺寸 $250m \times 250m \times 10m$，网格为 $50 \times 50 \times 5$；渗透率 $200 \times 10^{-3} \mu m^2$，孔隙度 22%，初始含油饱和度 69%，初始压力 20MPa，温度 85℃。模拟时先按注采比 1.0，水驱至含水率 95%，然后再模拟滞留气提高采收率过程。模拟采用的油样黏度为 $2.2mPa \cdot s$，密度为 $0.782g/cm^3$。模拟时将原油划分为 10 个拟组分，各组分摩尔分数和相关参数见表 1-3，计算用油水、油气相对渗透率见图 1-47，三相共存时的相渗透率由 Stone-II 公式计算。

表 1-3　数值模拟模型中原油组分热力学基本参数

组分名称	摩尔分数 /%	分子量	临界压力 /bar	临界温度 /K	临界体积 /[m^3/(kg·mol)]	偏心因子	OMEGA	OMEGB
N_2	0.40	28.01	33.94	126.20	0.090	0.040	0.45723	0.07779
CO_2	0.78	44.01	73.86	304.70	0.094	0.225	0.45723	0.07779
CH_4	14.87	16.04	46.04	166.51	0.098	0.013	0.45723	0.07779
$C_2 \sim C_4$	8.69	54.24	39.09	405.11	0.242	0.183	0.45723	0.07779
$C_5 \sim C_6$	6.56	75.67	32.73	476.19	0.321	0.253	0.45723	0.07779
$C_7 \sim C_9$	17.97	118.29	27.85	588.98	0.467	0.379	0.45723	0.07779

续表

组分名称	摩尔分数/%	分子量	临界压力/bar	临界温度/K	临界体积/[m³/(kg·mol)]	偏心因子	OMEGA	OMEGB
$C_{10} \sim C_{12}$	14.54	159.91	21.96	659.45	0.630	0.518	0.45723	0.07779
$C_{13} \sim C_{17}$	14.28	214.51	16.83	732.87	0.844	0.697	0.45723	0.07779
$C_{18} \sim C_{22}$	11.99	284.27	12.40	805.63	1.123	0.921	0.45723	0.07779
C_{23+}	9.88	509.15	5.46	974.85	2.038	1.468	0.45723	0.06994

注：1bar=0.1MPa。OMEGA 为分子间引力修正常数，OMEGB 为体积修正常数，用于修正体系。

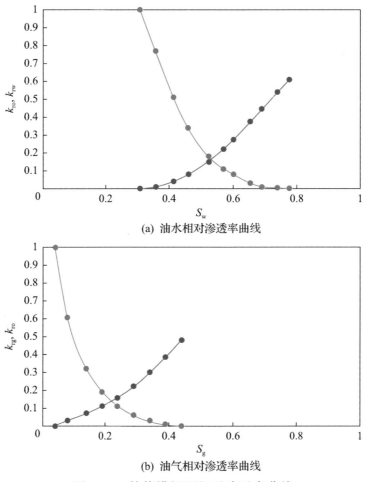

(a) 油水相对渗透率曲线

(b) 油气相对渗透率曲线

图 1-47　数值模拟用相对渗透率曲线

1. 降低注采比后溶解气析出形成滞留气能有效提高采收率

图 1-48 为保持注采比 1.0 和 0.9 持续水驱模拟结果对比，从图中可以看出，

注采比为 0.9 方案的累积产油量明显高于注采比为 1.0 方案的模拟结果，提高采收率 1.8 个百分点。分析原因认为，降低注采比后地层压力下降，当地层压力稍低于泡点压力后（油井流压 $\geqslant 0.9p_b$，p_b 为泡点压力），原油中溶解气逐渐脱出形成滞留气（图 1-49），滞留气的存在阻碍了水相运移，降低了水相相对渗透率（图 1-49），注采比 0.9 方案模拟结束时各网格平均含气饱和度 0.97%，水相相对渗透率为 0.317，比注采比为 1.0 方案低 0.034。

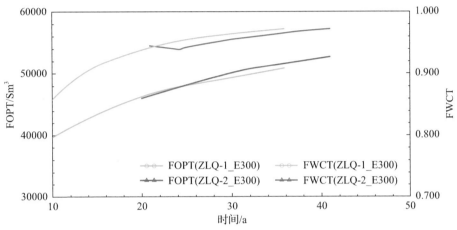

图 1-48　不同注采比方案模拟计算结果对比

FWCT 为油田含水率；FOPT 为油田累积产油量

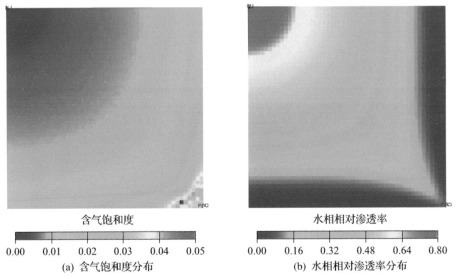

(a) 含气饱和度分布　　　　　(b) 水相相对渗透率分布

图 1-49　注采比为 0.9 方案模拟结束时含气饱和度及水相相对渗透率分布

2. 水气交替注入的滞留气模拟

除降低压力使得溶解气析出滞留外，通过向地层中注入一定量的气体也可以形成滞留气。图 1-50 为常规水驱、水气交替形成滞留气方案的结果对比，其中方案 1 是每半年注 3 天气体，注入速度为 10000m³/d，共开展 20 个周期；方案 2 为每 2 个月注 1 天气体，注入速度为 10000m³/d，共开展 60 个周期，结果分别如图 1-51。

数值模拟结果表明，两个水气交替方案的含气饱和度平均值分别为 2.66%、2.71%，水相相对渗透率平均值分别为 0.272、0.267，均低于常规水驱的 0.351，也低于降压形成滞留气的 0.317，两个水气交替方案提高采收率幅度分别为 2.19 个百分点和 2.29 个百分点（图 1-50）。两种交替方式对比来看，较高的交替频率更有利于滞留气的形成，其滞留气饱和度更高，波及面积更大。

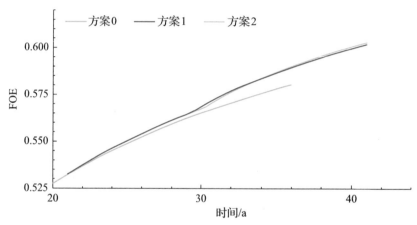

图 1-50　水气交替滞留气方案采收率对比

FOE 为油田采出程度

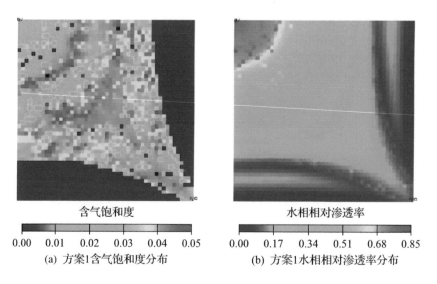

(a) 方案1含气饱和度分布　　　　　(b) 方案1水相相对渗透率分布

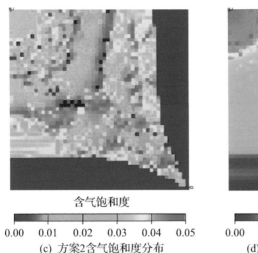

含气饱和度

0.00 0.01 0.02 0.03 0.04 0.05

(c) 方案2含气饱和度分布

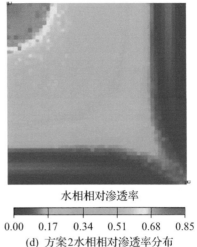

水相相对渗透率

0.00 0.17 0.34 0.51 0.68 0.85

(d) 方案2水相相对渗透率分布

图 1-51 水气交替滞留气饱和度分布和水相相对渗透率分布

各小图左上为注入井，右下为生产井，余同

3. CH_4 与 N_2 差异影响

不同气体介质形成的滞留气对驱替效果的影响也不同，采用水气交替方案模拟计算了注入 CH_4 与 N_2 的差异，结果表明注 CH_4 形成滞留气提高采收率幅度稍高于 N_2（图 1-52）。在注入相同量的条件下，虽然注 CH_4 形成的滞留气饱和度平均值（2.73%）稍低于 N_2（3.41%），但注入气波及范围内注 CH_4 的水相相渗平均值 0.272 稍低于注 N_2 的 0.288；并且 CH_4 更易溶解于原油，原油黏度降低幅度更大（图 1-53），注入 CH_4、N_2 后各网格原油黏度平均值分别为 2.17mPa·s、2.47mPa·s，这也使得形成相同饱和度滞留气会消耗更多的 CH_4，但并不增加与油气分离费用。

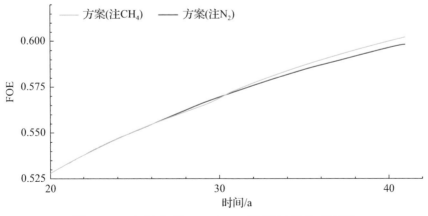

图 1-52 水气交替 CH_4 与 N_2 滞留气采收率对比

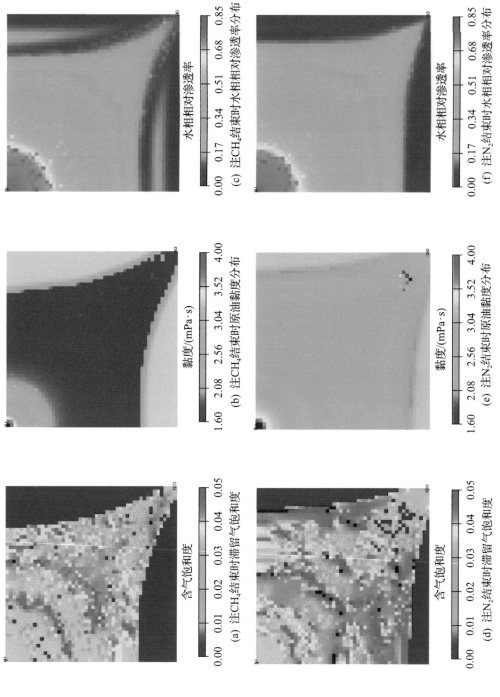

图1-53 模拟结束时注入CH₄与N₂滞留气原油黏度场对比

4. 周期注气量的影响

在注入速度相同的条件下，模拟每 6 个月分别注气 3 天、6 天、9 天、15 天、1 个月、3 个月共 6 个方案，其中后两个方案实际上是气驱方案，模拟计算结果如图 1-54 所示。从结果中可以看出，滞留气方案提高采收率幅度高于气驱方案，如方案-6 天方案采收率比方案-1 个月和方案-3 个月方案高 1.63%、2.29%；滞留气方案存在最佳的周期注入量，方案-6 天采收率比方案-3 天、方案-15 天分别高 0.45%、1.09%。

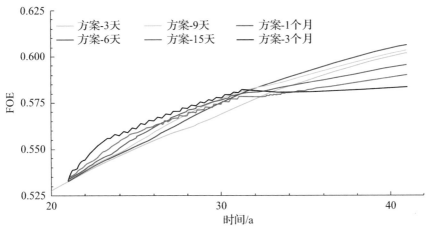

图 1-54　不同注气量条件下采收率变化对比

滞留气方案注气量较小，除部分溶解于原油外(降低原油黏度、膨胀原油体积)，绝大多数气体以非连续不流动气泡形式存在，降低了水相渗透率，方案-6 天平均水相相对渗透率 0.284，平均油相相对渗透率 0.189；而气驱方案注气量大，在无法形成混相驱的条件下，以补充地层能量为主，气窜前采油速度高于滞留气方案，气窜后，注采井见水时含气饱和度高，由于流度比的原因，原油难以流动(平均油相相对渗透率为 0.0032)，采油速度较低(图 1-55)。

为了分析不同注入量对生产的影响，按照每半年注 6 天的周期注入方式，设计了注入 12 个周期、17 个周期、22 个周期、27 个周期，共 4 个方案。从模拟结果可以看出(图 1-56)，随着总注入量增加(周期数增加)，采收率先增加后降低，在模拟计算条件下，注入周期数为 17 时的采收率最高。4 个方案各网格平均含气饱和度分别为 2.75%、3.81%、4.75% 和 5.55%，当总注入量较低时，所形成的滞留气饱和度较低，且分布范围较小；当注入量较大时，储层中不仅形成滞留气，且由于注气形成的自由气分布范围明显增大(图 1-57 中灰色部分)，导致气窜。因此针对油藏的具体条件，存在滞留气形成的最佳注气量。

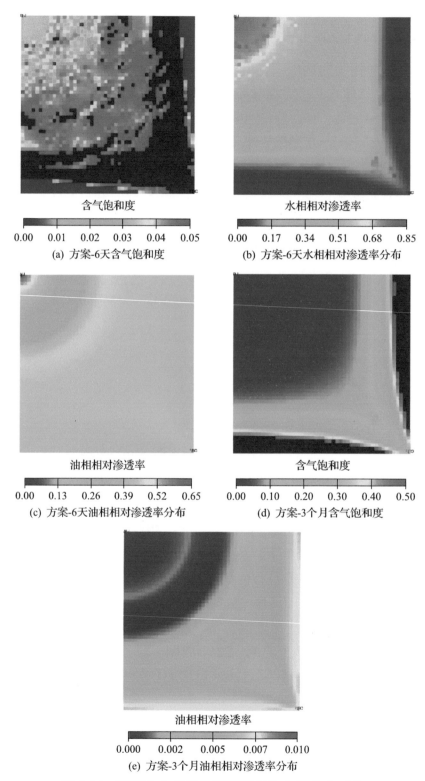

含气饱和度

| 0.00 | 0.01 | 0.02 | 0.03 | 0.04 | 0.05 |

(a) 方案-6天含气饱和度

水相相对渗透率

| 0.00 | 0.17 | 0.34 | 0.51 | 0.68 | 0.85 |

(b) 方案-6天水相相对渗透率分布

油相相对渗透率

| 0.00 | 0.13 | 0.26 | 0.39 | 0.52 | 0.65 |

(c) 方案-6天油相相对渗透率分布

含气饱和度

| 0.00 | 0.10 | 0.20 | 0.30 | 0.40 | 0.50 |

(d) 方案-3个月含气饱和度

油相相对渗透率

| 0.000 | 0.002 | 0.005 | 0.007 | 0.010 |

(e) 方案-3个月油相相对渗透率分布

图 1-55　不同注入量条件下滞留气饱和度分布对比

ZLQ-1_E300
ZLQ-3_E300
ZLQ-2_E300
ZLQ-4_E300
FOE
0.550
0.560
0.570
0.580
0.590
0.600
24
26
28
30
32
34
36
38
40
42
时间/a

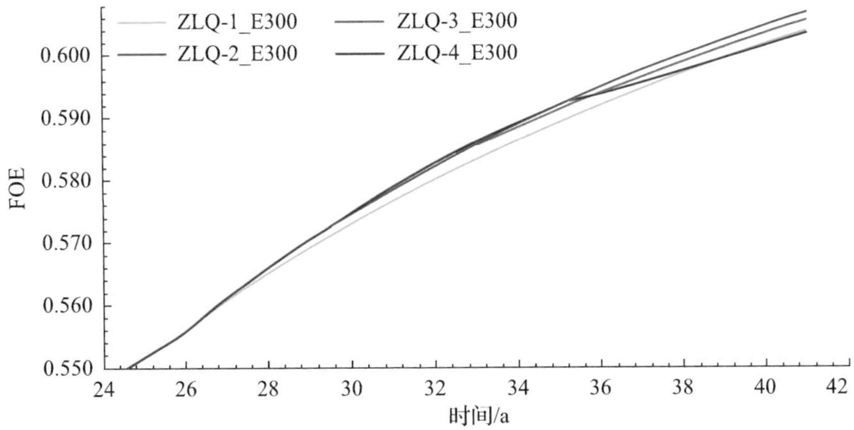

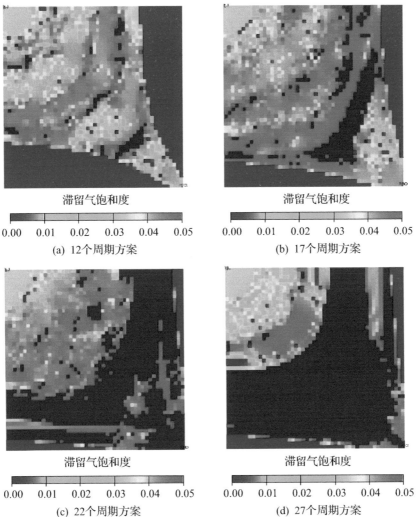

图 1-56　不同注气量条件下采收率变化对比

滞留气饱和度
0.00
0.01
0.02
0.03
0.04
0.05

(a) 12个周期方案

滞留气饱和度
0.00
0.01
0.02
0.03
0.04
0.05

(b) 17个周期方案

滞留气饱和度
0.00
0.01
0.02
0.03
0.04
0.05

(c) 22个周期方案

滞留气饱和度
0.00
0.01
0.02
0.03
0.04
0.05

(d) 27个周期方案

图 1-57　不同注入量条件下滞留气饱和度分布对比

1.7.3　小结

(1)特高含水油藏中以滞留气形式存在的气体，可以对水相产生明显的阻力效果，降低水相渗透率，同时占据水相的位置，使水相能够进入未波及的小孔道，更多的原油得以动用；滞留气饱和度决定了降低水相渗透率的能力，滞留气饱和度越高，水相相对渗透率降低幅度越大，控水增油效果越好。

(2)室内实验表明可提高采收率4~8个百分点，数值模拟提高2~3个百分点。数值模拟的结果低于实验的原因可能是相渗曲线仍用模型计算得到，没有充分反映滞留气的作用。

(3)高含水期衰竭开采降低地层压力低于泡点或者水气交替等方式可以形成滞留气，且气水交替注入滞留分散性更好，有利于采收率提高。

(4)在非混相条件下，滞留气方案优于常规气驱，而且与 N_2 相比，CH_4 更易溶解于原油、降低原油黏度更大，所形成的滞留气采出程度更高。

(5)滞留气驱油机理易于实现且成本低，有必要针对高温高盐难以化学驱的高含水油藏开展系统性现场实验，为提高老油田采收率延长生命期探索新的开发方式。

第2章 井网分析与设计理论研究

井网是构成油田开发系统的关键要素，是油田开发设计与调整的重点内容，是油藏工程研究的重要组成部分。因此，井网方面研究一直是国内外油田开发领域热点课题并取得大量研究成果。笔者根据油田开发的需要，从 3 个方面对井网开展进一步研究与深化认识。一是对于传统面积井网，运用渗流力学原理创立新方法进行解析；二是针对低渗透储层，以非达西渗流理论为基础对井网进行剖析和优化设计；三是对于裂缝性储层，用张量表征渗透率各向异性，并依此优化井排与裂缝方向配置。本章的研究成果为井网分析与设计进一步提供了理论依据。

2.1 面积注水井网解析

自 1924 年美国布雷德福油田试行五点法获得成功，面积井网注水采油成为油田开发中重要注采方式。随后，美国麦斯盖特[17]、Craig[3]及苏联丹尼洛夫等一批学者[18]对面积井网注水问题开展了大量研究。主要研究的井网类型包括五点、七点、九点等多种形式井网，分析其产量和波及特征。

研究面积井网驱替特征的方法主要包括实验方法和理论计算方法两大类。常见实验方法包括电解模型、电位计量模型、X 射线造影技术等室内物理模拟方法。在利用实验方法模拟时，由于实验条件的差异不同，研究者们所得出的结果也存在较大差异，此外由于实验方法投入成本高，耗费时间长，难以对不同类型的面积井网进行全面的对比研究，因此，越来越多的学者采用理论计算方法分析面积井网的驱替开发效果。常用的理论计算方法主要为势叠加水动力学计算方法、数值模拟方法和流管方法。无论是实验方法还是理论分析方法，现有的主要研究对象都集中在五点、七点和反九点井网上，而对其余类型井网的相关研究较少，缺少针对不同类型面积井网驱替效果对比分析的系统性研究。

针对上述问题，笔者在谢伟伟博士协助下，基于储层均质各向同性的假设，将面积井网划分为不同的基本注采单元，从基本注采单元入手评价井网几何学特征，系统性分析了井网几何特征对井网见水时刻面积波及系数的影响，并对不同类型井网的波及系数进行了全面的评价。

2.1.1 面积井网的几何学特征

面积井网的形状决定了井网中油水井的分布。对称面积井网指所有以油（水）井为中心，周围的水（油）井平面分布相对位置均相同，即通过平移、旋转等变换，可以覆盖整个平面，保证所有油井均匀开采，水井均匀注入。面积井网的对称性主要由井网几何形状与井别所决定。根据井网对称性和几何形状，可以划分为对称正多边形井网、对称矩形井网和亚对称井网。

1. 对称正多边形井网

1）对称正多边形井网的形成条件

正多边形井网油水井之间的对称性表现为水井为某正多边形中心，油井位于多边形的顶点上（图 2-1）；同时，该油井又是另一正多边形的中心，而水井则位于该正多边形的顶点上（如图 2-1 中黑色虚线构成的图形 B 所示），从而形成油水井的对称关系。这种对称关系表明，油井之间均匀开采和水井之间的均匀注入，有利于注水波及系数的提高。

对于正多边形 A 与 B，若 A 边数为 n，则 A 的顶角大小为

$$2\left(\frac{\pi}{2}-\frac{\pi}{n}\right)=2\pi\left(\frac{1}{2}-\frac{1}{n}\right)=2\pi\frac{n-2}{2n}=\frac{n-2}{n}\pi \tag{2-1}$$

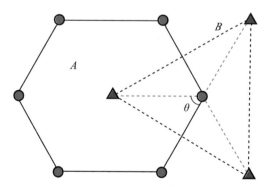

图 2-1　面积井网油水井对称关系示意图

正多边形 A 的顶角为正多边形 B 的中心，要满足此条件，则正多边形 A 的顶角必须整除 2π，即 $\frac{2n}{n-2}=k$ 为整数时为油水井对称井网。不难看出仅当 $n=3$，4，6，$k=6$，4，3 时满足上述条件，分别对应正三角形、正四边形和正六边形井网，即四点井网、五点井网和七点井网。

2)对称正多边形井网基本注采单元几何特征

基本注采单元是构成面积井网的基本单元，它是由面积井网内一注一采两口井为顶点构成的一个几何区域。对称井网正多边形井网有且仅有一种类型的基本注采单元。

(1)四点井网和七点井网基本注采单元。

四点井网为正三角形井网，三角形顶点为注水井，中心为采油井，由图 2-2(a)中 6 个直角三角形基本注采单元构成。基本单元采油量为油井产量的 1/6，注水井位于基本单元的 30°角上。

七点井网基本注采单元与四点井网几何形态相同，只是注水井和采油井位置发生对调，注采方向发生了反转，其采油井位于基本单元的 60°角上，如图 2-2(b)所示。

(2)五点井网基本注采单元。

五点井网即为正四边形井网，正方形顶点为注水井，中心为采油井，可以看作是由 8 个图 2-2(c)所示的基本注采单元 1(等腰直角三角形)构成的。基本单元采油量是油井产量的 1/8。

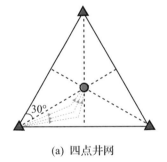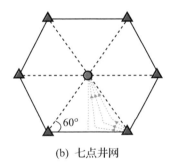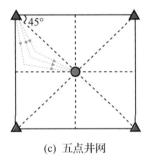

(a) 四点井网　　　　　(b) 七点井网　　　　　(c) 五点井网

图 2-2　典型对称正多边形井网示意图

2. 对称矩形井网

矩形井网油水井分布满足井网的对称性特征，但是其井网形状为矩形，而非正多边形，其几何形状和特征与井排距关系密切，故属于一种特殊的对称井网。笔者将井距定义为两口注水井(采油井)之间的距离，排距定义为注水井排(采油井排)之间的距离，下面对常见的矩形正对和矩形交错井网几何特征进行分析。

1)矩形交错井网基本注采单元几何特征

图 2-3(a)所示为井排距比为 1 的矩形交错井网。矩形的 4 个顶点为注水

井，矩形中心为采油井，包含两种基本注采单元(基本单元1和单元2)，两种基本注采单元均为直角三角形，两者的形状大小均相同，注采方向相反。

2)矩形正对井网基本注采单元几何特征

图2-3(b)为井排距比为1的矩形正对井网，其基本注采单元形状也为矩形，这一点与其他面积井网的三角形基本注采单元也存在较大的差异。

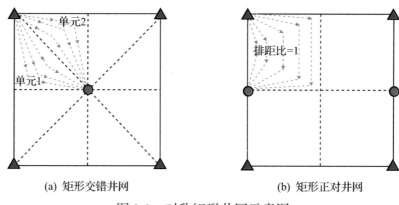

(a) 矩形交错井网　　　　　　　　(b) 矩形正对井网

图2-3　对称矩形井网示意图

3. 亚对称井网

将对称正多边形井网进行规则变形或对井别进行规则变化，即可得到亚对称井网。常见的亚对称井网包括菱形井网、歪四点井网、歪七点井网和反九点井网。亚对称井网可剖分为2~3个基本注采单元，这些基本注采单元几何特征及组合方式决定了整个面积井网的注水波及状况。下面对典型的亚对称井网的基本注采单元进行分析。

1)九点井网与反九点井网基本注采单元几何特征

对五点井网进行井别的变换即可得到九点井网和反九点井网。如图2-4(a)所示，九点井网角井位于正方形顶点，边井位于正方形边线，边井和角井不对称分布。假定正方形边长为1，则对于基本单元1，两条直角边分别为1和1/2，流量为边井流量的1/4；基本单元2的3条边则分别为1/2、$\sqrt{5}/2$和$\sqrt{2}$，流量为边井流量的1/8。

对于反九点井网，几何特征与九点井网完全相同，但注采方向相反。

2)菱形五点井网基本注采单元几何特征

菱形井网为五点井网的变形井网，常用于各向异性油藏的开发。如

图 2-4(b)所示，菱形井网四个顶点为注水井，中心为采油井，共包含两种类型的基本注采单元。不同基本注采单元中注采井距的差异决定了菱形五点井网的几何形状和特征。

3）歪四点井网和歪七点井网基本注采单元几何特征

对五点井网进行井别变换可以得到歪四点井网，从几何形态上，歪四点井网属于等腰三角形井网(中心井位于三角形外心，井网单元内注采井距均相同)的一种特殊形式。歪四点井网中，水井位于三角形顶点，油井位于三角形外心，如图 2-4(c)所示。歪四点井网共包含 3 种类型基本注采单元，假定井距为 1，则基本单元 1 是斜边等于 1 的等腰直角三角形；基本单元 2 斜边等于 1，与注水井相连的直角边为 $2/\sqrt{5}$，和采油井相连的直角边为 $1/\sqrt{5}$；基本单元 3 斜边为 $\sqrt{2}$，与注水井相连的直角边为 $3/\sqrt{5}$，和采油井相连的直角边为 $1/\sqrt{5}$。

对于歪七点井网，基本注采单元几何特征与歪四点井网完全相同，但注采方向相反。

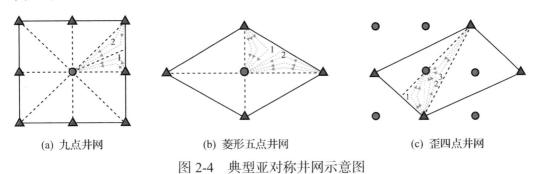

(a) 九点井网　　　　　　(b) 菱形五点井网　　　　　　(c) 歪四点井网

图 2-4　典型亚对称井网示意图

2.1.2　基本注采单元模型求解

通过将井网基本注采单元剖分为多个以注水井为起点、采油井为终点的流管模型，每个流管中流体的流动都遵循 Buckley-Leverett 方程，即可求解面积井网非活塞式驱替过程。

1. 流管模型计算

1）流管基本参数确定

采用笔者提出的简化流管模型，如图 2-5 所示。对于基本注采三角形单元，注水井角度为 α，采油井角度为 β，注采井距为 l；对于流管中注水井和

采油井的角度 $\Delta\alpha$ 和 $\Delta\beta$ 满足：

$$\frac{\alpha}{\beta} = \frac{\Delta\alpha}{\Delta\beta} \tag{2-2}$$

流管横截面 $A(\xi)$-ξ 关系式可表示为

$$A_1(\xi) = 2\xi\tan\frac{\Delta\alpha}{2}, \qquad 0 < \xi \leqslant \frac{l\sin\beta}{\sin(\alpha+\beta)} \tag{2-3}$$

$$A_2(\xi) = 2\xi\tan\left(\frac{\beta}{\alpha}\frac{\Delta\alpha}{2}\right), \qquad \frac{l\sin\beta}{\sin(\alpha+\beta)} < \xi \leqslant \frac{l\sin\alpha + l\sin\beta}{\sin(\alpha+\beta)} \tag{2-4}$$

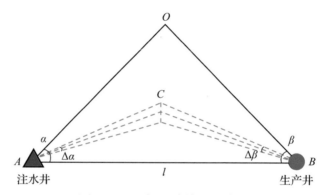

图 2-5　基本注采单元示意图

2）流管模型前缘位置计算

对于流管内变截面油水两相驱替问题，类似于 Buckley-Leverett 方程，有

$$\int_0^{l_f} A(\xi)\mathrm{d}\xi = \frac{f_w'\left(S_w\right)}{\phi}\int_0^t q_i\mathrm{d}t \tag{2-5}$$

式中，$A(\xi)$ 为流管位置 ξ 处流管横截面面积；q_i 为单流管模型的流量；ϕ 为油藏孔隙度；S_w 为含水饱和度；f_w 为含水率，f_w' 为其导数。已知流管的总注入量 $\int_0^t q_i\mathrm{d}t$，结合式 (2-5) 即可计算得到 t 时刻该流管水驱前缘的位置 l_f。

3）流管流量分配

随着水驱的持续进行，基本注采单元内每根流管的流量分配也会发生变化，流管的流量与流管渗流阻力的大小相关，根据达西定律可得流管中流量公式为

$$q_i = \frac{k\Delta p}{\int_{r_w}^{l_f} \frac{\lambda_t^{-1}}{A(\xi)}\mathrm{d}\xi + \int_{l_f}^{l} \frac{\lambda_o^{-1}}{A(\xi)}\mathrm{d}\xi} = \frac{\Delta p}{R_i} \tag{2-6}$$

式中，k 为渗透率；r_w 为井筒半径；λ_t 为油水总流度；λ_o 为油相流度；R_i 为流管渗流阻力；Δp 为注采压差。基本注采单元 a 的总流量为

$$Q_a = \sum_{i=1}^{n} q_i = \Delta p \sum_{i=1}^{n} \frac{1}{R_i} \tag{2-7}$$

每个流管流量占比为

$$r_i = \left(1/R_i\right) \Big/ \sum_{i=1}^{n} \frac{1}{R_i} \tag{2-8}$$

计算每个流管流量：

$$q_i = r_i Q_a \tag{2-9}$$

2. 基本注采单元流量分配

对于对称井网，各个基本注采单元内的流量均相同。而针对具有两种以上不同类型基本注采单元的亚对称井网，基本注采单元类型不同，单元内流量也不相同，对于不同的亚对称井网，基本注采单元中的流量分配方法如下。

1）反九点亚对称井网

对于反九点井网，边井基本注采单元的流量为边井流量的 1/4，而角井基本注采单元的流量为角井流量的 1/8。在定流量工作制度下，给定角边井流量，即可得到不同基本注采单元中的总流量。

2）其他亚对称井网

不同类型基本注采单元中的流量分配按照基本注采单元渗流阻力进行配比，假定亚对称井网中包含了 m 个基本注采单元，每个基本注采单元中包含 n 个流管，则基本注采单元 a 的流量为

$$Q_a = Q \frac{\sum_{j=1}^{n} \frac{1}{R_{kj}}}{\sum_{i=1}^{m} \sum_{j=1}^{n} \frac{1}{R_{ij}}} \tag{2-10}$$

3. 面积波及系数计算

假定井网基本注采单元面积为 A，计算同一时刻每根流管的水驱前缘，即可得到每根流管的水驱波及面积为 S，将所有流管波及面积叠加，即得到该时刻总水淹面积，由于主流管见水时间最早，主流管见水时刻的面积波及系数即为井网见水时刻的面积波及系数：

$$E = \frac{\sum\limits_{i=1}^{m}\sum\limits_{j=1}^{n} S_{ij}}{\sum\limits_{i=1}^{m} A_i} \tag{2-11}$$

2.1.3 典型面积注水井网波及系数

基于笔者提出的基本注采单元流管模型方法可以计算不同面积井网的面积波及系数，评价不同面积井网几何特征和面积波及系数之间的关系，分析不同面积井网见水时刻面积波及系数的主要影响因素。

1. 与前人结果对比

表 2-1 中对比了笔者建立的方法计算结果与前人实验结果和计算结果的差异，可以看出，采用不同方法得到的波及系数之间会存在一定的差异，而本章计算结果在前人得到的结果合理范围之内，说明了本章计算方法的正确性。

表 2-1　对称井网的面积波及系数不同方法计算结果对比

井网对称性	井网类型	面积波及系数			
		电模型	X 射线造影	势函数方法	本章方法
对称井网	五点井网	0.740	0.700	0.718	0.762
	四点井网	0.822	0.728～0.737	0.743	0.788
	七点井网	0.820	0.728～0.736	0.743	0.792

2. 不同井网见水时刻面积波及系数计算

通过对比分析不同面积井网的几何特征及见水时刻面积波及系数，能够帮助我们全面认识不同类型井网的开发效果。

表 2-2 中列出了不同面积井网见水时刻面积波及系数，可以发现：①对称

正多边形井网见水时刻面积波及系数普遍都高于亚对称井网；②对于对称矩形井网，面积波及系数受井排距变化的影响较大，当井排距比大于 2 时，与其他类型井网相比，矩形正对井网水驱效果最差，矩形交错井网水驱效果最好；③对比具有相同几何形状、不同注采方向的面积井网，注采井数比较高的井网见水时刻面积波及系数略大于注采井数比较低的井网，例如，歪七点井网大于歪四点井网，九点井网大于反九点井网，七点井网大于四点井网。

表 2-2　不同类型井网面积见水时刻波及系数对比

对称性	井网类型		井网参数	基本单元个数	不同面积井网几何特征表征参数			面积波及系数
					渗流路径级差	主流线路径比	渗流路径级差比	
对称井网	正多边形井网	五点井网	—	1	1.414	1	1	0.762
		四点井网	—		1.366	1	1	0.788
		七点井网	—		1.366	1	1	0.792
	矩形井网	矩形正对井网	井排距比=1	1	3	1	1	0.629
			井排距比=2		5	1	1	0.374
			井排距比=4		9	1	1	0.183
		矩形交错井网	井排距比=0.2	2	1.177	1	1	0.882
			井排距比=0.5		1.342	1	1	0.798
			井排距比=1		1.414	1	1	0.762
			井排距比=2		1.342	1	1	0.798
			井排距比=5		1.177	1	1	0.882
亚对称井网	歪四点井网		—	3	1.265～1.414	1	1.33	0.678
	歪七点井网		—		1.265～1.414	1	1.33	0.680
	菱形井网		注采井距比=1	2	1.414	1	1	0.762
			注采井距比=4		1.031～4.123	4	4	0.564
			注采井距比=9		1.006～9.055	9	9	0.514
	九点井网		角边井流量比=1	2	1.118～1.721	1.414	1.539	0.572
			角边井流量比=2		1.181～1.492	1.414	1.263	0.615
			角边井流量比=4		1.25～1.302	1.414	1.041	0.658
	反九点井网		角边井流量比=1	2	1.118～1.721	1.414	1.539	0.561
			角边井流量比=2		1.181～1.492	1.414	1.263	0.603
			角边井流量比=4		1.25～1.302	1.414	1.041	0.658

3. 面积井网波及系数影响因素分析

1）基本注采单元渗流路径级差

在一个基本注采单元中，通过定义渗流路径级差可以描述注采单元中不同流管渗流路径的差异变化。渗流路径级差的定义为基本注采单元中最长渗流路径 AOB 与主流线路径 AB 之比（图 2-5）：

$$\gamma = \frac{l_{AOB}}{l_{AB}} \tag{2-12}$$

式中，l_{AOB} 为最长渗流路径长度；l_{AB} 为主流线路径长度。

对于对称井网，同一井网内基本注采单元几何形状均相同，基本单元渗流路径级差就能够直接反映出井网几何特征的变化。从表 2-2 中可以看出：对称正多边形井网中，四点井网和七点井网的渗流路径级差略小于五点井网，见水时刻面积波及系数则略高于五点井网；对于矩形正对井网，水驱效果较差，且随着井排距比增大，渗流路径级差增大，面积波及系数不断减小；而对于矩形交错井网，驱替效果普遍较好，当井排距比为 1 时，其渗流路径级差最大，面积波及系数最小。

对称井网中，渗流路径级差与井网见水时刻面积波及系数呈现较好的负相关关系，渗流路径级差越大，见水时刻的面积波及系数越小。这是由于基本注采单元渗流路径级差反映了单元内不同流管的渗流路径的差异，渗流路径级差越小，说明流管渗流路径越相似，那么注采单元内的驱替越接近于均衡驱替，见水时刻的面积波及系数就越大。

2）不同基本注采单元主流线渗流路径比

对于亚对称井网，包含两种或两种以上不同类型的基本注采单元，除基本单元渗流路径级差外，不同注采单元注采井距的差异会导致不同单元见水时刻存在较大差别，从而影响见水时刻下的井网面积波及系数。本节中将不同基本注采单元的最大注采井距与最小注采井距之比定义为主流线渗流路径比：

$$R_l = \frac{\max\left(l_{AB}\right)}{\min\left(l_{AB}\right)} \tag{2-13}$$

亚对称井网中的菱形井网，属于最典型的受主流线渗流路径比影响较大的井网，由表 2-2 可以看出，菱形井网的见水时刻面积波及系数与主流线渗流路径比成反比，R_l 值越大，井网见水时刻面积波及系数越小，这是由于井网的见水时刻主要受注采井距的影响，当不同基本注采单元中注采井距差异较大时，这意味着不同基本注采单元的见水时间和驱替过程都会存在较大的差异，引起井网的不均衡驱替，导致见水时刻面积波及系数较小。

3）不同基本注采单元渗流路径级差比

除了上述两个因素外，不同基本注采单元之间几何特征的差异是影响面积井网见水时刻面积波及系数的重要因素。本节将构成亚对称井网的不同基本注采单元的最大渗流路径级差与最小渗流路径级差之比定义为渗流路径级差比［式（2-14）］。该参数能够反映不同基本注采单元几何特征的差异，渗流路径级差比的值越大，不同基本注采单元的形状差异越大。

$$R_\gamma = \frac{\max(\gamma_s)}{\min(\gamma_s)} \tag{2-14}$$

分析亚对称井网中不同基本注采单元渗流路径级差比和面积波及系数的关系（表 2-2），可以发现：一般来说，随着渗流路径级差比的增大，面积波及系数减小，这是由于渗流路径级差比越大，不同基本注采单元几何特征差异越大，井网趋向于不均衡驱替，水驱开发效果越差。

需要注意的是，亚对称井网见水时刻的面积波及系数是受上述不同因素共同影响的，而不能单纯地靠一个因素判断其驱替效果。总的来说，渗流路径级差、主流线渗流路径比、不同基本注采单元渗流路径级差比的值越大，井网见水时刻面积波及系数就会越小。

2.1.4　小结

根据井网的几何对称性和几何形状可以将面积井网划分为对称正多边形井网、对称矩形井网和亚对称井网。利用本书方法可以计算不同类型面积井网不同几何参数下的面积波及系数。

（1）面积井网几何特征与见水时刻波及系数存在相关性。对称正多边形井网见水时刻波及系数普遍高于亚对称井网；对称矩形井网的井网几何特征会随井排距改变而变化，面积波及系数也随之发生变化，当矩形井网井排距比小于 2 时，与其他类型井网相比，矩形交错井网见水时刻波及系数最大，而矩形正对井网最小；对于具有相同几何特征的面积井网，注采方向的改变也会对驱替效果产生影响，注采井数比较高的面积井网波及系数要大于注采井数比较低的井网（如七点井网大于四点井网）。

（2）通过定义面积井网几何特征评价参数，即渗流路径级差，不同基本注采单元渗流路径级差比和主流线渗流路径比，可以较好地表征面积井网几何特征与波及系数之间的关系，分析井网几何特征对井网波及系数的影响。几何特征评价参数值越小，意味着基本注采单元几何特征越相似、渗流路径差异越小，井网趋向于均衡驱替，见水时刻面积波及系数越大。

2.2　低渗-特低渗透油藏井网设计

低渗-特低渗透储层孔隙结构、渗流特性等都与中高渗透储层存在较大差异，因此，在井网设计上应该考虑其特殊性。笔者基于低渗-特低渗透储层非达西渗流理论，研究了面积井网和井网压裂整体设计情形下的产量计算方法，为井网优化设计奠定理论基础。

2.2.1　低渗-特低渗透油藏非达西渗流面积井网产油量计算方法

1. 研究背景

目前油田开发设计中应用的油藏工程方法是建立在达西渗流理论基础之上的。但从严格意义上讲，达西定律只是对牛顿流体在一个有限的流速范围内才有效。大量的实验研究表明，除气体高速惯性作用呈现的非达西渗流外，由于低渗-特低渗透储层流体与岩石表面的物理化学作用更强，流体渗流也不符合达西定律，表现出低速非达西渗流特征，即只有当驱动压力梯度大于启动压力梯度时，流体才开始流动。这就决定了以往的基于达西渗流理论和条件下的油藏工程计算公式已满足不了低渗-特低渗透油藏研究的需要。随着勘探开发工作的深入，每年新增的石油探明储量中80%以上为低渗-特低渗透油藏。因此，建立一套基于非达西渗流特征的适应低渗-特低渗透特征的油藏工程计算方法指导井网设计，对发展油藏工程理论和指导油田开发实践均具有重要的意义。

20世纪90年代，中国石油界掀起了一股研究低速非达西渗流的高潮。西安石油学院、中国科学院渗流流体力学研究所、大庆油田勘探开发研究院以及大庆石油学院等单位开展了大量的室内实验研究。笔者从非达西渗流的基本公式出发，创建流线积分方法，并依此推导出了一套不同类型面积井网条件下基于非达西渗流的产量计算公式(简称为 ND-I 法)，通过油田生产数据证实非达西现象的存在，使产量预测和井网设计更加符合实际。研究过程中，王春燕、李莉等在计算与参数准备等方面提供了帮助，特此致谢。

　　2. 基于非达西渗流面积井网产油量计算公式

　　1) 单流管产量计算式

　　设油、水井之间由系列流管组成(图 2-6)，根据低速非达西渗流基本公式，一个流管截面处的流量可表示为

$$\Delta q = -\frac{k}{\mu} A(\xi)\left(\frac{\mathrm{d}p}{\mathrm{d}\xi} - \lambda\right) \tag{2-15}$$

式中，Δq 为截面处流量；q 为基本渗流单元流量；ξ 为从注水井出发的流线长度；$A(\xi)$ 为流线长度 ξ 处的流管截面积；λ 为启动压力梯度；k 为储层渗透率；μ 为地层流体黏度。

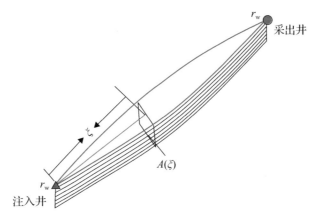

图 2-6　单流管示意图

　　设注入井井底压力为 p_h，生产井井底压力为 p_f，以注入水至采出井为流动路径，对式(2-15)积分有

$$\Delta q = \frac{k}{\mu} \frac{\left(p_\mathrm{h} - p_\mathrm{f} - \lambda L\right)}{\displaystyle\int_L \frac{\mathrm{d}\xi}{A(\xi)}} \tag{2-16}$$

式中，L 为井距三半长。

根据油田常用的五点法、四点法和反九点法面积注水井网，推导了这三种井网的产量计算公式。

2) 五点井网产量计算式

在注采单元中 1 口油井受到 4 口注水井的作用，1 口注水井给 4 口油井供水（图 2-7）。取图 2-7 中阴影部分作为计算单元，将其近似为一等腰直角三角形，则油井、水井分别受到 8 个计算单元的作用。

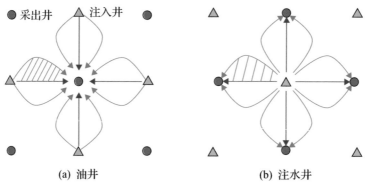

(a) 油井　　　　　　　　　　(b) 注水井

图 2-7　五点井网油井、注水井单元划分

设计算单元的产量为 q，则有油井产量：

$$Q_o = 8q \tag{2-17}$$

注水井注水量：

$$Q_w = 8q \tag{2-18}$$

计算单元几何参数：井半径为 r_w；油、水井距为 l；取一流管单元（图 2-8），

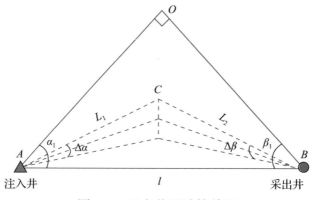

图 2-8　五点井网计算单元

流管中线 L 由 L_1 和 L_2 组成，角度增量取 $\Delta\alpha$；油层厚度为 h。由于对称性，从 A 端出发的流管微元的截面积与 B 端出发的流管微元的截面积相等(图 2-8)。

图 2-8 中计算单元存在如下关系式：

$$\alpha_1 = \beta_1 = \frac{\pi}{4} \tag{2-19}$$

$$\frac{\alpha_1}{\beta_1} = \frac{\Delta\alpha}{\Delta\beta} \tag{2-20}$$

$$\Delta\beta = \Delta\alpha \tag{2-21}$$

流管截面面积为

$$A_1(\xi) = A_2(\xi) = 2h\xi\tan\frac{\Delta\alpha}{2}, \qquad r_w < \xi < \frac{l}{2\cos\alpha} \tag{2-22}$$

考虑到 L_1、L_2 的对称性，由式(2-16)可得流管流量为

$$\Delta q = \frac{k}{\mu}\left[p_h - p_f - \frac{\lambda(L_1+L_2)}{2\int_{L_1}\frac{\mathrm{d}\xi}{A_1(\xi)}}\right] = \frac{k}{\mu}\left(p_h - p_f - \lambda\frac{l}{\cos\alpha}\right)\bigg/\left(\frac{1}{\tan\dfrac{\Delta\alpha}{2}}\ln\frac{l}{2r_w\cos\alpha}\right) \tag{2-23}$$

$$\frac{\mathrm{d}q}{\mathrm{d}\alpha} = \lim_{\Delta\alpha\to0}\frac{\Delta q}{\Delta\alpha} = \frac{kh}{\mu}\left(p_h - p_f - \lambda\frac{l}{\cos\alpha}\right)\bigg/\left(2\ln\frac{l}{2r_w\cos\alpha}\right) \tag{2-24}$$

单元流量为

$$q = \int_0^{\frac{\pi}{4}}\left[\frac{kh}{\mu}\left(p_h - p_f - \lambda\frac{l}{\cos\alpha}\right)\bigg/\left(2\ln\frac{l}{2r_w\cos\alpha}\right)\right]\mathrm{d}\alpha \tag{2-25}$$

3) 四点井网产量计算

在注采单元中，1 口油井受 3 口注水井作用，1 口注水井给 6 口油井供水(图 2-9)。阴影部分为计算单元，该计算单元可近似为一直角三角形(图 2-10)。油井受到 6 个单元作用，注水井受到 12 个单元作用。

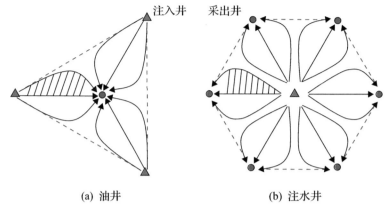

(a) 油井   (b) 注水井

图 2-9   四点井网油井、注水井单元划分示意图

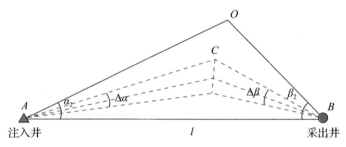

图 2-10   四点井网计算单元示意图

油井产量：

$$Q_o = 6q \tag{2-26}$$

水井注水量：

$$Q_w = 12q \tag{2-27}$$

计算单元几何参数选取同上。由于 A 端出发的流管微元截面积与 B 端出发的流管微元截面积不同，且有 $\alpha_2 = \pi/6$，$\beta_2 = \pi/3$，$\Delta\beta = 2\Delta\alpha$。

流管截面积为

$$A_1(\xi) = 2h\xi\tan\frac{\Delta\alpha}{2} \tag{2-28}$$

式中，$r_w < \xi < l\sin 2\alpha\,(\sin 3\alpha)^{-1}$。

$$A_2(\xi) = 2h\xi\tan\Delta\alpha \tag{2-29}$$

式中，$r_w < \xi < l\sin\alpha\,(\sin 3\alpha)^{-1}$。

由式(2-16)可得流管流量为

$$\Delta q = \frac{k}{\mu}\left(p_{\mathrm{h}} - p_{\mathrm{f}} - \lambda l \frac{\sin 2\alpha + \sin \alpha}{\sin 3\alpha}\right)\bigg/\left[\left(2\tan\frac{\Delta\alpha}{2}h\right)^{-1}\int_{r_{\mathrm{w}}}^{\frac{l\sin 2\alpha}{\sin 3\alpha}}\frac{\mathrm{d}\xi}{\xi} + \frac{1}{2\tan\Delta\alpha h}\int_{r_{\mathrm{w}}}^{\frac{l\sin 2\alpha}{\sin 3\alpha}}\frac{\mathrm{d}\xi}{\xi}\right]$$

(2-30)

单元流量为

$$q = \int_{0}^{\frac{\pi}{6}}\left[\frac{kh}{\mu}\left(p_{\mathrm{h}} - p_{\mathrm{f}} - \lambda l \frac{\sin 2\alpha + \sin\alpha}{\sin 3\alpha}\right)\bigg/\left(\ln\frac{l\sin 2\alpha}{\sin 3\alpha} + \frac{1}{2}\ln\frac{l\sin\alpha}{r_{\mathrm{w}}\sin 3\alpha}\right)\right]\mathrm{d}\alpha \quad (2\text{-}31)$$

式中，l 为注采间距。

4) 反九点井网产量计算式

反九点井网注采单元中，边角井几何特征完全不同，分别与注水井组成不同的基本计算单元(图 2-11)。角井受到 4 口注水井作用，受 8 个计算单元影响；边井受到 2 口注入井作用，受 4 个计算单元影响。即

$$Q_{\mathrm{o}边井} = 4q_1 \tag{2-32}$$

$$Q_{\mathrm{o}鱼井} = 8q_2 \tag{2-33}$$

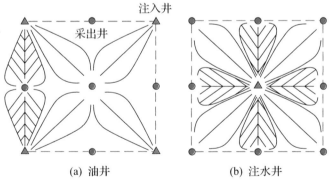

图 2-11　反九点井网油井、注水井单元划分示意图

一口注水井分别给 4 口边井和 4 口角井供水，受到 8 个边井单元和 8 个角井单元的作用。即

$$Q_{\mathrm{w}} = 8q_1 + 8q_2 \tag{2-34}$$

在反九点井网中，注水井数、角井数和边井数比例为 $1:2:2$，故采出量与注水量比例为

$$(2 \times 4q_1 + 8q_2) : (8q_1 + 8q_2) = 1 : 1 \tag{2-35}$$

边井计算单元几何参数：油水井距为 l，取流管微元，注入井角增量为 $\Delta\alpha$，油井角增量为 $\Delta\beta$（图 2-12）。其关系式为

$$\alpha_3 = \arctan\frac{\pi}{2} \tag{2-36}$$

$$\beta_3 = \frac{\pi}{2} \tag{2-37}$$

$$\Delta\beta = \frac{\pi}{2\alpha_3}\Delta\alpha \tag{2-38}$$

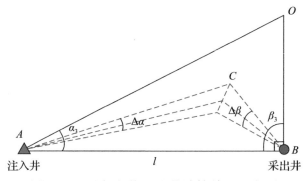

图 2-12　反九点井网边井计算单元示意图

由注入井到流管中线的截面积为

$$A_1(\xi) = 2h\xi\tan\frac{\Delta\alpha}{2}, \qquad r_{\mathrm{w}} < \xi < \frac{l\sin\beta}{\sin(\alpha+\beta)} \tag{2-39}$$

由流管中线到采出井的截面积为

$$A_2(\xi) = 2h\xi\tan\left(\frac{\pi}{2\alpha_3}\cdot\frac{\Delta\alpha}{2}\right), \qquad r_{\mathrm{w}} < \xi < \frac{l\sin\alpha}{\sin(\alpha+\beta)} \tag{2-40}$$

流管流量为

$$\Delta q = \frac{k}{\mu}\left[p_{\mathrm{h}} - p_{\mathrm{f}} - \lambda l\frac{\sin\beta + \sin\alpha}{\sin(\alpha+\beta)}\right] \Bigg/ \left\{\left(2\tan\frac{\Delta\alpha}{2}h\right)^{-1}\int_{r_{\mathrm{w}}}^{\frac{l\sin\beta}{\sin(\alpha+\beta)}}\frac{\mathrm{d}\xi}{\xi}\right.$$
$$\left. + \left[2\tan\left(\frac{\pi}{2\alpha_3}\frac{\Delta\alpha}{2}\right)h\right]^{-1}\int_{r_{\mathrm{w}}}^{\frac{l\sin\alpha}{\sin(\alpha+\beta)}}\frac{\mathrm{d}\xi}{\xi}\right\} \tag{2-41}$$

单元流量为

$$q = \int_0^{\alpha_3} \left\{ \frac{kh}{\mu} \left[p_{\mathrm{h}} - p_{\mathrm{f}} - \lambda l \frac{\sin\beta + \sin\alpha}{\sin(\alpha + \beta)} \right] \middle/ \left[\ln \frac{l\sin\beta}{r_{\mathrm{w}}\sin(\alpha + \beta)} + \frac{2\alpha_3}{\pi} \ln \frac{l\sin\alpha}{r_{\mathrm{w}}\sin(\alpha + \beta)} \right] \right\} \mathrm{d}\alpha$$

$$(2\text{-}42)$$

角井计算单元几何参数：油水井井距为 $\sqrt{2}l$，注入井角增量为 $\Delta\alpha$，油井角增量为 $\Delta\beta$（图 2-13）。

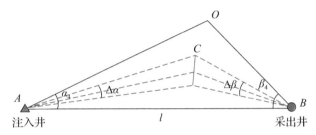

图 2-13　反九点井网角井计算单元示意图

其关系式为

$$\alpha_4 = \frac{\pi}{4} - \arctan\frac{1}{2}$$

$$\beta_4 = \frac{\pi}{4} \tag{2-43}$$

$$\Delta\beta = \frac{\pi}{4\alpha_4}\Delta\alpha$$

由注入井到流管中线的截面积为

$$A_1(\xi) = 2h\xi\tan\frac{\Delta\alpha}{2}, \qquad r_{\mathrm{w}} < \xi < \frac{\sqrt{2}l\sin\beta}{\sin(\alpha + \beta)} \tag{2-44}$$

由流管中线到采出井的截面积为

$$A_2(\xi) = 2h\xi\tan\left(\frac{\pi}{4\alpha_4}\frac{\Delta\alpha}{2}\right), \qquad r_{\mathrm{w}} < \xi < \frac{\sqrt{2}l\sin\alpha}{\sin(\alpha + \beta)} \tag{2-45}$$

流管流量为

$$\Delta q = \frac{k}{\mu} \left[p_h - p_f - \sqrt{2}\lambda l \frac{\sin\beta + \sin\alpha}{\sin(\alpha+\beta)} \right] \Bigg/ \left\{ \left(2\tan\frac{\Delta\alpha}{2}h \right)^{-1} \int_{r_w}^{\frac{\sqrt{2}l\sin\beta}{\sin(\alpha+\beta)}} \frac{\mathrm{d}\xi}{\xi} \right.$$

$$\left. + \left[2\tan\left(\frac{\pi}{4\alpha_4}\frac{\Delta\alpha}{2} \right)h \right]^{-1} \int_{r_w}^{\frac{\sqrt{2}l\sin\alpha}{\sin(\alpha+\beta)}} \frac{\mathrm{d}\xi}{\xi} \right\} \tag{2-46}$$

计算单元流量为

$$q = \int_0^{\alpha_4} \frac{kh}{\mu} \left[p_h - p_f - \sqrt{2}\lambda l \frac{\sin\beta + \sin\alpha}{\sin(\alpha+\beta)} \right] \Bigg/ \left[\ln\frac{\sqrt{2}l\sin\beta}{r_w\sin(\alpha+\beta)} + \frac{4\alpha_4}{\pi}\ln\frac{\sqrt{2}l\sin\alpha}{r_w\sin(\alpha+\beta)} \right] \mathrm{d}\alpha \tag{2-47}$$

5) 面积井网产量计算通式

不同面积井网条件下计算单元流量可用下述通式计算：

$$q = \int_0^{\alpha_n} \frac{kh}{\mu} \left[p_h - p_f - \lambda ml \frac{\sin\beta + \sin\alpha}{\sin(\alpha+\beta)} \right] \left[\ln\frac{ml\sin\beta}{r_w\sin(\alpha+\beta)} + \frac{\alpha_n}{\beta_n}\ln\frac{ml\sin\alpha}{r_w\sin(\alpha+\beta)} \right]^{-1} \mathrm{d}\alpha \tag{2-48}$$

式中，α_n 为不同井网的计算单元对应的角度；α 和 β 分别为不同单个流管对应的角度。

对于五点井网：

$$\alpha_n = \frac{\pi}{4}, \quad \beta_n = \frac{\pi}{4}, \quad \beta = \alpha, \quad m = 1, \quad Q_o = 8q, \quad Q_w = 8q$$

对于四点井网：

$$\alpha_n = \frac{\pi}{6}, \quad \beta_n = \frac{\pi}{3}, \quad \beta = 2\alpha, \quad m = 1, \quad Q_o = 6q, \quad Q_w = 12q$$

对于反九点井网边井：

$$\alpha_n = \arctan\frac{1}{2}, \quad \beta_n = \frac{\pi}{2}, \quad \beta = \frac{\beta_n}{\alpha_n}\alpha, \quad m = Q_o = 4q_1$$

对于反九点井网角井：

$$\alpha_n = \frac{\pi}{4} - \arctan\frac{1}{2}, \quad \beta_n = \frac{\pi}{4}, \quad \beta = \frac{\beta_n}{\alpha_n}\alpha, \quad m = \sqrt{2}, \quad Q_o = 8q_2$$

反九点注水井注水量为

$$Q_w = 8(q_1 + q_2) \tag{2-49}$$

为了验证以上非达西渗流公式的合理性，取启动压力梯度 $\lambda=0$，与传统的达西油井产量计算公式的计算结果进行了对比。

由表 2-3 中的计算结果可以看出，非达西渗流公式在 $\lambda=0$ 时所计算出的产量与达西计算结果基本相同。因此，传统的基于达西定律的井网计算公式可以作为本节基于非达西渗流公式的一个特例。

表 2-3　五点井网和四点井网流量计算结果

压差 /MPa	五点井网		四点井网	
	非达西渗流油井产量 /(m³/d)	达西渗流油井产量 /(m³/d)	非达西渗流油井产量 /(m³/d)	达西渗流油井产量 /(m³/d)
24	4.39	4.41	2.91	2.92
23	4.32	4.22	2.79	2.80
22	4.02	4.04	2.67	2.68
21	3.84	3.86	2.54	2.55
20	3.66	3.67	2.42	2.43
19	3.47	3.49	2.30	2.31
18	3.11	3.31	2.18	2.19
17	3.11	3.12	2.06	2.07
16	2.93	2.94	1.94	1.95
15	2.74	2.76	1.82	1.82

利用大庆朝阳沟油田计算出的启动压力梯度模版，对不同区块的产量进行计算，结果表明用达西公式计算的产量明显偏大，而采用非达西理论计算结果与实际情况接近。

3. 启动压力梯度、启动角度及启动系数的计算

1) 启动压力梯度

利用大庆外围油田 72 个区块的实际生产数据，拟合笔者建立的公式得到了葡萄花油层及扶杨油层的启动压力梯度与渗透率的关系曲线（图 2-14 和图 2-15）。由该曲线可以看出，对于特低渗透储层，随着渗透率的降低，启动压力梯度明显增大，呈现出典型的非达西渗流特征。该关系曲线不仅可作为

求取储层实际的启动压力梯度图版，还证实了非达西渗流的存在。需要说明的是，启动压力梯度可能与 k/μ 相关（渗透率与黏度之比，一般称为流度），由于大庆葡萄花油层或扶杨油层原油黏度变化不大，故忽略了黏度的影响。

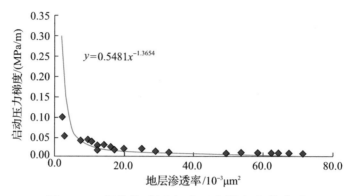

图 2-14 葡萄花油层启动压力梯度变化曲线

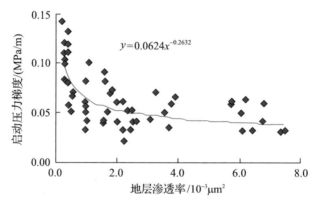

图 2-15 扶杨油层启动压力梯度变化曲线

2）启动角与启动系数

非达西渗流不同于达西渗流，由于启动压力梯度的存在，在一定井网井距和注采压差条件下整个面积内流体并不一定都能流动，存在一个启动面积和启动角，图 2-16 中 ADB 即为所启动的面积，α_0 和 β_0 为启动角。因此，在实际计算过程中要用启动角 α_0 对式 (2-48) 的积分上限进行修正。

可令

$$p_{\text{h}} - p_{\text{f}} - \lambda L = 0 \tag{2-50}$$

L（即 ADB）为所能启动的最大流线的长度（图 2-16），则

$$p_{\text{h}} - p_{\text{f}} = \lambda ml \frac{\sin\alpha_0 + \sin\beta_0}{\sin(\alpha_0 + \beta_0)} \tag{2-51}$$

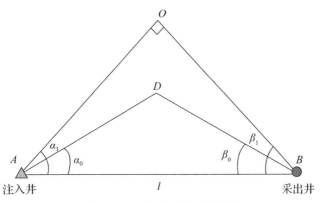

图 2-16　启动系数示意图

求解上述三角方程，得到启动角 α_0。在此基础上可进一步计算出启动系数，即注水驱替能启动的面积与整个单元面积之比。对启动角和启动系数的计算，可以定量分析井网井距对低渗透储层动用程度的影响，为开发设计提供依据。

4. 实际应用

1) 已开发油田井网加密效果评价

利用非达西产量计算公式和启动压力图版，对大庆外围已开发的 60 个区块储层动用状况进行了定量评价。对于启动系数远未达到 1 的区块，原井网不适用，需要进行井网加密调整，使启动系数接近 1，并预测出技术上合理的井网井距（表 2-4）。

表 2-4　部分已开发油田启动系数评价结果

区块名称	原井距/m	启动系数	调整井距/m
东 16	300	0.76	280
朝 64	300	0.70	270
朝 661 北	300	0.74	260
树 2	250	0.34	170
朝 2 东断块	300	0.25	250
树 322	300	0.22	158

对特低渗透储层井网加密的作用比中高渗透储层更重要，并不只是解决

有效储层的连通问题，还起到建立有效驱动体系的作用。只要经济评价指标合理，应尽可能采用密井网开发方式，尽可能增大驱替压力梯度。

2）未开发油田储量评价

根据储层渗透率、有效厚度、原油黏度和启动压力梯度，利用本节公式，对大庆外围已探明未动用葡萄花油层的 191 个区块和扶杨油层 138 个区块建立了各区块的井距与产量、启动系数之间的关系。在此基础上，通过经济评价得到，在油价为 40 美元/bbl（1bbl=0.15897m³）条件下水驱可动用储量为 3.9 亿 t（表 2-5）。

表 2-5　大庆油田未动用低渗储层注水开发潜力评价结果

层位	未开发储量/亿 t	预计可动用储量/亿 t
葡萄花油层	3.3	2.3
扶杨油层	3.9	1.2
黑帝庙,高台子	0.3	0.2
南屯组,布达特	0.4	0.2

5. 小结

（1）建立了基于非达西渗流的五点、四点和反九点井网产量计算公式，经对比检验，该模型是合理可行的。用大庆已开发油田的实际资料验证，模型计算结果比较可靠。

（2）利用本节建立的非达西渗流公式求取启动压力梯度，得出了葡萄花油层及扶杨油层的启动压力梯度模版，证实了特低渗透储层非达西渗流特征的普遍性。

（3）提出了特低渗透储层启动角及启动系数的概念，可用其定量表征在不同井网和压差条件下的储层动用程度。

（4）该方法可应用于低渗透储层油藏评价及开发规划和设计，已在大庆外围油田推广应用，并取得了较好效果。

2.2.2　低渗-特低渗透储层井网-压裂整体设计

对于裂缝不发育的特低渗透储层，由于原油与岩石相互作用所产生的启动压力梯度，表现出低速非达西渗流特征，需要渗流场具有更大的驱替压力梯度才能实现更有效的开采。利用人工裂缝和井网协同作用，形成大井距和小排距的线性或近线性驱替，改变流线，使流体在储层中渗流路径变短，是增加储层内部驱替压力梯度的一种有效途径。但传统的基于达西渗流的油藏工程方法，包括现在广泛使用的油藏数值模拟软件也很难提供本质上的指导。截至目前，尚未对具有低速非达西渗流特征的低渗透储层的井距井网参数、裂缝长度等对产量指标的影响、计算和设计进行系统的研究。结合大庆外围低-特低渗透油田开发需求，基于非达西渗流理论，笔者从 2003 年开始对此类问题进行了研究与应用，研究过程中王春燕提供了参数与计算方面的帮助，在此表示感谢。

1. 计算单元分析与启动系数的计算

假设储层为均质等厚，流体为单相流动，人工裂缝为无限导流能力。图 2-17 为矩形井网与开发压裂一体化的注采模式，可以概括为裂缝半长之和大于 1/2 井距、裂缝半长之和小于 1/2 井距两种情形(图 2-18 和图 2-19)。整个渗流区域由这些单元组成。油水井产量计算问题可以分解为这些单元的渗流计算结果的叠加，将这样的单元称为计算单元。根据对称性可知，水井注水与油井产出量是计算单元渗流量的 4 倍。

图 2-17　人工裂缝与矩形井网单元示意图

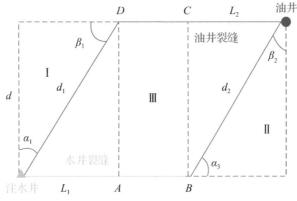

图 2-18　油水井裂缝长之和大于井距的单元划分

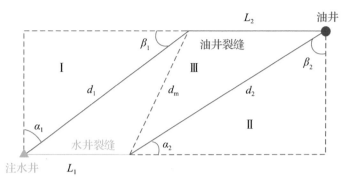

图 2-19　油水井裂缝长之和小于井距的单元划分

1）计算单元几何特征

计算单元为矩形区域，两边长分别为 1/2 井距 L 和排距 d，水井裂缝半长为 L_1，油井裂缝半长为 L_2，根据渗流特征上的差异，计算单元又可细分为 3 个子单元（图 2-18 和图 2-19）。其中子单元Ⅲ为裂缝控制区域，子单元Ⅰ、Ⅱ为裂缝影响区域。

子单元Ⅰ为直角三角形，各种几何量之间的关系为

$$\alpha_1 = \arctan\frac{L-L_2}{d}, \quad \beta_1 = \frac{\pi}{2}-\alpha_1, \quad d_1 = [d^2+(L-L_2)^2]^{\frac{1}{2}} \quad (2\text{-}52)$$

注入点为注水井，采出点为油井裂缝端点，为点源、点汇渗流系统。考虑到裂缝的无限导流假设，采出点处可设置一虚拟生产井，为计算方便，用折线近似曲线流线。

子单元Ⅱ也为直角三角形，几何量之间的关系为

$$\alpha_1 = \arctan\frac{d}{L-L_2}, \quad \beta_2 = \frac{\pi}{2}-\alpha_2, \quad d_2 = [d^2+(L-L_1)^2]^{\frac{1}{2}} \quad (2\text{-}53)$$

注入点为水井裂缝端点，采出点为油井，同子单元Ⅰ一样，为点源、点汇渗流系统。计算过程中在注入端设置一口虚拟井，用折线近似曲线。

子单元Ⅲ区为梯形，顶底边由裂缝半长构成，为线源、线汇系统，腰长分别为 d_1、d_2，底角 α_3 为 $\pi/2-\alpha_1$。给定了井距、排距和油水井的裂缝半长，就可以确定计算单元及子单元的几何特征。

2）启动系数的计算

开采过程中，由于启动压力梯度的存在，在一定压差条件下渗流区内存

在一个启动比例，即启动系数。它是描述储层动用状况的定量指标。在计算单元几何特征确立之后，决定启动系数的关键参数就是注采压差和启动压力梯度。

（1）裂缝半长之和大于 1/2 井距的情形。

假定注水压力为 p_h，油井生产流压为 p_f，储层启动压力梯度为 λ，并令

$$d_\alpha = \frac{p_h - p_f}{\lambda} \tag{2-54}$$

在井网与裂缝几何条件确定的情况下，d_α 决定了启动系数。

①当 $d_\alpha < d$ 时，储层没有建立起驱动体系，启动系数 S_t 为 0；当 $d_\alpha = d$ 时，启动区域为矩形区域 $ABCD$（图 2-18），启动系数为

$$S_t = \frac{L_1 - L_2}{L} - 1 \tag{2-55}$$

可以看出，当油水井裂缝贯穿情况下，$S_t=1$，整个计算单元全部启动。

②当 $d < d_\alpha \leqslant \min(d_1, d_2)$ 时，启动区域仅在子单元Ⅲ内，为平行四边形。启动系数为

$$S_t = \frac{\sqrt{d_\alpha^2 - d^2}}{L} + \frac{L_1 + L_2}{L} - 1 \tag{2-56}$$

③当 $\min(d_1,d_2) < d_\alpha \leqslant \max(d_1,d_2)$ 时，启动区域扩展到Ⅰ区或Ⅱ区，在Ⅲ区可能仍有未动用部分，但启动区域为梯形（图 2-20）。为计算方便，假定 $d_1 < d_2$，即 $L_1 < L_2$。

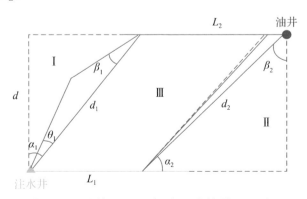

图 2-20 子单元Ⅰ区启动后计算单元示意图

求解三角方程:

$$\left[\sin\left(\frac{\beta_1\theta_1}{\alpha_1}\right)+\sin\theta_1\right]\cdot\frac{d_1}{\sin\left(\frac{\beta_1\theta_1}{\alpha_1}+\theta_1\right)}=d_\alpha \tag{2-57}$$

可求解得到Ⅰ区内启动角 θ_1,进而求得计算单元启动系数为

$$S_t=\frac{\left(2L_1+L_2-L+\sqrt{d_\alpha^2-d^2}\right)\cdot\frac{d}{2}}{L\cdot d}+\frac{\sin\theta_1\cdot\sin\left(\frac{\beta_1\theta_1}{\alpha_1}\right)\cdot\frac{d_1^2}{2\sin\left(\frac{\beta_1\theta_1}{\alpha_1}+\theta_1\right)}}{L\cdot d} \tag{2-58}$$

④当 $d_\alpha>\max(d_1,d_2)$ 时,启动区域扩展到Ⅰ区和Ⅱ区,Ⅰ区、Ⅱ区和Ⅲ区内流体全部启动(图 2-21)。

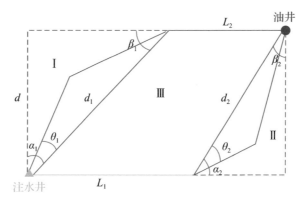

图 2-21 子单元Ⅰ区、Ⅱ区均启动后计算单元示意图

求解方程:

$$\left[\sin\left(\frac{\beta_i\theta_i}{\alpha_i}\right)+\sin\theta_i\right]\cdot\frac{d_i}{\sin\left(\frac{\beta_i\theta_i}{\alpha_i}+\theta_i\right)}=d_\alpha \tag{2-59}$$

求解得到Ⅰ、Ⅱ区启动角 θ_1、θ_2 后,可计算启动系数为

$$S_t=\frac{1}{L\cdot d}\sum_{i=1}^{2}\frac{\sin\theta_i\cdot d_i^2\cdot\sin\left(\frac{\beta_i\theta_i}{\alpha_i}\right)}{2\sin\left(\frac{\beta_i\theta_i}{\alpha_i}+\theta_i\right)}+\frac{(L_1+L_2)\cdot\frac{d}{2}}{L\cdot d} \tag{2-60}$$

⑤当 $\min(d+L\text{–}L_1,\ d+L\text{–}L_2)<d_\alpha<\max(d+L\text{–}L_1,\ d+L\text{–}L_2)$ 时，假设 $L_1<L_2$，此时Ⅰ区和Ⅲ区全部启动，Ⅱ区部分启动，启动系数为

$$S_t=\frac{(L-L_2)\cdot\dfrac{d}{2}}{L\cdot d}+\frac{\sin\theta_2\cdot d_2^2\cdot\sin\left(\dfrac{\beta_2\theta_2}{\alpha_2}\right)}{2\sin\left(\dfrac{\beta_2\theta_2}{\alpha_2}+\theta_2\right)\cdot L\cdot d}+\frac{(L_1+L_2)\cdot\dfrac{d}{2}}{L\cdot d} \tag{2-61}$$

⑥当 $d_\alpha>\max(d+L\text{–}L_1,\ d+L\text{–}L_2)$ 时，整个计算单元全部启动，此时启动系数为1。

(2)裂缝半长之和小于 1/2 井距的情形。

d_m 为油、水井裂缝尾部之间的距离(图 2-19)，显然：

$$d_m=[(L-L_1-L_2)^2+d^2]^{\frac{1}{2}} \tag{2-62}$$

当 $d_\alpha\leq d_m$ 时，没有建立起驱动体系，启动系数 S_t 为 0；当 $d_\alpha>d_m$ 时，计算单元开始启动，启动系数随 d_α 与井网裂缝几何特征的变化而变化。可以用于裂缝半长之和大于 1/2 井距情形下的公式计算。

2. 产量计算

1)单流管计算式

假定各子单元由通过注入端和采出端的一系列流管组成，截面处流量可表示为

$$\Delta q=-\frac{kA(\xi)}{\mu}\left(\frac{\mathrm{d}p}{\mathrm{d}\xi}-\lambda\right) \tag{2-63}$$

对式(2-63)积分并整理有

$$\Delta q=\frac{\dfrac{k}{\mu}(p_h-p_f-\lambda L)}{\displaystyle\int_L[1/A(\xi)]\mathrm{d}\xi} \tag{2-64}$$

式中，L 为流线长度，cm。L 和 $A(\xi)$ 取决于井网与裂缝几何特征。

2) 梯形区域产量计算

子单元Ⅲ区渗流区域为梯形，假设油井裂缝长度是水缝长度的 c 倍，且 $c \neq 1$，即 $L_2 = cL_1$。在梯形内取微元流管，如图 2-22 所示。假设沿水井裂缝方向微元长度为 Δl，油井裂缝微元长度为 $c\Delta l$，则流管长度为

$$d_l = [d_1^2 + (1-c)^2 l^2 - 2d_1(1-c)l\cos\alpha_3]^{\frac{1}{2}} \tag{2-65}$$

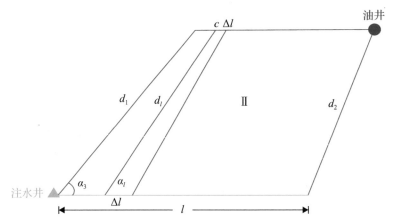

图 2-22 梯形计算单元内微元流管示意图

微元流管与裂缝夹角为 α_l：

$$\sin\alpha_l = (d_1/d_l)\sin\alpha_3 \tag{2-66}$$

$$A(\xi) = \Delta l h \left(\frac{c-1}{d_l}\xi + 1\right)\sin\alpha_l \tag{2-67}$$

代入单流管产量公式 (2-64) 可得

$$\Delta q = \frac{kh}{\mu}(p_h - p_f - \lambda d_l)\Delta l \cdot \sin\alpha_l \cdot d_l \cdot \ln\frac{c}{c-1} \tag{2-68}$$

$$\frac{\mathrm{d}q}{\mathrm{d}l} = \frac{\dfrac{kh}{\mu}(p_h - p_f - \lambda d_l)\sin\alpha_l}{d_l \cdot \ln\dfrac{c}{c-1}} \tag{2-69}$$

对式 (2-69) 积分有

$$q = \frac{kh}{\mu}\int_0^{l_1}(p_h - p_f - \lambda d_l)\sin\alpha_l \bigg/ \left(d_l \cdot \ln\frac{c}{c-1}\right)\mathrm{d}l \tag{2-70}$$

作为梯形的一个特例，当计算单元为平行四边形时，即 $c=1$ 的情况下：

$$q = \frac{kh}{\mu} \int_0^{L_1} \left[\frac{(p_{\mathrm{h}} - p_{\mathrm{f}} - \lambda d_l)\sin\alpha_l}{d_l} \right] \mathrm{d}l = \frac{kh}{\mu d_l}(p_{\mathrm{h}} - p_{\mathrm{f}} - \lambda d_l)l_1\sin\alpha_l \quad (2\text{-}71)$$

3）三角形区域产量计算

子单元 I 区及 II 区内渗流区域为三角形，取微元流管如图 2-23 所示，夹角分别为 $\Delta\theta$ 和 $\Delta\beta$，并且 $\Delta\beta=\beta\Delta\theta/\alpha$，计算出启动角 θ_1 后，用与前述相类似的方法，可计算启动区内产量：

$$q = \int_0^{\theta_2} \frac{kh}{\mu} \left[p_{\mathrm{h}} - p_{\mathrm{f}} - \lambda d_l \frac{\sin\theta + \sin\left(\frac{\beta}{\alpha}\theta\right)}{\sin\left(\theta+\frac{\beta}{\alpha}\theta\right)} \right] \cdot \left[\ln \frac{d_1\sin\left(\frac{\beta}{\alpha}\theta\right)}{r_{\mathrm{w}}\sin\left(\theta+\frac{\beta}{\alpha}\theta\right)} \right.$$
$$\left. + \frac{\alpha}{\beta}\ln \frac{d_1\sin\theta}{r_{\mathrm{w}}\sin\left(\theta+\frac{\beta}{\alpha}\theta\right)} \right]^{-1} \mathrm{d}\theta \quad (2\text{-}72)$$

与 2.1.1 节面积井网产量公式 ND- I 相对应，上述基于非达西渗流的井网与开发压裂系统分析方法称为 ND- II。

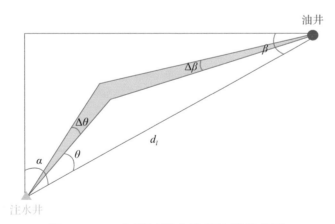

图 2-23　三角形区域内微元流管示意图

3. 应用实例

运用该方法与上述 ND- I 法分别计算了相同条件下矩形井网-压裂一体化

模式与传统的面积井网的启动系数与产量。结果表明，矩形井网与压裂一体化模式更为有效。计算过程中取储层渗透率为 $1\times10^{-3}\mu m^2$，启动压力梯度为 0.06MPa/m，地下流体黏度为 4mPa·s，地层平均厚度为 16m，油井裂缝半长为 120m，水井裂缝半长为 80m，计算不同井网形式在相同井网密度条件下的产量及启动系数，结果见表 2-6，并且对比计算了不同裂缝长度条件下开发效果(图 2-24)。由图 2-25 可以看出，在井距及裂缝长度保持不变时，随着排距的减小，开发效果明显改善。

表 2-6　面积井网与矩形井网开发效果对比

井网形式	初期产量/(m³/d)	井距/m	启动系数
反九点面积井网	0.2	200×200	0.20
五点面积井网	0.4	200×200	0.74
矩形井网油井压裂	0.4	200×133	0.87
矩形井网油水井同时压裂	3.0	200×133	1.00

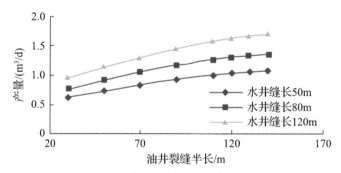

图 2-24　油井裂缝半长与产量的关系

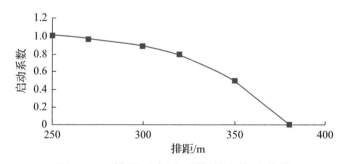

图 2-25　排距对启动系数影响关系曲线

以上计算结果表明：①开发压裂-矩形井网开发效果明显好于面积井网，储层动用程度明显增高。②油水井应同时压裂，水井裂缝半长与油井的影响同样重要。随着裂缝半长的增加，产量与启动系数明显增大。因此，在应用井网-压裂一体化模式开采低渗透储层时，应尽可能在油水井同时产生长裂缝。③应根据启动压力梯度设计排距，随着排距的减小，启动系数增大，油井的产量增加。④井距也应在适当情况下予以考虑。当排距不变时，影响油井产量的根本因素是裂缝绝对长度，而不是穿透比。

以大庆外围油田州 201 区块为例，该区块储层渗透率平均为 $1.2 \times 10^{-3} \mu m^2$，根据本节前面所建立的启动压力梯度与渗透率关系曲线，得到该区启动压力梯度为 0.068MPa/m，可实现的压裂裂缝长度为 120m。考虑到砂体发育规模，设计了 3 种井网，分别为 300m×60m、360m×80m 和 400m×80m。在试验方案实施过程中，油井和注水井全部实施了压裂，其中 300m×60m 井网建立了有效驱动体系，油井产量较高，启动系数为 1。

4. 小结

(1)对于特低渗透储层，开发压裂-矩形井网一体化开采模式是一种有效手段，通过人工裂缝可以大幅度增加启动系数和动用程度。

(2)建立的 ND-II 法可用于低渗透储层低速非达西情况下开发压裂与矩形井网一体化开发的产量计算和储层动用程度计算，还可用于井网和裂缝几何参数的设计。

2.3　渗透率张量特征及其在井网设计中的应用

低渗油田常常发育天然裂缝，这些裂缝的存在改变了储层渗透性能和渗流场，往往引起沿裂缝水窜，从而影响注水波及系数和水驱效率，因此在井网设计优化中必须加以考虑。在油田开发实践中，一种做法是注水井排方向与裂缝方向呈一个角度(如 22.5° 或 45°等)；另一种做法是注水井排方向与裂缝方向平行，但发现后者注水开发效果更好。

笔者运用渗透率张量模型表征储层渗透率的各向异性，并对主渗透率、井网方向等井网设计中的关键参数进行研究，指导了大庆外围低渗透裂缝性油田的开发井网调整。

2.3.1　储层渗透率各向异性与渗透率张量特征

储层中裂缝的存在改变了渗透率的方向性，因此产生了各向异性。物理学、力学等学科研究成果表明，表征各向异性的物理量（如应力、应变等）的有力工具就是张量。一些学者经过渗流力学推导证明了渗透率的张量属性。还有的学者通过岩心测定方向渗透率表明了渗透率的张量属性。笔者在这里运用张量的定义对各向异性储层渗透率张量属性进行详细证明，并对其一些属性特征进行分析。

1. 渗透率二阶张量属性的证明

为研究渗透率张量特性，建立如图 2-26 所示坐标系 xOy 及旋转后的坐标系 $\bar{x}O\bar{y}$，坐标系间夹角为 θ。

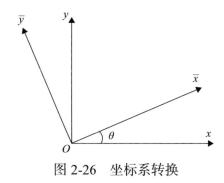

图 2-26　坐标系转换

坐标交换如下：

$$\bar{x} = x\cos\theta + y\sin\theta \tag{2-73}$$

$$\bar{y} = -x\sin\theta + y\cos\theta \tag{2-74}$$

在 xOy 与 $\bar{x}O\bar{y}$ 坐标系下，速度分量、渗透率分量和压力梯度分量的达西定律形式分别为

$$\begin{bmatrix} v_1 \\ v_2 \end{bmatrix} = \begin{bmatrix} k_{11} & k_{12} \\ k_{21} & k_{22} \end{bmatrix} \begin{bmatrix} J_1 \\ J_2 \end{bmatrix} \tag{2-75}$$

$$\begin{bmatrix} \bar{v}_1 \\ \bar{v}_2 \end{bmatrix} = \begin{bmatrix} \bar{k}_{11} & \bar{k}_{12} \\ \bar{k}_{21} & \bar{k}_{22} \end{bmatrix} \begin{bmatrix} \bar{J}_1 \\ \bar{J}_2 \end{bmatrix} \tag{2-76}$$

式中，$J_1 = -\dfrac{\dfrac{\partial P}{\partial x}}{\mu}, J_2 = -\dfrac{\dfrac{\partial P}{\partial y}}{\mu}, \bar{J}_1 = -\dfrac{\dfrac{\partial P}{\partial \bar{x}}}{\mu}, \bar{J}_2 = -\dfrac{\dfrac{\partial P}{\partial \bar{y}}}{\mu}$。

由式(2-73)和式(2-74)，有

$$\begin{bmatrix} \overline{v}_1 \\ \overline{v}_2 \end{bmatrix} = \begin{bmatrix} \cos\theta & \sin\theta \\ -\sin\theta & \cos\theta \end{bmatrix}\begin{bmatrix} v_1 \\ v_2 \end{bmatrix} \tag{2-77}$$

$$\begin{bmatrix} \overline{J}_1 \\ \overline{J}_2 \end{bmatrix} = \begin{bmatrix} \cos\theta & \sin\theta \\ -\sin\theta & \cos\theta \end{bmatrix}\begin{bmatrix} J_1 \\ J_2 \end{bmatrix} \tag{2-78}$$

式(2-75)、式(2-77)、式(2-78)代入式(2-76)，有

$$\begin{bmatrix} \cos\theta & \sin\theta \\ -\sin\theta & \cos\theta \end{bmatrix}\begin{bmatrix} k_{11} & k_{12} \\ k_{21} & k_{22} \end{bmatrix}\begin{bmatrix} J_1 \\ J_2 \end{bmatrix} = \begin{bmatrix} \overline{k}_{11} & \overline{k}_{12} \\ \overline{k}_{21} & \overline{k}_{22} \end{bmatrix}\begin{bmatrix} \cos\theta & \sin\theta \\ -\sin\theta & \cos\theta \end{bmatrix}\begin{bmatrix} J_1 \\ J_2 \end{bmatrix} \tag{2-79}$$

解得

$$\begin{bmatrix} \overline{k}_{11} & \overline{k}_{12} \\ \overline{k}_{21} & \overline{k}_{22} \end{bmatrix} = \begin{bmatrix} \cos\theta & \sin\theta \\ -\sin\theta & \cos\theta \end{bmatrix}\begin{bmatrix} k_{11} & k_{12} \\ k_{21} & k_{22} \end{bmatrix}\begin{bmatrix} \cos\theta & \sin\theta \\ -\sin\theta & \cos\theta \end{bmatrix}^{-1}$$
$$= \begin{bmatrix} \cos\theta & \sin\theta \\ -\sin\theta & \cos\theta \end{bmatrix}\begin{bmatrix} k_{11} & k_{12} \\ k_{21} & k_{22} \end{bmatrix}\begin{bmatrix} \cos\theta & \sin\theta \\ -\sin\theta & \cos\theta \end{bmatrix}^{\mathrm{T}} \tag{2-80}$$

式中，v_1、v_2，$\overline{v}_1$、$\overline{v}_2$ 分别为 xOy 与 $\overline{x}O\overline{y}$ 坐标系中的速度分量；k_{11}、k_{12}、k_{21}、k_{22}，$\overline{k}_{11}$、$\overline{k}_{12}$、$\overline{k}_{21}$、$\overline{k}_{22}$ 分别为 xOy 与 $\overline{x}O\overline{y}$ 坐标系中的渗透率分量；J_1、J_2，$\overline{J}_1$、$\overline{J}_2$ 分别为 xOy 与 $\overline{x}O\overline{y}$ 坐标系中的压力梯度。

式(2-84)符合张量变换律，因此证明了渗透率是一个二阶张量。

2. 方向渗透率

渗透率二阶张量特性表明，虽然各个方向渗透率不等，但存在渗透率最大值与最小值，方向相互垂直，一般称为渗透率的主值。

在坐标轴方向与渗透率主值一致时，渗透率张量矩阵为

$$\boldsymbol{k} = \begin{bmatrix} k_{\max} & 0 \\ 0 & k_{\min} \end{bmatrix} \tag{2-81}$$

式中，$\boldsymbol{k}$ 为渗透率张量。

在主值方向上，压力梯度方向与渗流速度方向一致，而在非主值方向上，

渗流速度与压力梯度呈一个角度。

各个方向上的渗透率，即方向渗透率与渗透率张量的两个主值是相关的，可由主值计算出来。但由于渗流速度与压力梯度方向不一致，导致方向渗透率的两种不同的表达式。

1) 渗流速度方向上的渗透率

设渗流速度方向与压力梯度方向夹角为 θ，x、y 分别为渗透率主方向、渗流速度方向，渗透率为 k'_α，如图 2-27 所示。

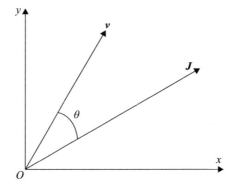

图 2-27　渗流速度与压力梯度方向夹角

由达西定律，有

$$|\boldsymbol{v}| = k'_\alpha |\boldsymbol{J}| \cos\theta \tag{2-82}$$

$$v^2 = k'_\alpha |\boldsymbol{J}||\boldsymbol{v}|\cos\theta = k'_\alpha \boldsymbol{v}\boldsymbol{J} \tag{2-83}$$

$$\boldsymbol{v} = \boldsymbol{k}\boldsymbol{J} \tag{2-84}$$

$$v^2 = k'_\alpha \boldsymbol{k}\boldsymbol{J}\boldsymbol{J} \tag{2-85}$$

即

$$k_x^2 J_x^2 + k_y^2 J_y^2 = k'_\alpha \begin{bmatrix} k_x & 0 \\ v & k_y \end{bmatrix} \begin{bmatrix} J_x^2 \\ J_y^2 \end{bmatrix}^2 = k'_\alpha \left(k_x J_x^2 + k_y J_y^2 \right) \tag{2-86}$$

$$k'_\alpha = \frac{k_x^2 J_x^2 + k_y^2 J_y^2}{k_x J_x^2 + k_y J_y^2} \tag{2-87}$$

$$v_x = |\boldsymbol{v}|\cos\alpha = k_x J_x \tag{2-88}$$

$$v_y = |\boldsymbol{v}|\sin\alpha = k_y J_y \tag{2-89}$$

$$k'_\alpha = \frac{v^2\cos^2\alpha + v^2\sin^2\alpha}{\dfrac{v^2\cos^2\alpha}{k_x} + \dfrac{v^2\sin^2\alpha}{k_y}} \tag{2-90}$$

$$\frac{1}{k'_\alpha} = \frac{\cos^2\alpha}{k_x} + \frac{\sin^2\alpha}{k_y} \tag{2-91}$$

2) 压力梯度方向渗透率

设压力梯度方向与渗流速度方向夹角为 θ（图 2-27），压力梯度方向渗透率为 k''_α。

由达西定律，有

$$k''_\alpha = |v|\cos\theta / |\boldsymbol{J}| \tag{2-92}$$

$$|\boldsymbol{v}|\cos\theta = k''_\alpha |\boldsymbol{J}| \tag{2-93}$$

$$\vec{v}\vec{J} = |\boldsymbol{v}||\boldsymbol{J}|\cos\theta \tag{2-94}$$

$$\cos\theta = \frac{\vec{v}\vec{J}}{|\boldsymbol{v}||\boldsymbol{J}|} = \frac{v_x J_x + v_y J_y}{|\boldsymbol{v}||\boldsymbol{J}|} \tag{2-95}$$

$$k''_\alpha = \frac{|\boldsymbol{v}|\left(v_x J_x + v_y J_y\right)}{|\boldsymbol{v}||\boldsymbol{J}|^2} = \frac{k_x J_x^2 + k_y J_y^2}{|\boldsymbol{J}|^2} \tag{2-96}$$

$$J_x = |\boldsymbol{J}|\cos\alpha \tag{2-97}$$

$$J_y = |\boldsymbol{J}|\sin\alpha \tag{2-98}$$

$$k''_\alpha = \frac{k_x |\boldsymbol{J}|^2 \cos^2\alpha + k_y |\boldsymbol{J}|^2 \sin^2\alpha}{|\boldsymbol{J}|^2} = k_x\cos^2\alpha + k_y\sin^2\alpha \tag{2-99}$$

由式(2-91)与式(2-99)可以得出，渗透率各向异性的几何表示是一个椭圆（图 2-28），其方程为

$$\frac{x^2}{a^2} + \frac{y^2}{b^2} = 1 \tag{2-100}$$

但两类方向渗透率椭圆的长轴和短轴存在差别。

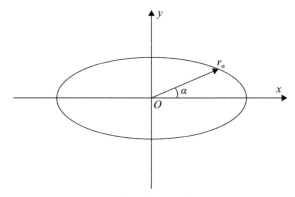

图 2-28　渗透率各向异性几何表示

对于渗流速度方向渗透率，椭圆的长短半轴分别为 $\sqrt{k_{\max}}$、$\sqrt{k_{\min}}$，渗透率大小 $k_\alpha = \sqrt{r_\alpha}$，$r_\alpha$ 为角度为 α 椭圆上的点到原点距离，而对于压力梯度方向渗透率，椭圆的长短半轴分别为 $\sqrt{1/k_{\min}}$、$\sqrt{1/k_{\max}}$，方向渗透率 $k_\alpha = \sqrt{1/r_\alpha}$。

除主值渗透率方向外，同一方向的以上两个方向渗透率也不相等，其比值为

$$\frac{k''_\alpha}{k'_\alpha} = 1 + \frac{\left(k_{\max} - k_{\min}\right)^2}{k_{\max} k_{\min}} \cos^2\alpha \sin^2\alpha \tag{2-101}$$

容易证明，在 $\alpha = 45°$ 时两者差别最大。

2.3.2　渗透率主方向的矿场计算方法

根据上述理论，由如图 2-29 所示的 4 口井井组的井间渗透率（三个方向渗透率）可计算出渗透率张量的主轴方向和主值大小，并进而可求出所有其他方向上的渗透率。

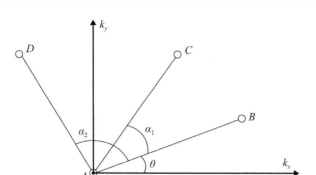

图 2-29　三个方向渗透率配置关系图

设 AB 与 k_x 方向夹角为 θ，AC、AD 与 AB 夹角分别为 α_1、α_2，则渗流速度方向渗透率：

$$k_1 = \frac{k_x}{\cos^2\theta + m\sin^2\theta} \tag{2-102}$$

$$k_2 = \frac{k_x}{\cos^2\left(\theta + \alpha_1\right) + m\sin^2\left(\theta + \alpha_1\right)} \tag{2-103}$$

$$k_3 = \frac{k_x}{\cos^2\left(\theta + \alpha_2\right) + m\sin^2\left(\theta + \alpha_2\right)} \tag{2-104}$$

式中，$m = k_x/k_y$，为方便起见，再令 $a_2 = k_1/k_2$、$a_3 = k_1/k_3$，可解出

$$\tan 2\theta = -2 \times \frac{\left(a_3 - 1\right)\sin^2\alpha_1 - \left(a_2 - 1\right)\sin^2\alpha_2}{\left(a_3 - 1\right)\sin 2\alpha_1 - \left(a_2 - 1\right)\sin 2\alpha_2} \tag{2-105}$$

式 (2-105) 可解出相差 $\pi/2$ 时的 θ_1、θ_2，θ_1 和 θ_2 为式 (2-105) 的两个解。

选择使

$$m = \frac{a_2\cos^2\theta - \cos^2\left(\theta + \alpha_1\right)}{\sin^2\left(\theta + \alpha_1\right) - a_2\sin^2\theta} = \frac{k_x}{k_y} > 1 \tag{2-106}$$

对应的 θ 为长主轴与 AB 夹角的方向，为渗透率 $k_{\max}$ 的主方向，θ 为正时，AB 顺时针转 θ 后为长主轴方向，否则逆时针为长主轴方向。

求出 θ 后由式 (2-106) 求出

$$m = \frac{k_1\cos^2\theta - k_2\cos^2\left(\theta + \alpha_1\right)}{k_2\sin^2\left(\theta + \alpha_1\right) - k_1\sin^2\theta} \tag{2-107}$$

$$k_x = k_1\left(\cos^2\theta + m\sin^2\theta\right) \quad\quad (2\text{-}108)$$

$$k_y = \frac{k_x}{m} \quad\quad (2\text{-}109)$$

k_1、k_2、k_3 应由干扰试井方法求出，如无该资料可由见效时间求出：

$$a_2 = \frac{k_1}{k_2} = \frac{r_1^2}{r_2^2}\frac{t_2}{t_1} \quad\quad (2\text{-}110)$$

$$a_3 = \frac{k_1}{k_3} = \frac{r_1^2}{r_3^2}\frac{t_3}{t_1} \quad\quad (2\text{-}111)$$

式中，r_1 为 AB 长度；r_2 为 AC 长度；r_3 为 AD 长度；t 为见效时间。

该方法仅能确定渗透率张量主方向，不能给出渗透率两个主值。如无动态数据，只能根据测井解释的井间渗透率平均值作为方向渗透率进行近似。

2.3.3　裂缝性储层注水井排方向优化设计方法

单方向裂缝性储层具有明显的各向异性，其渗透率张量的最大主方向显然是裂缝方向，最小主方向为垂直于裂缝。

设注水井排与最大渗透率主方向夹角为 θ，与注水井呈 α 角的流动方向渗透率为 k_α（图 2-30）：

$$k_\alpha = \frac{k_f}{\cos^2\left(\theta+\alpha\right) + m\sin^2\left(\theta+\alpha\right)} \quad\quad (2\text{-}112)$$

式中，k_f 为裂缝渗透率。

相应的运移距离：

$$l_\alpha = \frac{l}{\sin\alpha} \quad\quad (2\text{-}113)$$

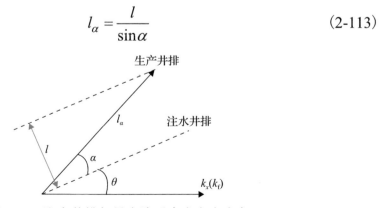

图 2-30　注水井排与最大渗透率主方向夹角

注水到达油井排时间[19]：

$$t_\alpha = \frac{\phi\mu w\left(1-S_{\mathrm{wi}}-S_{\mathrm{or}}\right)}{k_\alpha \Delta p} l_\alpha^2 \frac{M+1}{2}$$ (2-114)

式中，M 为油水黏度比；S_{wi} 为束缚水饱和度；S_{or} 为残余油饱和度；Δp 为注水井排与生产井排之间的压差。

为计算方便，可以定义相对见水时间（与见水时间存在一个常数倍数）：

$$t(\alpha,\theta) = \frac{\cos^2\left(\theta+\alpha\right)+m\sin^2\left(\theta+\alpha\right)}{\sin^2\alpha}$$ (2-115)

下面考察见水时间随 α、θ 的影响：

$$\begin{aligned}\frac{\partial t}{\partial \alpha} &= \frac{\sin^2\alpha\left[-2\cos(\theta+\alpha)\sin(\theta+\alpha)+2m\sin(\theta+\alpha)\cos(\theta+\alpha)\right]-2\sin\alpha\cos\alpha\left[\cos^2(\theta+\alpha)+m\sin^2(\theta+\alpha)\right]}{\sin^4\alpha}\\ &= \frac{\sin^2\alpha(m-1)\sin2(\theta+\alpha)-\sin2\alpha\cos^2(\theta+\alpha)-m\sin2\alpha\sin^2(\theta+\alpha)+\sin2\alpha\sin^2(\theta+\alpha)-\sin2\alpha\sin^2(\theta+\alpha)}{\sin^4\alpha}\\ &= \frac{(m-1)\sin\alpha\sin(\alpha+\theta)\left[2\sin\alpha\cos(\alpha+\theta)-2\cos\alpha\sin(\alpha+\theta)\right]-\sin2\alpha}{\sin^4\alpha}\\ &= \frac{(m-1)\sin\alpha\sin(\alpha+\theta)(-2)\sin\theta-\sin2\alpha}{\sin^4\alpha}\\ &= \frac{-2(m-1)\sin\alpha\sin\theta\sin(\alpha+\theta)-\sin2\alpha}{\sin^4\alpha}<0\end{aligned}$$ (2-116)

说明在一定的 θ 情形下，随着 α 的增大，见水时间缩小。在最小渗透率方向上的相对见水时间为

$$t\left(\frac{\pi}{2},\theta\right) = \sin^2\theta + m\cos^2\theta$$ (2-117)

$$\frac{\partial t}{\partial \theta} = \frac{-2\cos(\alpha+\theta)\sin(\alpha+\theta)+2m\sin(\alpha+\theta)\cos(\alpha+\theta)}{\sin^4\alpha} = \frac{(m-1)\sin2(\alpha+\theta)}{\sin^4\alpha}>0$$ (2-118)

说明随着 θ 增大，最小相对见水时间增大。在最小渗透率方向上的相对见水时间为

$$t\left(\frac{\pi}{2},0\right) = m$$ (2-119)

式(2-119)说明,对于裂缝性储层,裂缝方向为渗透率主方向。井排方向与其一致时注水效果最好。这从理论上说明沿裂缝方向注水的科学性。

2.3.4 应用

张量刻画渗透率各向异性和主渗透率方向与井网的配置关系研究成果,主要应用于如下两个方面:

1. 裂缝性油田注水井排设计

朝阳沟油田、新肇油田东西向裂缝比较发育,部署注水井排方向与裂缝方向一致,垂直裂缝注水开发效果较好。

玉门石油沟油田、老君庙油田,经过注水井排方向调整,与裂缝发育方向一致,在吉林扶余油田、新立油田,尽管开发初期注水井排方向与裂缝方向呈 22.5°夹角,新民油田呈 45°夹角,但最后还是调整成沿裂缝方向注水。

2. 确定数值模拟网格方向

数值模拟中应用广义达西定律的计算公式是基于渗透率主值方向的。因此 x-y 网格方向应与主渗透率方向一致,否则存在模型误差。可应用上述确定渗透率主方向方法确定出渗透率主方向,并以此作为网格系统的 x-y 方向。

2.3.5 小结

(1)裂缝性储层常常表现为渗透率的各向异性,可用二阶张量进行表征。除渗透率两个主轴外,渗流速度方向与压力梯度方向不一致,存在两种方向渗透率计算方法。

(2)平面上,由三个方向渗透率可以计算出渗透率两个主方向及主渗透率的大小,进而求出其主方向上的渗透率。

(3)理论研究表明,当注水井排方向与裂缝方向一致时,注水波及系数最大,开发效果最好。这一结论已应用于油田开发实际并被实践效果所证明。

第3章 油田开发指标预测与分析

开发指标预测与分析是油田开发规划、油田开发方案设计和开发调整优化的基础,因此,油田开发指标预测方法成为油藏工程研究的重要课题之一,也是笔者多年研究的领域。本章主要涉及三个方面:一是油田级次的产量递减方程的渗流理论基础、应用水驱特征曲线计算动态地质储量方面的研究;二是油水井或井组级次的多油层油井分层含水判别、低渗透油藏提捞井开采指标预测、油井见效与见水时间预测,以及油井脱气后产量预测方面的研究;三是油公司或油田群级次的采收率演变趋势方面的研究。

3.1 产量递减方程的渗流理论基础

油田全面开发以后,如果不采取有关增产措施(如压裂、转抽或换泵、钻新井等),原油产量必然会出现逐年递减趋势。因此研究产量递减规律将是计算可采储量、编制油田开发规划、合理安排增产措施工作量、实现原油高产稳产的基础与前提。20世纪30年代以后,出现了以下3种重要的预测产量递减规律的经验公式(Arps产量递减方程):

指数递减方程:

$$q(t) = q_i e^{-D_i t} \tag{3-1}$$

调和递减方程:

$$q(t) = q_i / (1 + D_i t) \tag{3-2}$$

双曲递减方程:

$$q(t) = q_i (1 + n D_i t)^{-\frac{1}{n}} \tag{3-3}$$

从递减率概念出发,以上3种递减形式均可由式(3-4)假设导出:

$$D_i = \frac{\mathrm{d}q(t)}{q(t)\mathrm{d}t} = k[q(t)]^n \tag{3-4}$$

式(3-1)～式(3-4)中，q_i 为初始原油产量；D_i 为初始产油量递减率；$q(t)$ 为瞬时产量；t 为生产时间；k 为油层渗透率；n 为递减指数，当 $n=0$ 时为指数递减，当 $n=1$ 时为调和递减，当 $0<n<1$ 时为双曲递减。

由于上述 3 种递减方程为核心的产量递减分析，在油田开发中具有重要的作用。许多学者将其列为油藏工程的一个分支在教科书中出现，同时也有相当数量的研究成果在学术期刊上发表。但所有这些研究基本上都局限于如何判断递减类型及确定参数，而没有涉及这些方程式成立的渗流力学依据方面的讨论，导致人们至今还认为这 3 种产量递减方程完全是经验性的(包括Arps)，限制了这些方程式更广泛的应用。同时，由于缺乏理论指导，也导致这些方程式的误用和滥用。正是在这样的背景下，笔者以渗流理论为依据，证明并讨论了这些递减方程。

3.1.1 双曲型递减方程的渗流理论依据及导出

1. 水驱油藏产量递减基本方程式

在注水保持地层压力情况下，如不考虑井间产量差异，根据渗流力学原理，产油量可写成下列形式(达西单位制)：

$$q(t) = \frac{2\pi k k_{ro}(S_w) h n}{B \mu_o} \cdot \frac{\Delta p}{\ln(R_e/r_w) - 3/4 + S} \tag{3-5}$$

式中，S_w 为油层平均含水饱和度；$k_{ro}(S_w)$ 为油相相对渗透率；h 为油层厚度；n 为井数；B 为原油体积系数；μ_o 为原油黏度；Δp 为生产压差；R_e 为供油半径；r_w 为井径；S 为表皮系数。

令

$$\alpha = \frac{2\pi k h n}{B \mu_o} \frac{\Delta p}{\ln(R_e/r_w) - 3/4 + S} \tag{3-6}$$

则

$$q(t) = \alpha k_{ro}(S_w) \tag{3-7}$$

在注采平衡情况下，由物质平衡原理，有

$$\frac{\mathrm{d}S_w}{\mathrm{d}t} = \frac{q(t)B}{V\phi} \tag{3-8}$$

式中，V 为油层体积；ϕ 为油层孔隙度。

式(3-7)和式(3-8)相结合，有

$$\frac{dS_w}{k_{ro}(S_w)} = \frac{\alpha B}{V\phi} dt \tag{3-9}$$

式(3-9)积分，得

$$\int_{S_{wc}}^{S_w} \frac{dS_w}{k_{ro}(S_w)} = \frac{\alpha B}{V\phi} t \tag{3-10}$$

式中，S_{wc} 为初始时刻油层含水饱和度。

综上可知，只要知道水驱油田具有代表性的相对渗透率曲线 $k_{ro}(S_w)\text{-}S_w$，通过式(3-7)和式(3-10)就可推出产量递减方程表达式，这个递减方程式适用于压差不变，没有压裂改造和钻新井等措施下的产量递减分析。

2. 双曲型递减方程的渗流依据及导出

假设油相相对渗透率曲线呈幂函数形式，即

$$k_{ro}(S_w) = a(1-S_w)^b \tag{3-11}$$

式中，a，b 均为常数，通常由实验给出。将式(3-11)代入式(3-10)，有

$$\int_{S_{wc}}^{S_w} \frac{dS_w}{a(1-S_w)^b} = \frac{\alpha B}{V\phi} t \tag{3-12}$$

假设 $b\neq 1$（$b=1$ 时相对渗透率曲线为直线形式，将在后面讨论），对式(3-12)积分，有

$$(1-S_w)^{1-b} = (1-S_{wc})^{1-b} - \frac{(1-b)\alpha Ba}{V\phi} t \tag{3-13}$$

令 $c = (1-S_{wc})^{1-b}$，将式(3-13)代入式(3-7)，有

$$q(t) = \alpha \cdot a(1-S_w)^b = \alpha \cdot a\left[c - \frac{(1-b)\alpha Ba}{V\phi}t\right]^{\frac{b}{1-b}} = \alpha \cdot a\left[c\left(1 - \frac{(1-b)\alpha Ba}{V\phi c}\right)t\right]^{\frac{b}{1-b}}$$

$$= A(1+Et)^N \tag{3-14}$$

式中，$A = \alpha \cdot a \cdot c^{b/(1-b)}$，$E = (1-b)\alpha Ba/V\phi c$，$N = b/(1-b)$。

令 q_i 表示初始产油量，则 $q(0) = A$，式 (3-14) 变为

$$q(t) = q_i(1 + Et)^N \tag{3-15}$$

从式 (3-15) 可推出递减率变化方程为

$$D(t) = \frac{\mathrm{d}q(t)}{q(t)\mathrm{d}t} = -\frac{EN}{1 + Et} \tag{3-16}$$

显然，初始递减率为

$$D_i = D(0) = -EN \tag{3-17}$$

将式 (3-17) 代入式 (3-15)，得

$$q(t) = q_i\left(1 - \frac{D_i}{N}t\right)^N \tag{3-18}$$

令 $N = 1/n$，则式 (3-18) 变为

$$q(t) = q_i(1 - nD_i t)^{\frac{1}{n}} \tag{3-19}$$

式 (3-19) 就是人们经常使用的双曲型产量递减方程。

3.1.2 调和型递减方程的渗流理论依据及导出

假设油相相对渗透率曲线呈指数形式，即

$$k_{\mathrm{ro}}(S_w) = ae^{-bS_w} \tag{3-20}$$

代入式 (3-10)，有

$$\int_{S_{wc}}^{S_w} \frac{\mathrm{d}S_w}{ae^{-bS_w}} = \frac{\alpha B}{V\phi}t \tag{3-21}$$

对式 (3-21) 积分，有

$$ae^{-bS_w} = ae^{-bS_{wc}} + \frac{ab\alpha B}{V\phi}t \tag{3-22}$$

令 $c = ae^{-bS_{wc}}$，将式 (3-22) 代入式 (3-7)，产油量可写成

$$q(t) = \alpha a \mathrm{e}^{-bS_{\mathrm{w}}} = \frac{a\alpha}{\dfrac{ab\alpha B}{V\phi}t + c} \tag{3-23}$$

令 q_{i} 为初始产量，则 $q(0) = a\alpha/c$ ， $m = ab\alpha B/(V\phi c)$ ，则

$$q(t) = \frac{q_{\mathrm{i}}}{1 + mt} \tag{3-24}$$

从式 (3-24) 可推出产量递减率：

$$D(t) = \frac{m}{1 + mt} \tag{3-25}$$

显然，初始递减率 $D_{\mathrm{i}} = D(0) = m$ ，代入式 (3-24) ，有

$$q(t) = \frac{q_{\mathrm{i}}}{1 + D_{\mathrm{i}}t} \tag{3-26}$$

式 (3-26) 就是调和型产量递减方程式。

3.1.3 指数型递减方程的渗流理论依据及导出

1. 水驱油藏指数递减方程

假设油相相对渗透率曲线呈直线形式(室内实验表明，低渗透油田常常是这种情况)，即

$$k_{\mathrm{ro}}(S_{\mathrm{w}}) = a - bS_{\mathrm{w}} \tag{3-27}$$

将其代入式 (3-10) ，有

$$\int_{S_{\mathrm{wc}}}^{S_{\mathrm{w}}} \frac{\mathrm{d}S_{\mathrm{w}}}{a - bS_{\mathrm{w}}} = \frac{\alpha B}{V\phi}t \tag{3-28}$$

对式 (3-28) 积分，有

$$\ln(a - bS_{\mathrm{w}}) = \ln(a - bS_{\mathrm{wc}}) - \frac{b\alpha B}{V\phi}t \tag{3-29}$$

将式 (3-29)、式 (3-27) 代入式 (3-7) ，得

$$q(t) = \alpha \mathrm{e}^{c - \frac{b\alpha B}{V\phi}t} = A\mathrm{e}^{-Dt} \tag{3-30}$$

式中，$A = \alpha e^c$，$D = b\alpha B/V\phi$。

令 q_i 为初始产量，有 $A = q_i$，则

$$q(t) = q_i e^{-Dt} \tag{3-31}$$

式(3-31)即为指数型递减方程，显然 D 为递减率，为一常数且与动用孔隙体积(或储量)成反比，与油相相对渗透率曲线斜率绝对值 b 成正比。

2. 封闭油田弹性驱动产量递减方程

对于封闭、弹性驱动油田，根据物质平衡方程式，有

$$N_p B = C_e N B_i (p_i - p) \tag{3-32}$$

式中，N_p 为累积产油量；N 为地质储量；C_e 为综合弹性压缩系数，$C_e = C_o + C_w S_w / S_o + C_p / S_o$（$C_o$、$C_w$、$C_p$ 分别为油相、水相、储层压缩系数）；p_i、p 分别为初始地层压力和地层压力。

式(3-32)对 t 求导，有

$$\frac{dN_p}{dt} = -C_e \frac{NB_i}{B} \cdot \frac{dp}{dt} \tag{3-33}$$

将 $q(t) = dN_p/dt$ 代入式(3-33)，得

$$q(t) = -C_e \frac{NB_i}{B} \cdot \frac{dp}{dt} \tag{3-34}$$

根据稳定流产量公式，产量可写成

$$q(t) = nJ(p - p_f) \tag{3-35}$$

式中，p_f 为井底压力。式(3-35)对 t 求导，假定 p_f 不变，有

$$\frac{dq(t)}{dt} = nJ \frac{dp}{dt} \tag{3-36}$$

式(3-34)和式(3-36)相结合，有

$$\frac{dq(t)}{dt} = \frac{nJB}{C_e NB_i} q(t) \tag{3-37}$$

对式(3-37)积分，并令 $D = nJB/C_e NB_i$，得

$$q(t) = q_0 e^{-Dt} \tag{3-38}$$

因此，在没有重大措施情况下，封闭弹性驱动油藏产量以指数形式递减，其递减的力学机制是随着原油的采出，地层压力不断下降，生产压差逐渐变小。产量递减率与动用地质储量成反比，与采油指数成正比。

3.1.4　小结

(1) 公式推导过程表明，产量递减方程仅适用于没有重大措施条件下 [式(3-7)中 a 为常数] 的产油量预测。而在油田开发过程中，由于压裂或转抽换泵、加强注水提高地层压力等措施，式(3-7)中 a 可能变化较大，这种情况下不能简单地使用产量递减方程进行建模和预测。产量递减方程在油田开发规划中的意义在于预测无措施情况下的产量变化趋势，然后在此基础上合理安排增产措施工作量，使整个原油产量构成达到规划目标要求。

(2) 对于水驱油藏，如果生产压差等因素变化不大，造成原油产量递减的根本原因是随着含水饱和度的增加，油相相对渗透率下降。产量递减方程完全取决于油相相对渗透率曲线特性。因此，只要给定不同的油相相对渗透率方程，就能推导出相应的产量递减方程，或者说递减方程并不局限于前述三种形式。

(3) 推导过程表明，油藏地质储量或孔隙体积对产量递减具有较大的影响。地质储量越大或采油速度越低，产量递减越慢。

3.2　水驱特征曲线与动态储量计算方法

油田开发进入高含水开采阶段，水驱特征曲线成为简便的生产动态分析工具。尤其是俄罗斯与我国一些学者对此开展了大量研究，是油藏工程的一个热门领域。

大庆喇萨杏油田由于其多层非均质特征和分批布井的特点，常常以分类井为单元进行动态分析、预测和管理。尤其是 1990 年以后，根据油层性质、开采时间和速度的差异造成的含水率差别，采取了对高含水老井降液、低含水新井提液做法，起到了稳油控水的作用。但 2000 年以后，各类井之间含水差异逐渐变小，上述做法已不适用。面对此种形势，如何进一步认识分类井储量潜力，如何制定开采的技术政策界限已成为当前油田开发生产中亟待解决的问题。笔者通过油藏工程基本原理发展水驱特征曲线方法，并结合优化技术，对分类井动用地质储量及产量分配优化方面问题开展深入研究。

3.2.1 分类井动用地质储量计算方法

地质储量是描述资源潜力的重要参数之一，是开发技术政策确定和开发指标预测的基础。但目前喇萨杏油田分类井储量还无法用静态法分开计算，因此利用动态法反求动态地质储量就显得更加必要。关于利用水驱特征曲线动态资料推算动态地质储量，童宪章院士[20]曾根据国内外一系列油田的数据进行统计，提出了"7.5 法则①"（简称童氏方法）。但大庆油田通过计算发现，利用童氏方法计算喇萨杏油田地质储量明显与实际不符[21,22]。为此，笔者研究了喇萨杏油田相对渗透率曲线和地质储量对水驱特征曲线的影响，得出通过水驱特征曲线斜率和由相对渗透率曲线得到的信息联合反求地质储量的方法。另外，笔者建立的方法不仅考虑了生产动态，还考虑了油层渗流特性，是童氏方法计算动用地质储量的重要发展和完善。

大量相对渗透率曲线与油田实际生产数据统计计算表明，相对渗透率曲线满足乙型水驱特征曲线：

$$R = a - b \ln\left(\frac{1}{f_{\mathrm{w}}} - 1\right) \tag{3-39}$$

即

$$R = a - b \ln\frac{q_{\mathrm{o}}}{q_{\mathrm{w}}} \tag{3-40}$$

式中，R 为采出程度；f_{w} 为含水率；q_{o}、q_{w} 分别为油相及水相产量；a、b 均为常数。

式(3-40)两边同乘以地质储量 N，有

$$N_{\mathrm{p}} = N\left(a - b \ln\frac{N_{\mathrm{p}}}{W_{\mathrm{p}}}\right) \tag{3-41}$$

式中，N_{p} 为产油量。进一步，有

$$\frac{\mathrm{d}N_{\mathrm{p}}}{\mathrm{d}W_{\mathrm{p}}} = \mathrm{e}^{\frac{a}{b}}\mathrm{e}^{-\frac{N_{\mathrm{p}}}{Nb}} \tag{3-42}$$

---

① 即童宪章院士根据油藏单元生产数据，发现甲型水驱特征曲线斜率与地质储量呈现明显的固定比例关系，两者的乘积为常数 7.5，被简称为 7.5 法则。

式(3-42)整理后两边积分，有

$$\int_{N_{pc}}^{N_p} e^{-\frac{N_p}{Nb}} dN_p = \int_0^{W_p} \frac{a}{e^b} dW_p \tag{3-43}$$

式中，W_p 为累积产水量；N_{pc} 为无水期累积产油量，求解积分，有

$$\frac{N_p}{Nb} = \ln\left(e^{\frac{N_{pc}}{Nb}} + \frac{1}{Nb} e^{\frac{a}{b}} W_p\right) \tag{3-44}$$

进一步整理，有

$$\ln(W_p + C) = A + BN_p \tag{3-45}$$

式中，$A = -\ln[e^{a/b}/(Nb)]$，$B = 1/(Nb)$，$C = e^{N_{pc}/(Nb)} \cdot N_b/e^{a/b}$。

式(3-45)即为修正的甲型水驱特征曲线，$C=0$ 时为甲型水驱特征曲线。可见修正的甲型水驱特征曲线与乙型水驱特征曲线是统一的，传统的甲型水驱特征曲线为一个特例。

由式(3-41)可以推出水油比(WOR)与地质储量 N 的关系为

$$\ln \text{WOR} = \frac{N_p}{Nb} - \frac{a}{b} \tag{3-46}$$

容易看出，甲乙型水驱曲线具有相同的斜率 $1/(Nb)$，其大小取决于地质储量 N 和与相对渗透率曲线特性的参数 b。同时也说明，由相对渗透率曲线求出 b 值后，可再通过矿场上的甲型或乙型水驱特征曲线斜率 $1/(Nb)$ 反求出动用地质储量。

由相对渗透率曲线可以求出 $f_w = 1/(1 + k_{ro}\mu_w/k_{rw}\mu_o)$，$R = (S_w - S_{we})/(1 - S_{we})$ 直线回归方程式(3-39)，即可求出 b，进而即可运用下式求出动用地质储量：

$$N = \frac{1}{Bb} \tag{3-47}$$

大庆油田小井距试验区数据验证了上述方法的有效性。300 余条相对渗透率曲线统计结果 $b=0.06\sim0.064$，均值为 0.0625(图 3-1)。

3.2.2 分类型地质储量计算结果及潜力分析

喇萨杏油田水驱井一般划分为基础井、一次加密井、二次加密井和高台

子井四种类型。运用上述方法,根据生产动态数据(截至 2000 年底)和相对渗透率曲线参数,计算出喇萨杏油田四类井控制的地质储量(表 3-1)和具体的 37 个开发区块四类井动态地质储量。

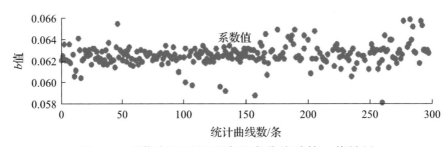

图 3-1　喇萨杏油田相对渗透率曲线计算 b 值结果

表 3-1　喇萨杏油田各类井动用地质储量(截至 2000 年底)

指标	基础井	一次加密井	二次加密井	高台子井	全区
动态地质储量/亿 t	25.24	12.44	2.38	5.16	45.22
剩余动用地质储量/亿 t	16.18	9.99	1.94	3.95	32.06
占全区比例/%	50.46	31.17	6.04	12.33	
采出程度/%	35.91	19.66	18.69	23.34	29.10

以上计算结果表明,截至 2000 年底,喇萨杏油田剩余动用地质储量为 32.06 亿 t,其中基础井控制 16.18 亿 t,一次加密井控制 9.99 亿 t,二次加密井控制 1.94 亿 t,高台子井控制 3.95 亿 t。剩余地质储量潜力主要集中在基础井和一次加密井,这两类井显然是今后挖潜的主要对象。二次加密井自投产以来,以较高采油速度开采,对油田稳产和控制含水率上升发挥了很大作用,但目前剩余储量潜力较小。高台子油层井控储量至今尚未复算,用笔者给出的方法计算出动态地质储量 5.16 亿 t。

还可以看出,全区动态地质储量为 45.22 亿 t,大于 1985 年复算的静态地质储量 41.7 亿 t,但小于加上表外储层后的全区静态地质储量(约 49 亿 t),说明表外储量已有相当部分被动用。

利用上述分类井动态地质储量计算结果,可以标定出当时各类井水驱采收率(表 3-2)。

从四类井油层地质条件看,上述采收率计算结果是合理的,可以作为动态分析与开发决策的依据。

表 3-2　喇萨杏油田目前各类井采收率

指标	基础井	一次加密井	二次加密井	高台子井	全区
可采储量/万 t	118065	44989	8130	22421	193605
剩余可采储量/万 t	27416	20535	3679	10378	62008
水驱采收率/%	46.77	36.17	34.13	43.46	32.03

3.2.3　小结

(1)修正的甲型水驱特征曲线可由乙型水驱特征曲线推导出来，两者是统一的，传统甲型水驱特征曲线仅是一个特例。

(2)根据相对渗透率曲线和油藏生产动态确定动态地质储量是可行的，不仅补充完善静态容积法计算结果，加深对储量的认识，还可以解决静态法无法解决的问题，实现了各类井动态地质储量估算和采收率的标定。

(3)不同地质特征油田，应该选用本油田相适应的相对渗透率曲线确定地质储量并计算参数 b，发展完善童宪章院士提出的"7.5 法则"。

3.3　油井分层含水判别方法

大庆油田是典型的多油层非均质油田，由于严重的层间非均质性，虽经过层系细分调整和多种工艺措施改造，但各油层含水差异仍然较大。低渗透油层含水较低，是今后进一步压裂增油的挖潜对象，而高渗透油层由于含水率较高，需要堵水和分层注水等措施进行控制。因此，控水挖潜是大庆喇萨杏油田在特高含水阶段必须坚持的技术政策。但这项技术政策实施的基础和前提是搞清各单层含水情况。目前，判别各层含水的直接测试方法，如电容法含水率计、低能光子法等费用较高，还不能进行全部油井测试，同时测量的也是间接指标，还必须解释成含水率，在精度方面也有较大误差。

近年来，过套管电阻率测井受到高度重视，但由于信号方面问题，还没有取得应有效果，同时费用较高，测井数满足不了需要。C/O 比能谱与中子寿命测井等方法也是受到技术与费用方面的制约，不能大规模使用。

以精细油藏地质研究为基础的多学科油藏研究虽然是一种有力手段，但庞大的计算工作量，也很难对巨大数量的单井分层含水率做到及时预测。

美俄等石油大国由于资源比较丰富，不做过细工作，没有开展类似的研究。我国其他东部老油田虽然也面临类似问题，但相关研究极少见到。

在此背景下，笔者以大庆油田大量的油层静态参数和油水井连通关系等精细地质研究成果为基础，以渗流力学原理为依据，建立一种通过全井综合含水率反求单层含水率的数学模型方法。研究成果对油田进一步层系内注采结构调整，大力实施控水挖潜过程中的选井选层具有重要的意义。

3.3.1 多层含水模型

1. 分层注水量劈分方法

以油井为中心，水井为边界的泄流区内，考虑一口油井受效于几口注水井，同时一口注水井又给多口油井供给能量。油水井由多个层段组成，合理判别各层段含水率的基础是合理地劈分各层吸水量。

对于单层，根据注采平衡原理和麦斯盖特(Muskat)公式，有

$$I_L(\bar{p} - p_f) = \sum_{i=1}^{n_w} G_i I_{wi}(p_h - \bar{p}) \tag{3-48}$$

求解式(3-48)，有

$$\bar{p} = \frac{\sum\limits_{i=1}^{n_w} G_i I_{wi} p_h + I_L p_f - \bar{p}}{\sum\limits_{i=1}^{n_w} G_i I_{wi} + I_L} \tag{3-49}$$

从而有

$$\bar{p} - p_f = \frac{\sum\limits_{i=1}^{n_w} G_i I_{wi}}{\sum\limits_{i=1}^{n_w} G_i I_{wi} + I_L}(p_h - p_f) \tag{3-50}$$

$$p_h - \bar{p} = \frac{I_L}{\sum\limits_{i=1}^{n_w} G_i I_{wi} + I_L}(p_h - p_f) \tag{3-51}$$

式(3-48)~式(3-51)中，G_i 为各水井劈分系数；n_w 为对象油井周围水井数；I_{wi} 为各水井吸水指数；I_L 为油井采液指数；$\bar{p}$ 为油层平均地层压力；p_h 为注水压力；p_f 为采油井流压。

以上面分析为基础，研究了以下 3 种情况下注水量劈分系数。

1）多层笼统注水情况下注水量劈分系数

设油层系统由 m 个层组成，泄流区内总注水量为 q_t，笼统注水实质上是各油层取相同的注水压力（由于油层井数较小，位置势差可忽略）。该情况下则有

$$q_t = \sum_{j=1}^{m}\left[\sum_{i=1}^{n_w}\left(G_{i,j}I_{wi}\frac{I_L}{\sum\limits_{i=1}^{n_w}G_{i,j}I_{wi}+I_L}\right)\right](p_h - p_f) \tag{3-52}$$

其中，第 j 层注水量为

$$q_j = \left[\sum_{i=1}^{n_w}\left(G_{i,j}I_{wi}\frac{I_L}{\sum\limits_{i=1}^{n_w}G_{i,j}I_{wi}+I_L}\right)\right]_j(p_h - p_f) \tag{3-53}$$

令 $M_j = q_j/q_t$，为第 j 层段注水量劈分百分数，则

$$M_j = \frac{\left[\sum\limits_{i=1}^{n_w}\left(G_{i,j}I_{wi}\dfrac{I_L}{\sum\limits_{i=1}^{n_w}G_{i,j}I_{wi}+I_L}\right)\right]_j}{\sum\limits_{j=1}^{m}\left[\sum\limits_{i=1}^{n_w}\left(G_{i,j}I_{wi}\dfrac{I_L}{\sum\limits_{i=1}^{n_w}G_{i,j}I_{wi}+I_L}\right)\right]_j} \tag{3-54}$$

式中，$j=1,2,\cdots,m$。

例如，油井 3-J3-丙 147 井有 9 个层，有 3 口水井向该井供水，根据油层静态参数，计算出注水初期未分层注水情况下各层段产液比例（表 3-3）。

2）多层分层注水情况下注水量劈分系数

分层注水是指利用封隔器将不同渗透率层段分开，在井口保持高压，加

表 3-3 油井 3-J3-丙 147 井各层段注水量劈分系数

层段	kh	3-2-水 039		3-3-水 140		3-3-水 141		劈分系数
		kh	G	kh	G	kh	G	
萨 I $_2$—I $_3$	234	208	0.167	80	0.2	298	0.25	0.199215
萨 III $_1$—III $_2$	30	0	0.167	190	0.2	10	0.25	0.042102
萨 III $_4$—III $_6$	330	80	0.167	250	0.2	288	0.25	0.23446
葡 II $_1$—II $_4$	120	600	0.167	80	0.2	90	0.25	0.157067
葡 II $_5$	145	60	0.167	55	0.2	854	0.25	0.218884
葡 II $_{10}$	20	17.5	0.167	30	0.2	575	0.25	0.0432
高 I $_1$—I $_{3(1)}$	75	105	0.167	125	0.2	80	0.25	0.083282
高 I $_{3(2)}$—I $_{4+5}$	20	75	0.167	18	0.2	0	0.25	0.02179
高 I $_{6+7}$—I $_8$	200	0	0.167	0	0.2	0	0.25	0

注：k 为渗透率，$10^{-3}\mu m^2$；h 为厚度，m；kh 为地层系数，$10^{-3}\mu m^2 \cdot m$；G 为水井劈分系数；3-2-水 039、3-3-水 140、3-3-水 141 均表示水井的井号。

强对低渗透层注水的同时，在井下针对高渗透层装配水嘴，利用配水嘴节流损失降低注水压力限制高渗透、高含水层吸水量，从而实现对不同层注水量进行控制。

其原理可由下列公式表达：

$$\Delta p = p_{井口} + p_{水柱} - p_{管损1} - p_{启动} \tag{3-55}$$

当油层控制注水时：

$$\Delta p_{配} = p_{井口} + p_{水柱} - p_{管损2} - p_{嘴损} - p_{启动} \tag{3-56}$$

式（3-55）和式（3-56）中，Δp 为无控制情况下注水压差；$\Delta p_{配}$ 为控制情况下注水压差；$p_{井口}$ 为井口注水压力；$p_{水柱}$ 为静水柱压力；$p_{管损1}$ 为笼统注水无控制情况下注入水在油管中流动阻力损失；$p_{管损2}$ 为分注控制情况下注入水在油管中流动阻力损失；$p_{嘴损}$ 为注入水在水嘴中流动阻力损失；$p_{启动}$ 为地层开始吸水时需要的井底压力。

综上容易看出，影响分层配水量的关键参数就是 $p_{嘴损}$ 的变化。$p_{嘴损}$ 可选用不同直径的配水嘴产生节流损失来达到，实质上也是根据要求控制注水量，通过选用不同直径的配水嘴在井下改变井底压力来实现。

从渗流力学角度看，分层注水就相当于不同层段采用不同的注水流压注水。此种情况下，泄流区内总注水量为

$$q_t = \sum_{j=1}^{m} \left\{ \sum_{i=1}^{n_w} \left[\left(G_i I_{wi} \frac{I_L}{\sum\limits_{i=1}^{n_w} GI_{wi} + I_L} \right) (p_{h,i} - p_f) \right] \right\} \tag{3-57}$$

第 j 层注水量：

$$q_j = \left\{ \sum_{i=1}^{n_w} \left[\left(G_{i,j} I_{wi} \frac{I_L}{\sum\limits_{i=1}^{n_w} G_{i,j} I_{wi} + I_L} \right) (p_{h,i} - p_f) \right] \right\} \tag{3-58}$$

同样，注水量劈分系数为

$$M_j = \frac{q_j}{q_t}, \quad j = 1, 2, \cdots, m \tag{3-59}$$

管损与嘴损计算公式参见相关采油工程书籍（《油田分层开采》[23]和《采油工程》[24]），限于篇幅，这里不再赘述。

3) 油井流压低于泡点压力情况下注水量劈分系数

第 1 章已论述，喇萨杏油田近年来为保持原油稳产，采取了大规模的"三换"措施，使油井流压明显低于泡点压力，在油井附近形成脱气圈，此时油井产液量 q_L 表达式为

$$q_L = I_L[p_r - p_f - c(p_b - p_f)^2] \tag{3-60}$$

式中，p_r、p_b、p_f 分别为油井平均地层压力、原油泡点压力和油井流动压力。

此时由注采平衡条件，有

$$I_L[p_r - p_f - c(p_b - p_f)^2] = \sum_{i=1}^{n_w} G_{i,j} I_{wi}(p_{h,i} - \overline{p}) \tag{3-61}$$

求解式(3-61)，得

$$\overline{p} = \frac{\sum_{i=1}^{n_w} G_{i,j} I_{wi} p_{h,i} + I_L [p_f + c(p_b - p_f)^2]}{\sum_{i=1}^{n_w} G_{i,j} I_{wi} + I_L} \tag{3-62}$$

$$p_{h,i} - \overline{p} = \frac{p_{h,i} \sum_{i=1}^{n_w} G_{i,j} I_{wi} + p_{h,i} I_L - \sum_{i=1}^{n_w} G_{i,j} I_{wi} p_{h,i} - I_L [p_f + c(p_b - p_f)^2]}{\sum_{i=1}^{n_w} G_{i,j} I_{wi} + I_L} \tag{3-63}$$

泄流区内总注水量为

$$q_t = \sum_{i=1}^{m} \left\{ \sum_{i=1}^{n_w} G_{i,j} I_{wi} \frac{p_{h,i} \sum_{i=1}^{n_w} G_{i,j} I_{wi} + p_{h,i} I_L - \sum_{i=1}^{n_w} G_{i,j} I_{wi} p_{h,i} - I_L [p_f + c(p_b - p_f)^2]}{\sum_{i=1}^{n_w} G_{i,j} I_{wi} + I_L} \right\}_j \tag{3-64}$$

第 j 层注水量为

$$q_j = \left\{ \sum_{i=1}^{n_w} G_{i,j} I_{wi} \frac{p_{h,i} \sum_{i=1}^{n_w} G_{i,j} I_{wi} + p_{h,i} I_L - \sum_{i=1}^{n_w} G_{i,j} I_{wi} p_{h,i} - I_L [p_f + c(p_b - p_f)^2]}{\sum_{i=1}^{n_w} G_{i,j} I_{wi} + I_L} \right\}_j \tag{3-65}$$

第 j 层段注水量劈分系数仍为

$$M_j = \frac{q_j}{q_t}, \quad j = 1, 2, \cdots, m \tag{3-66}$$

2. 含水率上升方程

注入水流动过程中，形成一个水驱前缘。在水驱前缘靠近油井端为纯油区，水驱前缘后部为油水两相流动区域。当水驱前缘到达油井后，油井开始见水，之后随着开采的不断持续，含水率不断上升。含水率上升规律可由油水两相渗流方程推导出来。

如图 3-2 所示，设 $v_{w,r}$ 表示 r 处水相流速，根据质量守恒原理，有

$$2\pi r v_{w,r} - 2\pi (r + \Delta r) v_{w,r+\Delta r} = 2\pi r \Delta r \phi \frac{\partial S_w}{\partial t} \qquad (3\text{-}67)$$

将 $v_{w,r+\Delta r} = v_{w,r} + \partial v / \partial r \, \Delta r$ 代入式 (3-67)，有

$$-\frac{1}{r} \frac{\partial (r v_{w,r})}{\partial r} = \phi \frac{\partial S_w}{\partial t} \qquad (3\text{-}68)$$

令总流速为 v_t，则有

$$v_t = v_o + v_w = \frac{v_w}{f_w} \qquad (3\text{-}69)$$

式中，f_w 为 r 处的含水率；v_o 和 v_w 分别为水相和油相流速。

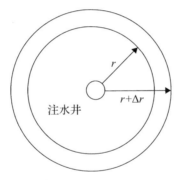

图 3-2　注水井为中心径向微元示意图

式 (3-68) 和式 (3-69) 结合，有

$$-\frac{1}{r} \frac{\partial (r f_w v_t)}{\partial r} = \phi \frac{\partial S_w}{\partial t} \qquad (3\text{-}70)$$

稳定渗流条件下，有

$$q_t = 2\pi r h v_t \qquad (3\text{-}71)$$

式 (3-70) 和式 (3-71) 结合，有

$$-\frac{q_t}{2\pi r h} \frac{\partial f_w}{\partial r} = \phi \frac{\partial S_w}{\partial t} \qquad (3\text{-}72)$$

注意到

$$\frac{\partial f_{\mathrm{w}}}{\partial r} = \frac{\partial f_{\mathrm{w}}}{\partial S_{\mathrm{w}}} \cdot \frac{\partial S_{\mathrm{w}}}{\partial r} = f_{\mathrm{w}}' \frac{\partial S_{\mathrm{w}}}{\partial r} \tag{3-73}$$

代入式(3-72), 有

$$-\frac{q_{\mathrm{t}}}{2\pi rh} f_{\mathrm{w}}' \frac{\partial S_{\mathrm{w}}}{\partial r} = \phi \frac{\partial S_{\mathrm{w}}}{\partial t} \tag{3-74}$$

对于特定含水饱和度 S_{wm}:

$$S_{\mathrm{w}}(r,t) = S_{\mathrm{wm}} \tag{3-75}$$

对式(3-75)取全微分, 有

$$\frac{\partial S_{\mathrm{w}}}{\partial r} \mathrm{d}r + \frac{\partial S_{\mathrm{w}}}{\partial t} \mathrm{d}t = 0 \tag{3-76}$$

式(3-76)与式(3-74)结合, 有

$$\frac{\mathrm{d}r}{\mathrm{d}t} = \frac{\dfrac{\partial S_{\mathrm{w}}}{\partial t}}{\dfrac{\partial S_{\mathrm{w}}}{\partial r}} = \frac{q_{\mathrm{t}} f_{\mathrm{w}}'}{2\pi rh\phi} \tag{3-77}$$

从而有

$$q_{\mathrm{t}} f_{\mathrm{w}}' \mathrm{d}t = 2\pi rh\phi \mathrm{d}r \tag{3-78}$$

对式(3-78)积分, 并假设 $t=0$ 时注入水仅在水井处, 有

$$\int_{r_{\mathrm{w}}}^{r} 2\pi rh\phi \mathrm{d}r = f_{\mathrm{w}}' \int_{0}^{t} q_{\mathrm{t}} \mathrm{d}t \tag{3-79}$$

$$\pi h\phi(r^2 - r_{\mathrm{w}}^2) = f_{\mathrm{w}}' \int_{0}^{t} q_{\mathrm{t}} \mathrm{d}t \tag{3-80}$$

考虑到渗流区域并不完全是圆形的, 式(3-80)可写为

$$\frac{h\phi S}{\dfrac{\partial f_{\mathrm{w}}}{\partial S_{\mathrm{w}}}} = f_{\mathrm{w}}' \int_{0}^{t} q_{\mathrm{t}} \mathrm{d}t \tag{3-81}$$

在油井见水后，式(3-81)左边分子为常数，两边对 t 求导数，有

$$h\phi S \frac{\mathrm{d}\left(1 \Big/ \dfrac{\partial f_\mathrm{w}}{\partial S_\mathrm{w}}\right)}{\mathrm{d}t} = f_\mathrm{w}' q_\mathrm{t} \tag{3-82}$$

式(3-82)展开有

$$h\phi S \left[-\frac{1}{\left(\dfrac{\partial f_\mathrm{w}}{\partial S_\mathrm{w}}\right)^2} \frac{\mathrm{d}\left(\dfrac{\partial f_\mathrm{w}}{\partial S_\mathrm{w}}\right)}{\mathrm{d}f_\mathrm{w}} \right] \frac{\mathrm{d}f_\mathrm{w}}{\mathrm{d}t} = q_\mathrm{t} \tag{3-83}$$

写成微分方程一般形式，有

$$\frac{\partial f_\mathrm{w}}{\partial t} = \frac{q_\mathrm{t}}{h\phi S \left[-\dfrac{1}{\left(\dfrac{\partial f_\mathrm{w}}{\partial S_\mathrm{w}}\right)^2} \dfrac{\mathrm{d}\left(\dfrac{\partial f_\mathrm{w}}{\partial S_\mathrm{w}}\right)}{\mathrm{d}f_\mathrm{w}} \right]} \tag{3-84}$$

以式(3-84)为基础，对于多层系统选择基准层(base)，可得到各层含水度相对变化微分方程，从而消除了时间过程的影响，简化计算过程。

$$\frac{\partial f_{\mathrm{w}j}}{\partial f_{\mathrm{base}}} = \frac{M_j \Big/ \left\{ h_j \phi_j S_j \left[-\dfrac{1}{\left(\dfrac{\partial f_\mathrm{w}}{\partial S_\mathrm{w}}\right)^2} \dfrac{\mathrm{d}\left(\dfrac{\partial f_\mathrm{w}}{\partial S_\mathrm{w}}\right)}{\mathrm{d}f_\mathrm{w}} \right] \right\}}{M_{\mathrm{base}} \Big/ \left\{ h_{\mathrm{base}} \phi_{\mathrm{base}} S_{\mathrm{base}} \left[-\dfrac{1}{\left(\dfrac{\partial f_\mathrm{w}}{\partial S_\mathrm{w}}\right)^2} \dfrac{\mathrm{d}\left(\dfrac{\partial f_\mathrm{w}}{\partial S_\mathrm{w}}\right)}{\mathrm{d}f_\mathrm{w}} \right]_{\mathrm{base}} \right\}} \tag{3-85}$$

初始条件：

$$f_{wj}|_{base} = f_{wj,0} \qquad (3\text{-}86)$$

如不考虑泄流区内砂体分布上的差别和孔隙度差别，则式(3-85)简化为

$$\frac{\partial f_{wj}}{\partial f_{base}} = \frac{M_j \bigg/ \left\{ h_j \left[-\dfrac{1}{\left(\dfrac{\partial f_w}{\partial S_w}\right)^2} \dfrac{d\left(\dfrac{\partial f_w}{\partial S_w}\right)}{df_w} \right] \right\}}{M_{base} \bigg/ \left\{ h_{base} \left[-\dfrac{1}{\left(\dfrac{\partial f_w}{\partial S_w}\right)^2} \dfrac{d\left(\dfrac{\partial f_w}{\partial S_w}\right)}{df_w} \right] \right\}_{base}} \qquad (3\text{-}87)$$

以上式(3-86)和式(3-87)为非线性微分方程，需使用数值方法求解，但在计算机上很容易实现。

3.3.2　分层含水判别方法

统计资料表明采液指数 I_L 随含水上升关系，可写成如下形式：

$$I_L = khce^{df_w} \qquad (3\text{-}88)$$

式中，h 为油层厚度；c 为与原油物性和相对渗透率有关的参数；d 为采液指数与含水间的拟合参数。

设全井综合含水率为 F_w，分层含水分别为 f_{wj}，全井产液量为 Q_{Lt}，产油量为 Q_{ot}，分层产液量为 Q_{Lj}，产油量为 Q_{oj}，则有

$$Q_{Lt} = \sum_{j=1}^{m} Q_{Lj} \qquad (3\text{-}89)$$

$$Q_{ot} = \sum_{j=1}^{m} Q_{oj} \qquad (3\text{-}90)$$

$$F_w = 1 - \frac{Q_{ot}}{Q_{Lt}} = \frac{\sum_{j=1}^{m} Q_{Lj} f_{wj}}{Q_{Lt}} = \sum_{j=1}^{m} \frac{Q_{Lj}}{\sum_{j=1}^{m} Q_{Lj}} f_{wj} \qquad (3\text{-}91)$$

将采液指数经验公式代入式(3-91)，有

$$F_{\mathrm{w}} = \sum_{j=1}^{m} \frac{k_j h_j c \mathrm{e}^{df_{\mathrm{w}}}(\overline{p}_j - p_{\mathrm{f}})}{\sum_{j=1}^{m}\left[k_j h_j c \mathrm{e}^{df_{\mathrm{w}}}(\overline{p}_j - p_{\mathrm{f}}) \right]} f_{\mathrm{w}j}$$

$$= \sum_{j=1}^{m}\left\{ \frac{\left[k_j h_j c \mathrm{e}^{df_{\mathrm{w}}} \dfrac{\sum\limits_{i=1}^{n_{\mathrm{w}}} G_i k_i h_i \mathrm{e}^{df_{\mathrm{w}}}}{\sum\limits_{i=1}^{n_{\mathrm{w}}}\left(G_i k_i h_i \mathrm{e}^{df_{\mathrm{w}}} + k_i h_i \mathrm{e}^{df_{\mathrm{w}}} \right)} \right]}{\sum\limits_{j=1}^{m}\left[k_j h_j c \mathrm{e}^{df_{\mathrm{w}}} \dfrac{\sum\limits_{i=1}^{n_{\mathrm{w}}} G_i k_i h_i \mathrm{e}^{df_{\mathrm{w}}}}{\sum\limits_{i=1}^{n_{\mathrm{w}}}\left(G_i k_i h_i \mathrm{e}^{df_{\mathrm{w}}} + k_i h_i \mathrm{e}^{df_{\mathrm{w}}} \right)} \right]} f_{\mathrm{w}j} \right\} \tag{3-92}$$

由式(3-92)可以计算出各层含水率与全井综合含水率的相对对应关系。因此，给出全井综合含水率计量值，根据各层值及油井、水井连通情况等静态资料，就可以计算出各层段相应的含水率。

3.3.3　模型中油层物理参数确定方法

1. 采液指数公式中 d 值计算方法

由产液量计算公式：

$$Q_{\mathrm{L}} = Q_{\mathrm{o}} + Q_{\mathrm{w}} = 2\pi k h\left(\frac{k_{\mathrm{ro}}}{\mu_{\mathrm{o}}} + \frac{k_{\mathrm{rw}}}{\mu_{\mathrm{w}}} \right)\frac{\Delta p}{\ln\left(\dfrac{R_{\mathrm{e}}}{r_{\mathrm{w}}} + S \right)} \tag{3-93}$$

可得到采液指数表达式：

$$I_{\mathrm{L}} = 2\pi k h\left(\frac{k_{\mathrm{ro}}}{\mu_{\mathrm{o}}} + \frac{k_{\mathrm{rw}}}{\mu_{\mathrm{w}}} \right)\frac{1}{\ln\left(R_{\mathrm{e}}/r_{\mathrm{w}} + S \right)} = c_{\mathrm{L}}\left(\frac{k_{\mathrm{ro}}}{\mu_{\mathrm{o}}} + \frac{k_{\mathrm{rw}}}{\mu_{\mathrm{w}}} \right) \tag{3-94}$$

由相对渗透率曲线可知，I_{L} 为含水率 f_{w} 的函数。选择具有代表性的油水相对渗透率曲线。做出 S_{w}、$k_{\mathrm{ro}}/\mu_{\mathrm{o}} + k_{\mathrm{rw}}/\mu_{\mathrm{w}}$、$1/(1 + k_{\mathrm{ro}}\mu_{\mathrm{w}}/k_{\mathrm{rw}}\mu_{\mathrm{o}})$ 3 个数组。

令

$$X = \cfrac{1}{1 + \cfrac{k_{ro}\mu_w}{k_{rw}\mu_o}} \qquad (3\text{-}95)$$

$$Y = \frac{k_{ro}}{\mu_o} + \frac{k_{rw}}{\mu_w} \qquad (3\text{-}96)$$

统计经验表明，一般情况下 $\ln Y$ 与 X 呈直线关系。回归该直线方程，所得直线斜率，即为前述诸方程中所需参数。同样由矿场生产数据，根据实际 I_L、f_w 值，直线回归 $\ln I_L$ 与 f_w，斜率亦为 d 值（例如，在大庆油田萨南地区，综合考虑前面两种方法所得结果，得到该地区 d 值为 1.8）。

2. $\left[-1 \big/ (\partial f_w / \partial S_w)^2 \right] \cdot \left[\mathrm{d}(\partial f_w / \partial S_w) / \mathrm{d}f_w \right]$ 的确定方法

对于该关系式的确立，本章根据统计规律，给出两种方法。

1）含水率与含水饱和度关系用二次多项式描述

由油水相对渗透率曲线，可以确定出数组 S_w、$f_w = 1/(1 + k_{ro}\mu_w / k_{rw}\mu_o)$，进行二次多项式曲线拟合 $f_w = a + bS_w + cS_w^2$，可求出系数 a、b、c。如以大庆油田萨南地区油水相对渗透率曲线为基础，通过上述拟合得到参数（表 3-4）。

表 3-4　大庆油田萨南地区含水率二次多项式模型系数

层位	a	b	c
萨尔图	1.3	10.403	−11.93
葡萄花	0.7	7.9464	−8.98
萨尔图+葡萄花	0.9751	8.388	−9.344

对于上述 f_w-S_w 公式，有

$$\frac{\partial f_w}{\partial S_w} = b + 2cS_w \qquad (3\text{-}97)$$

从而有

$$-\frac{1}{\left(\dfrac{\partial f_w}{\partial S_w}\right)^2} \frac{\mathrm{d}\left(\dfrac{\partial f_w}{\partial S_w}\right)}{\mathrm{d}f_w} = \frac{2c}{(b + 2cS_w)^3} \qquad (3\text{-}98)$$

由 f_w - S_w 公式求反函数 $S_w(f_w)$，在多解中取有意义的一解，有

$$S_w = \frac{-b + \sqrt{b^2 - 4c(a - f_w)}}{2c} \tag{3-99}$$

代入式 (3-98)，即可求出

$$-\frac{1}{\left(\frac{\partial f_w}{\partial S_w}\right)^2} \frac{d\left(\frac{\partial f_w}{\partial S_w}\right)}{d f_w} = \frac{-2c}{b^2 - 4c(a - f_w)^{\frac{3}{2}}} \tag{3-100}$$

2) 含水率与含水饱和度关系用生长曲线来描述

$$f_w = \frac{1}{1 + c_1 e^{-dS_w}} \tag{3-101}$$

对于油水相对渗透率曲线，求出数组 S_w、$f_w = 1/(1 + k_{ro}\mu_w / k_{rw}\mu_o)$，由式 (3-101)，有

$$\frac{1}{f_w} - 1 = c_1 e^{-dS_w} \tag{3-102}$$

两边取对数，有

$$\ln\left(\frac{1}{f_w} - 1\right) = \ln c_1 - dS_w \tag{3-103}$$

直线回归式 (3-103)，求出斜率与截距后，即可求出系数 c_1、d 值。同样以大庆油田萨南开发区为例，求出参数 (表 3-5)。

表 3-5　萨南开发区模型系数

层位	c_1	d
萨尔图	5.9	7.422
葡萄花	4.4	6.83
萨尔图+葡萄花	5.033	7.095

由式 (3-101) 有

$$\frac{\partial f_w}{\partial S_w} = \frac{c_1 d e^{-dS_w}}{(1 + c_1 e^{-dS_w})^2} \tag{3-104}$$

$$\dfrac{\mathrm{d}\dfrac{\partial f_{\mathrm{w}}}{\partial S_{\mathrm{w}}}}{\mathrm{d}S_{\mathrm{w}}} = c_1 d \left[\dfrac{(1+c_1\mathrm{e}^{-dS_{\mathrm{w}}})^2 c_1\mathrm{e}^{-dS_{\mathrm{w}}} \cdot (-d) - \mathrm{e}^{-dS_{\mathrm{w}}} \cdot 2(1+\mathrm{e}^{-dS_{\mathrm{w}}}) \cdot c_1\mathrm{e}^{-dS_{\mathrm{w}}} \cdot (-d)}{(1+c_1\mathrm{e}^{-dS_{\mathrm{w}}})^4} \right]$$

$$= \dfrac{c_1 d\mathrm{e}^{-dS_{\mathrm{w}}} \left[2c_1 d\mathrm{e}^{-dS_{\mathrm{w}}} - d(1+\mathrm{e}^{-dS_{\mathrm{w}}}) \right]}{(1+c_1\mathrm{e}^{-dS_{\mathrm{w}}})^3}$$

$$= \dfrac{c_1 d\mathrm{e}^{-dS_{\mathrm{w}}} (c_1 d\mathrm{e}^{-dS_{\mathrm{w}}} - d)}{(1+c_1\mathrm{e}^{-dS_{\mathrm{w}}})^3} \tag{3-105}$$

$$-\dfrac{1}{\left(\dfrac{\partial f_{\mathrm{w}}}{\partial S_{\mathrm{w}}}\right)^2} \dfrac{\mathrm{d}\left(\dfrac{\partial f_{\mathrm{w}}}{\partial S_{\mathrm{w}}}\right)}{\mathrm{d}f_{\mathrm{w}}} = \dfrac{(1+c_1 d\mathrm{e}^{-dS_{\mathrm{w}}})^3 (c_1 d\mathrm{e}^{-dS_{\mathrm{w}}} - d)}{c_1^2 d^2 \mathrm{e}^{-2dS_{\mathrm{w}}}} \tag{3-106}$$

求出反函数 $S_{\mathrm{w}}(f_{\mathrm{w}})$，并代入式（3-106），有

$$-\dfrac{1}{\left(\dfrac{\partial f_{\mathrm{w}}}{\partial S_{\mathrm{w}}}\right)^2} \dfrac{\mathrm{d}\left(\dfrac{\partial f_{\mathrm{w}}}{\partial S_{\mathrm{w}}}\right)}{\mathrm{d}f_{\mathrm{w}}} = \dfrac{1-2f_{\mathrm{w}}}{df_{\mathrm{w}}^2(1-f_{\mathrm{w}})^2} \tag{3-107}$$

3.3.4 微分方程含水初值估计

根据前述结论，可以得到各层段见水时间比例关系：

$$\dfrac{v_{\phi j}}{v_{\phi \text{base}}} = \dfrac{\left[\displaystyle\sum_{i=1}^{n_{\mathrm{w}}} \left(G_i I_{\mathrm{w}i} \cdot \dfrac{I_{\mathrm{L}}}{\displaystyle\sum_{i=1}^{n_{\mathrm{w}}}(G_i I_{\mathrm{w}i} + I_{\mathrm{L}})} \right) \right]_j}{\left[\displaystyle\sum_{i=1}^{n_{\mathrm{w}}} \left(G_i I_{\mathrm{w}i} \cdot \dfrac{I_{\mathrm{L}}}{\displaystyle\sum_{i=1}^{n_{\mathrm{w}}}(G_i I_{\mathrm{w}i} + I_{\mathrm{L}})} \right) \right]_{\text{base}}} \cdot \dfrac{t_j}{t_{\text{base}}} = T_j \cdot \dfrac{t_j}{t_{\text{base}}} \tag{3-108}$$

$$\frac{t_j}{t_{\text{base}}} = \frac{v_{\phi j}}{v_{\phi\text{base}} T_j} \tag{3-109}$$

式中，t_j 为第 j 层见水时间；n_{w} 为井数；t_{base} 为基准号的见水时间；$v_{\phi j}$ 为第 j 层的流速；$v_{\phi\text{base}}$ 为最大见水时间对应层号的基准号的流速。

利用式(3-109)，可选出最大见水时间所对应的层号作为基准号。同样根据前面研究成果，可以得到含水率较低情况下含水率之间的关系：

$$\frac{\partial f_{\text{w}}}{\partial S_{\text{w}}} = \frac{v_{\phi j}}{v_{\phi\text{base}} T_j} \frac{\partial f_{\text{wbase}}}{\partial S_{\text{w}}} \tag{3-110}$$

将 $\partial f_{\text{w}}/\partial S_{\text{w}}$ 表达式(3-97)代入式(3-110)(生长曲线表达式类似)，有

$$(b + 2cS_{\text{w}j}) = \frac{v_{\phi j}}{v_{\phi\text{base}} T_j}(b + 2cS_{\text{wbase}}) \tag{3-111}$$

用 f_{w} 表示 S_{w}，有

$$\sqrt{b^2 - 4c(a - f_{\text{w}j})} = \frac{v_{\phi j}}{v_{\phi\text{base}} T_j}\sqrt{b^2 - 4c(a - f_{\text{wbase}})} \tag{3-112}$$

由式(3-112)得出

$$f_{\text{w}j} = a + \frac{\left(\dfrac{v_{\phi j}}{v_{\phi\text{base}} T_j}\right)^2\left[b^2 - 4c(a - f_{\text{wbase}})\right] - b^2}{4c} \tag{3-113}$$

一般情况下，给定 f_{wbase} 一个值(如取 0)，由式(3-113)即可求出其他层段微分方程所需初始条件。统计与实践表明，在低含水率阶段，采液指数变化相对平缓，所以式(3-113)中参数 I_{L}、I_{w} 取常数即可。

3.3.5　分层含水判别步骤与应用实例

依据上述方法，笔者 20 世纪 90 年代末编制出计算机程序(Visual Basic)，并在大庆萨南开发区与找水结果进行了对比。

1. 判别步骤

(1)确定需要判别的油井。

(2)划分判别层段。

(3)确定周围连通水井,通过油层对比等方法逐步判别各层段连通情况。

(4)确定层段参数,形成数据输入文件。

(5)计算出分层段含水率与全井综合含水率数据表。如果数据表中的综合含水率初值超过全井计量综合含水率,则将数据表中0值含水层段确定下来,然后在数据输入文件中去掉该层段数据,重新建立数据输入,重复上述计算过程。

(6)在输出的含水率数据表中查出与实际计量含水率相对应层段的分层含水率,即为预测的对应层段的分层含水率。

2. 模型结果验证

1)验证井

为判定模型适应范围,在喇萨杏油田萨南开发区基础井、一次加密井、二次加密井中选出具有分层找水资料的井22口,其中基础井8口,一次加密井7口,二次加密井7口。考虑找水测试本身的误差较大,通过以小层对比为基础的精细地质研究,去掉一些明显不合理层段,对109个层进行判别验证。

2)验证精度

采用大庆油田常用的三级、四段的检验标准(含水率小于10%为未动用井,10%~40%为低动用井,40%~80%为中动用井,大于80%为高动用井)对22口井的109个层进行了检验,结果见表3-6。其中3口井的测试与判别结果符合率在75%以上,总体符合率达75.2%。应该强调的是,这里的符合率只是笔者建立的分层含水率判别方法与找水测试的符合率。由于找水测试也有较大误差,不符合的层数也不能充分判定该方法的不正确性。

表3-6　分层含水率判别模型验证结果

生产井类型	井数	层数	符合层数	不符合层数	符合率/%
基础井	8	30	21	9	70.0
一次加密井	7	43	33	10	76.7
二次加密井	7	36	28	8	77.8
合计/平均	22	109	82	27	75.2

3.3.6　小结

(1) 以精细地质研究为基础，根据渗流力学原理建立分层含水率判别模型是大庆喇萨杏油田高含水后期分层含水率判别的一种有效途径，与传统的找水测试相比大幅度节约监测费用，极大地拓展了适用范围。

(2) 与矿场实际找水资料相比，其总体符合率为 75.2%，与数值模拟相比，可以更加快速地对油田注水开发形势与开发矛盾和潜力形成认识，为制订科学合理的开发技术政策提供依据。

3.4　油井提捞试采动态预测模型及其在储量评价中的应用

大庆外围油田经过多年的评价开发，品质高、相对整装区块已陆续投入开发，剩余未动用地区及待探明地区获得重大发现的工业油流井区具有分布零散、距主体油田偏远、资料少、认识程度低等特点，按照传统的油藏评价与开发模式，即较大规模的开发地震—开发控制井—试油、试采(开发试验)—部署开发井的做法，势必导致评价与开发成本高、周期长、风险大，严重影响了对储量的认识与动用。因此，为加速这部分未动用储量开发，降低开发成本，加快外围油田上产步伐，必须突破适用于整装油田的传统做法，针对性地创新出一套勘探开发一体化的"单井滚动评价技术和开发"模式。

同抽油试采相比，提捞试采具有机动灵活、成本低、经济效益较好等特点，在单井动态评价技术中得到了广泛应用，试采井数大幅度增加。提捞试采过程中录取的资料主要有提捞液量、捞前捞后液面等。笔者依据这些资料，应用渗流力学原理对提捞过程中的油井动态规律及其影响因素进行了深入研究，建立了一套提捞过程中的油井动态预测模型和储量计算方法，从动态角度对储层进行评价，同时结合地质静态认识，达到了加快待探明地区产能建设步伐、促进已探明地区难采储量有效动用的目的。在此研究中，毛伟博士参与部分工作，在此表示感谢。

3.4.1　油井与油藏状态的常微分方程组

根据流动特征，将整个系统分为油藏子系统和井筒子系统(图 3-3)。

对于油藏子系统：仅考虑采出，没有注入(外围大多数油藏边底水不活跃，这一假设条件容易满足)，由物质平衡原理，得到地层压力变化方程：

$$\frac{\mathrm{d}p_{R}}{\mathrm{d}t} = -\frac{q_{f}(t)}{V\phi C_{t}} \qquad (3\text{-}114)$$

式中，p_{R} 为地层压力；V 为油藏表观体积；ϕ 为孔隙度；C_{t} 为综合压缩系数。

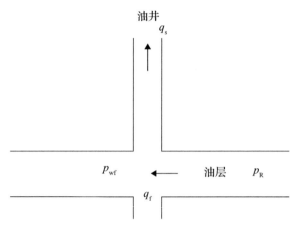

图 3-3 油藏子系统和井筒子系统示意图

根据采油指数 J 定义，有

$$q_{f}(t) = J(p_{R} - p_{wf}) \qquad (3\text{-}115)$$

式中，p_{wf} 为井底流压。

对于井筒子系统：井筒油量变化取决于油层流入和井口采出量之差。满足如下物质平衡方程：

$$\Delta Q = q_{f}\Delta t - q_{s}\Delta t \qquad (3\text{-}116)$$

式中，q_{f} 为井底产量；q_{s} 为井口产量。

又由于井筒油量变化可使流压发生变化：

$$\Delta p_{wf} = \frac{\gamma_{o}}{A}\Delta Q_{o} = \frac{\gamma_{o}}{A}(q_{f} - q_{s})\Delta t \qquad (3\text{-}117)$$

式中，γ_{o} 为原油重度。式(3-117)的微分形式为

$$\frac{\mathrm{d}p_{wf}}{\mathrm{d}t} = \frac{\gamma_{o}}{A}(q_{f} - q_{s}) \qquad (3\text{-}118)$$

联立式(3-114)～式(3-116)，可得到描述相互联系的油藏子系统和井筒子系统的常微分方程组：

$$\frac{\mathrm{d}p_{\mathrm{R}}}{\mathrm{d}t} = -\frac{J}{V\phi C_{\mathrm{t}}}(p_{\mathrm{R}} - p_{\mathrm{wf}}) \tag{3-119}$$

$$\frac{\mathrm{d}p_{\mathrm{wf}}}{\mathrm{d}t} = \frac{\gamma_{\mathrm{o}}}{A}\left[J(p_{\mathrm{R}} - p_{\mathrm{wf}}) - q_{\mathrm{s}}\right] \tag{3-120}$$

引进两个参数：

$$I_{\mathrm{R}} = \frac{1}{V\phi C_{\mathrm{t}}} \tag{3-121}$$

式中，I_{R} 为地层压力变化指数，其物理意义是采出单位体积液量后地层压力变化。

$$I_{\mathrm{w}} = \frac{\gamma_{\mathrm{o}}}{A} \tag{3-122}$$

式中，I_{w} 为油井压力变化指数，其物理意义是采出单位体积液量后油井压力变化。

解方程式(3-119)和式(3-120)，得到通解为

$$p_{\mathrm{R}} = C_1 + C_2 \mathrm{e}^{(I_{\mathrm{R}} - I_{\mathrm{w}})Jt} - (I_{\mathrm{R}} I_{\mathrm{w}} q_{\mathrm{s}})/[(I_{\mathrm{R}} - I_{\mathrm{w}})t] \tag{3-123}$$

$$p_{\mathrm{wf}} = p_{\mathrm{R}} - C_2\left(1 - \frac{I_{\mathrm{w}}}{I_{\mathrm{R}}}\right)\mathrm{e}^{(I_{\mathrm{R}} - I_{\mathrm{w}})Jt} - \frac{I_{\mathrm{w}} q_{\mathrm{s}}}{J(I_{\mathrm{R}} - I_{\mathrm{w}})} \tag{3-124}$$

式中，C_1、C_2 为任意常数。

初始条件为

$$p_{\mathrm{R}}\big|_{t=0} = p_{\mathrm{Ri}} \tag{3-125}$$

$$p_{\mathrm{wf}}\big|_{t=0} = p_{\mathrm{wfi}} \tag{3-126}$$

式(3-125)和式(3-126)中，p_{Ri} 为初始时刻的地层压力；p_{wfi} 为初始时刻的井底压力。将其代入式(3-123)、式(3-124)可得到

$$C_2 = \frac{p_{\mathrm{Ri}} - p_{\mathrm{wfi}} - \dfrac{I_{\mathrm{w}} q_{\mathrm{s}}}{(I_{\mathrm{R}} - I_{\mathrm{w}})J}}{1 - I_{\mathrm{R}}/I_{\mathrm{w}}} \tag{3-127}$$

$$C_1 = p_{\mathrm{Ri}} - C_2 \tag{3-128}$$

这样,式(3-127)和式(3-128)就描述了油井开井或关井过程中油层和油井的动态。

3.4.2 提捞井关井恢复期间油藏流入井筒产量变化解析公式

作为上述问题的一个特例,对关井期间地下产量进行深入研究,以便为制定合理提捞周期提供依据。

一个周期内的关井期间,地层压力变化相对稳定,影响油层产液量的主要因素就是井底流压变化,此时 $q_\mathrm{s}=0$,式(3-120)变为

$$\frac{\mathrm{d}p_\mathrm{wf}}{\mathrm{d}t} = I_\mathrm{w}J(p_\mathrm{R} - p_\mathrm{wf}) \tag{3-129}$$

对式(3-129)积分,有

$$\int_{p_\mathrm{wfi}}^{p_\mathrm{wf}} \frac{\mathrm{d}p_\mathrm{wf}}{p_\mathrm{R} - p_\mathrm{wf}} = I_\mathrm{w}Jt \tag{3-130}$$

进而有

$$\ln \frac{p_\mathrm{R} - p_\mathrm{wf0}}{p_\mathrm{R} - p_\mathrm{wf}} = I_\mathrm{w}Jt \tag{3-131}$$

由采油指数定义,可令

$$q_\mathrm{o} = J(p_\mathrm{R} - p_\mathrm{wf0}) \tag{3-132}$$

则有

$$q = q_\mathrm{o}\mathrm{e}^{-I_\mathrm{w}Jt} \tag{3-133}$$

可见,由于井底回压不断升高,油层进入井筒产量不断递减,且服从指数递减规律。上述关系不仅可用于提捞周期的确定,还可用于试井解释中的续流量计算。

另外,由式(3-133)可知,在直角坐标系中,绘制横坐标为 t ,纵坐标为 $\ln[(p_\mathrm{R} - p_\mathrm{wf0})/(p_\mathrm{R} - p_\mathrm{wf})]$ 的关系曲线,则可得一直线,由斜率 m 可得采油指数:

$$J = \frac{m}{I_\mathrm{w}} \tag{3-134}$$

3.4.3 储量计算方法及精度检验

利用式(3-123)和式(3-124)在计算机上可以实现试采过程中的油井动态拟合与预测，进而求出储量等参数。根据拟合目标变量的不同，可分为液面拟合法和提捞时间拟合法两种，主要步骤如下。

(1)给定油藏和流体基本参数：原始地层压力、有效厚度、孔隙度、含油饱和度、地层油体积系数、总压缩系数、油相密度、油层套管横截面积。

(2)输入油井提捞数据：提捞日期、提捞时数、捞前液面、捞后液面、捞液量(油、水)。

(3)以原始地层压力、第一次捞后液面作为初始值，将第一次捞后液面和第二次捞前液面折算成压力，利用式(3-134)计算采油指数。

(4)假设油层体积 V 值，利用式(3-127)和式(3-128)计算 C_2、C_1。

(5)将 C_2、C_1 代入式(3-123)计算 p_R，将计算结果代入式(3-124)计算第二次捞前液面。

(6)将计算出的 p_R 和第二次捞后液面作为初始值，再根据第二次捞后液面和第三次捞前液面利用式(3-134)计算采油指数和第三次捞前液面。

(7)以此类推，计算出最后一次捞前液面。对于给定的 V 值，如果每次计算出的捞前液面与实测捞前液面的误差较大，则说明给定的 V 值不合理，需重新赋值，然后再重复式(3-117)~式(3-120)中的步骤，如满足精度要求则进行下一步。

(8)计算单井控制储量 N 为

$$N = \frac{V\phi S_o \rho_o}{B_o} \tag{3-135}$$

式中，B_o 为体积系数；S_o 为含油饱和度；ρ_o 为原油密度。

为了验证上述方法的有效性，使用了抽油试采井的资料，均采用间歇试采的方式，试采过程中均录取了井底流压和采后压力恢复资料，可以进行物质平衡方法的储量计算，其计算公式为

$$N = \frac{N_p S_o \rho_o}{C_t(p_R - \overline{p})} \tag{3-136}$$

应用式(3-136)可以检验提捞资料分析方法储量计算结果的可靠性。

例：徐 23 井构造位置位于松辽盆地中央拗陷区三肇凹陷徐家围子向斜，

试采层位为葡 I_1 层，井段深度为 1616.4～1618.6m，射开厚度 2.2m，有效厚度 1.6m。原始地层压力 13.44MPa，孔隙度 18%，含油饱和度 55%，地层油体积系数 1.095，总压缩系数 $1.507\times10^{-3}MPa^{-1}$，油相密度 $0.87t/m^3$，采后地层压力 11.72MPa。油层套管横截面积 $0.0079m^2$。按 $3m^3$ 定产试采一个月，累积抽出油 $73.52m^3$，抽出水 $17.14m^3$，水为前期 6d 所产，后期全为纯油，平均日产油 $3.025m^3$。对每天的流压进行拟合，得到储量为 1.66 万 t，而利用物质平衡法计算得到的储量为 1.68 万 t，二者非常接近。同时计算了古 708 等 6 口井的储量，并进行了对比。两种方法的计算结果非常接近，平均相对误差为 6.9%，表明提捞试采资料分析方法是可靠的。

3.4.4 小结

（1）依据渗流力学原理建立了提捞采油时开关井过程中原油从油藏流向井筒和从井筒流向地面的常微分方程组，并给出了地层压力变化、流压和产液量变化的解析解。

（2）提捞井关井恢复期间地下产量变化服从指数递减规律，不仅可用于提捞周期的确定，还可用于试井解释中的续流量计算。

（3）通过实例计算了油藏储量，与物质平衡法计算结果非常接近，平均相对误差为 6.9%，表明本节提出的提捞资料分析方法是正确的，解决了试采过程中没有地层压力资料，运用传统的物质平衡法难以进行储量评价的问题，为油藏评价提供了一种重要手段。

3.5 油井见效时间和见水时间预测方法

注水是油田开发广泛使用的方法之一，水井注水后，地层压力增加效应自水井不断沿流线方向向油井传播。当沿速度最快、路径最短的主流线传播到油井后，油井开始受到注入水的影响，油井开始收效，这个时间就是所谓的见效时间。同样，注入水质点也不断沿流线流向油井。当沿主流线方向达到油井后，油井开始见水，这个时间即为见水时间。一般情况下，由于压力传播速度远远高于水质点运移速度，因此见效时间要远远早于见水时间。其中注水后引起油井附近压力场变化的效应有利于油井的生产，见效时间越早越好，而见水引起油井附近饱和度场变化不利于油井的生产，越晚越好。由此可见，见效时间和见水时间是描述注水效果的最重要的两个参数，是油田开发设计中的两个重要指标。笔者根据渗流力学原理，建立了计算这两个指標的理論公式。

3.5.1 见效时间计算公式

考虑主流线的主导作用，运用稳态依次替换的思想，可以建立一种测算油井见效时间的近似解析方法。根据一源一汇渗流场，可取以主流线为中心线的单元(图 3-4)。

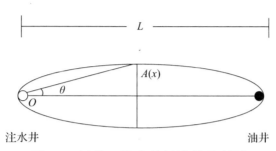

图 3-4　油井、注水井间流管示意图

在稳定渗流情况下，设注水井为原点建立坐标系，地层压力分布的微分方程为

$$\frac{\mathrm{d}}{\mathrm{d}x}\left[A(x)\frac{\mathrm{d}p(x)}{\mathrm{d}x}\right]=0 \tag{3-137}$$

式中，$A(x)$ 为 x 处的横截面积。

初始条件为

$$p(x)\big|_{x=0}=p_0, \quad p(x)\big|_{x=l}=p_1 \tag{3-138}$$

式中，l 为油水井距；p_0 注水井底压力；$p(x)$ 为 x 处地层压力；p_1 为生产井底压力。

求解式得

$$p(x)-p_0=(p_1-p_0)\frac{\displaystyle\int_0^x\frac{\mathrm{d}\tau}{A(\tau)}}{\displaystyle\int_0^l\frac{\mathrm{d}\tau}{A(\tau)}} \tag{3-139}$$

进而得

$$\frac{\mathrm{d}p(x)}{\mathrm{d}x}=\frac{p_1-p_0}{\displaystyle\int_0^l\frac{\mathrm{d}\tau}{A(\tau)}}\cdot\frac{1}{A(x)} \tag{3-140}$$

由此可求出流量为

$$q = -A(x)\frac{k}{\mu}\frac{\mathrm{d}p(x)}{\mathrm{d}x} \tag{3-141}$$

即

$$q = \frac{k}{\mu}\frac{p_1 - p_0}{\displaystyle\int_0^l \frac{\mathrm{d}\tau}{A(\tau)}} \tag{3-142}$$

于是有

$$p_0 - p_1 = \frac{\mu}{k}q\int_0^l \frac{\mathrm{d}\tau}{A(\tau)} \tag{3-143}$$

$$
\begin{aligned}
p(x) - p_1 &= (p_0 - p_1)\left[1 - \frac{\displaystyle\int_0^x \frac{\mathrm{d}\tau}{A(\tau)}}{\displaystyle\int_0^l \frac{\mathrm{d}\tau}{A(\tau)}}\right] \\
&= \frac{\mu}{k}q\left[\int_0^l \frac{\mathrm{d}\tau}{A(\tau)} - \int_0^x \frac{\mathrm{d}\tau}{A(\tau)}\right] \\
&= \frac{\mu}{k}q\int_x^l \frac{\mathrm{d}\tau}{A(\tau)}
\end{aligned}
\tag{3-144}
$$

而注水井注入流量的变化将会使波及范围内的压力发生变化,根据物质平衡原理和弹性驱动理论得

$$qt_1 = \int_0^l A(x)\phi C_t \left[p(x) - p_1\right]\mathrm{d}x \tag{3-145}$$

式中,t_1 为油井受效时间。

式(3-144)和式(3-145)相结合,得

$$qt_1 = \int_0^l \left[A(x)\phi C_t \frac{\mu}{k}q\int_x^l \frac{\mathrm{d}\tau}{A(\tau)}\right]\mathrm{d}x \tag{3-146}$$

由(3-146)式解出

$$t_1 = \frac{1}{\eta}\int_0^l \left[A(x)\int_x^l \frac{\mathrm{d}\tau}{A(\tau)}\right]\mathrm{d}x \tag{3-147}$$

式中，$\eta = k/(\phi\mu C_{\mathrm{t}})$，为油层导压系数，是描述油层导压速度的物理量。

由式(3-147)可见，油井见效时间与油层导压系数成反比，与流管横截面积与井距有着复杂的函数关系。

在几何上考虑井径的影响和 $A(x)$ 的分段表达式，则由式(3-147)得

$$t_l = \frac{1}{\eta}\left\{\int_{r_{\mathrm{w}}}^{\frac{l}{2}}\left[A(x)\int_x^{l-r_{\mathrm{w}}}\frac{\mathrm{d}\tau}{A(\tau)}\right]\mathrm{d}x + \int_{\frac{l}{2}}^{l-r_{\mathrm{w}}}\left[A(x)\int_x^{l-r_{\mathrm{w}}}\frac{\mathrm{d}\tau}{A(\tau)}\right]\mathrm{d}x\right\}$$

$$= \frac{1}{\eta}\left(\int_{r_{\mathrm{w}}}^{\frac{l}{2}}\left\{A(x)\left[\int_x^{\frac{l}{2}}\frac{\mathrm{d}\tau}{A(\tau)} + \int_{\frac{l}{2}}^{l-r_{\mathrm{w}}}\frac{\mathrm{d}\tau}{A(\tau)}\right]\right\}\mathrm{d}x + \int_{\frac{l}{2}}^{l-r_{\mathrm{w}}}\left[A(x)\int_x^{l-r_{\mathrm{w}}}\frac{\mathrm{d}\tau}{A(\tau)}\right]\mathrm{d}x\right) \quad (3\text{-}148)$$

由图 3-4 可知：

$$A(x) = 2hx\tan\theta, \quad x \leqslant \frac{l}{2} \quad (3\text{-}149)$$

$$A(x) = 2h(l-x)\tan\theta, \quad x > \frac{l}{2} \quad (3\text{-}150)$$

式中，h 为油层厚度；θ 为油水运移方向与主流线夹角。

将式(3-149)和式(3-150)代入式(3-148)并积分，整理后得

$$t_1 = \frac{1}{\eta}\left(\frac{l^2}{4} - r_{\mathrm{w}}^2\right)\ln\frac{l}{2r_{\mathrm{w}}} \quad (3\text{-}151)$$

由式(3-151)可见，见效时间与油层导压系数成反比，因此对未开发油层应用已开发油层动态数据通过类比井距相同可预测其注水见效时间：

$$t_{1_2} = \frac{\eta_1}{\eta_2}t_{1_1} \quad (3\text{-}152)$$

式中，下标1_2表示未开发油层动态数据；1_1表示已开发油层动态数据。

井距不同情况下，也可由式(3-152)计算。

3.5.2　油井见水时间计算公式

根据油水两相渗流的 Buckley-Leverett 方程，有

$$A(x)\phi\frac{\partial S_{\mathrm{w}}}{\partial t} + q_{\mathrm{t}\theta}\frac{\partial f_{\mathrm{w}}}{\partial t} = 0 \quad (3\text{-}153)$$

由式(3-153)可推出，含水饱和度为 S_w 时的渗流速度（v_{S_w}）为

$$v_{S_w} = \frac{dx}{dt} = -\frac{\partial S_w/\partial t}{\partial S_w/\partial x} = q_{t\theta}\frac{\partial f_w/\partial S_w}{A(x)\phi} \tag{3-154}$$

式中，$q_{t\theta}$ 为油水两相总流量；$\partial f_w/\partial S_w$ 是 S_w 的函数，由油水相对渗透率曲线求出。代入式(3-149)和式(3-150)，求解式(3-154)可得到水驱前缘水质点达到油井时间 t_θ 为

$$t_\theta = \frac{\dfrac{l^2}{4}h\tan\theta}{\dfrac{q_{t\theta}\dfrac{\partial f_w}{\partial S_w}\Big|_{S_w=S_{wf}}}{\phi}} \tag{3-155}$$

式中，S_{wf} 为水驱前缘含水饱和度，仍由油水相对渗透率曲线做出的分流量曲线求出。

假设水井注水量为 q_t，则图 3-2 中所示流管的水量为

$$q_{t\theta} = q_t\frac{\theta}{\pi} \tag{3-156}$$

代入式(3-155)，并令 $\theta \to 0$，可得油井见水时间 t_m 为

$$t_m = \lim_{\theta \to 0}t_\theta = \frac{\pi\phi l^2 h}{4q_t\dfrac{\partial f_w}{\partial S_w}\Big|_{S_w=S_{wf}}} \tag{3-157}$$

式(3-157)表明，t_m 与 q_t 成反比，与 l^2 成正比。

对于油层物理性质、油水性质比较接近的油田，$\partial f_w/\partial S_w\big|_{S_w=S_{wf}}$ 相近，可以利用类比的方法求出见水时间：

$$t_{mp} = \frac{l_p^2 h_p q_{te}}{l_e^2 h_e q_{tp}}t_{me} \tag{3-158}$$

式中，l_p 为未开发油田油水井井距；l_e 为已开发油田油水井井距；h_p 为未开发油田油层厚度；h_e 为已开发油田油层厚度；q_{te} 为已开发油田单井注水量；q_{tp} 为未开发油田单井注水量；t_{me} 为已开发油田的见水时间。

3.5.3 计算实例

根据上述理论方法，以大庆外围宋芳屯油田为例，取渗透率 $k=50\times10^{-3}\mu m^2$，孔隙度 $\phi=0.20$，黏度 $\mu=8mPa\cdot s$，地层压缩系数 $C_t=3\times10^{-5}MPa^{-1}$，井距 $l=250m$，运用式(3-158)计算出沿主流线油井见效时间为 124d，与油田开发实际动态相吻合。

同样以大庆外围宋芳屯油田相对渗透率曲线为基础，求出 $\partial f_w/\partial S_w\big|_{S_w=S_{wf}}$ 为 2.25，油层厚度 $h=4m$，孔隙度 $\phi=0.15$，井距 $l=300m$，注水量为 $50m^3/d$，利用式(3-158)计算见水时间为 376.8d，与油田开发注水后实际见水时间 $1\sim1.5$ 年相吻合。

从理论公式计算结果与油田开发实际动态资料对比可看出，注水见效时间和见水时间理论公式预测结果基本符合油田开发实际动态变化特征。

3.5.4 数值模拟方法预测见水时间存在的局限性

目前数值模拟方法是油藏工程使用最广泛的预测方法，但理论实践与数值模拟计算表明，由于主要使用差分法，网格的大小对见水时间的预测具有一定的影响。因此，利用数值模拟方法计算见水时间不但麻烦，而且离散误差和舍入误差的影响较难克服。同时，从物理过程上看，油井所在网格一旦见水，即为从各方向流向油井，这也是与实际存在误差的一个原因。

表 3-7 是一个数值模拟计算实例：井距 300m，有效厚度 2m。可以看出，由于网格步长的变化，将会引起预测见水时间的较大变化。

表 3-7 网格步长设置与见水时间关系对比

参数	X方向步长/m				
	30	15	10	7.5	5
网格数	11	21	31	41	61
见水时间/月	5	6	6	7	9

3.5.5 小结

(1)注水见效时间与见水时间是描述注水开发效果最重要的两个指标。但目前还没有十分成熟的预测方法，油藏数值模拟方法由于存在截断误差和数值弥散作用，有其不可避免的局限性。笔者基于渗流力学理论建立的方法是一种有益的尝试。

（2）笔者给出的计算方法主要考虑压力沿注水线传播和水质点沿主流线流向油井，突出主要因素，虽然简单易行，但没有考虑地层非均质性。

（3）为提高注水见效时间与见水时间预测精度，在实际预测中应当结合理论、数值模拟和矿场实际数据进行综合预测。

3.6 油井脱气后产量计算

脱气条件下油井产量变化规律研究及其预测是油田开发中的重点研究课题之一，其中已完成并具有代表性的工作有 Vogel 在 1968 年建立的无因次 IPR 曲线[25]，Patton 在 1980 年所给出的广义 IPR 曲线[26]。但这些曲线主要适用于溶解气驱油藏（在整个范围内脱气）的产量预测，而且公式中的参数是结合美国油田实际统计计算给出的。为此，笔者根据渗流力学原理，针对绝大多数油田在油井转抽后，只是在井底附近局部脱气，而在远离油井的较大区域内尚未脱气的条件，建立了一套新的油井产量及脱气半径计算公式，并给出了两者之间的关系。

3.6.1 理论计算公式的推导

以脱气半径，即油井到油层中的游离气消失处为界，将油井泄流区划分为两个流动区域（图 3-5）。

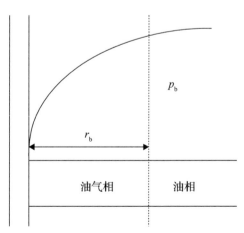

图 3-5 油井泄流区的两个流动区域

根据油气两相渗流理论，脱气区压力分布遵循下列方程式：

$$\int_{p_{\mathrm{f}}}^{p}\frac{k_{\mathrm{ro}}}{B_{\mathrm{o}}\mu_{\mathrm{o}}}\mathrm{d}p = \frac{\ln\dfrac{r}{r_{\mathrm{w}}}\displaystyle\int_{p_{\mathrm{f}}}^{p_{\mathrm{b}}}\frac{k_{\mathrm{ro}}}{B_{\mathrm{o}}\mu_{\mathrm{o}}}\mathrm{d}p}{\ln\dfrac{r_{\mathrm{b}}}{r_{\mathrm{w}}}} \tag{3-159}$$

未脱气区内遵循 Dupuit 公式：

$$p = p_{\mathrm{b}} + \frac{(p_{\mathrm{e}}-p_{\mathrm{b}})\ln\dfrac{r}{r_{\mathrm{b}}}}{\ln\dfrac{r_{\mathrm{e}}}{r_{\mathrm{b}}}} \tag{3-160}$$

式(3-159)和式(3-160)中，r_{e} 为油泄流区半径；r_{w} 为井径；r_{b} 为脱气半径；p_{e} 为边缘压力；p_{f} 为流体压力；p_{b} 为泡点压力。

在两区分界点 r_{b} 处，满足流量守恒条件，即两个区在 r_{b} 处 $\partial p/\partial r$ 相等。运用该条件，由式(3-159)和式(3-160)可求出

$$\ln r_{\mathrm{b}} = \frac{\displaystyle\int_{p_{\mathrm{f}}}^{p}\frac{k_{\mathrm{ro}}}{B_{\mathrm{o}}\mu_{\mathrm{o}}}\mathrm{d}p\,\ln r_{\mathrm{e}} + (p_{\mathrm{e}}-p_{\mathrm{b}})\frac{k_{\mathrm{ro}}}{B_{\mathrm{o}}\mu_{\mathrm{o}}}p_{\mathrm{b}}\ln r_{\mathrm{w}}}{\displaystyle\int_{p_{\mathrm{f}}}^{p}\frac{k_{\mathrm{ro}}}{B_{\mathrm{o}}\mu_{\mathrm{o}}}\mathrm{d}p + (p_{\mathrm{e}}-p_{\mathrm{b}})\frac{k_{\mathrm{ro}}}{B_{\mathrm{o}}\mu_{\mathrm{o}}}p_{\mathrm{b}}} \tag{3-161}$$

根据广义达西公式，可以得到油井产量表达式为

$$q_{\mathrm{o}} = \frac{2\pi k h k_{\mathrm{ro}} r}{B_{\mathrm{o}}\mu_{\mathrm{o}}}\frac{\mathrm{d}p}{\mathrm{d}r}\bigg|_{r=r_{\mathrm{w}}} = \frac{2\pi k h\displaystyle\int_{p_{\mathrm{f}}}^{p_{\mathrm{b}}}\frac{k_{\mathrm{ro}}}{B_{\mathrm{o}}\mu_{\mathrm{o}}}\mathrm{d}p}{\ln\dfrac{r_{\mathrm{b}}}{r_{\mathrm{w}}}} \tag{3-162}$$

将式(3-161)代入式(3-162)得

$$q_{\mathrm{o}} = \frac{2\pi k h\displaystyle\int_{p_{\mathrm{f}}}^{p_{\mathrm{b}}}\frac{k_{\mathrm{ro}}}{B_{\mathrm{o}}\mu_{\mathrm{o}}}\mathrm{d}p + (p_{\mathrm{e}}-p_{\mathrm{b}})\frac{k_{\mathrm{ro}}}{B_{\mathrm{o}}\mu_{\mathrm{o}}}p_{\mathrm{b}}}{\ln\dfrac{r_{\mathrm{e}}}{r_{\mathrm{w}}}} \tag{3-163}$$

大庆油田油气相对渗透率曲线和高压物性统计研究及有关文献均表明，式(3-163)中 $k_{\mathrm{ro}}/(B_{\mathrm{o}}\mu_{\mathrm{o}})$ 可表示为

$$\frac{k_{ro}}{B_o \mu_o} = a + bp \tag{3-164}$$

将其代入式(3-163)得

$$q_o = \frac{2\pi kh}{\left[(a + bp_b)(p_e - p_f) - \dfrac{b}{2}(p_b - p_f)^2 \right] \ln \dfrac{r_e}{r_w}} \tag{3-165}$$

当流压等于 p_b 时的产油量为

$$q_{ob} = \frac{2\pi kh}{(a + bp_b)(p_e - p_b) \ln \dfrac{r_e}{r_w}} \tag{3-166}$$

将式(3-165)和式(3-166)相比,有

$$\frac{q_o}{q_{ob}} = \frac{p_e - p_f}{p_e - p_b} - \frac{\dfrac{b}{2}(p_b - p_f)^2}{(a + bp_b)(p_e - p_b)} \tag{3-167}$$

令 $c = b \big/ \big[2(a + bp_b) \big]$,为油气相渗曲线和高压物性相关的常数,则

$$\frac{q_o}{q_{ob}} = \frac{p_e - p_f}{p_e - p_b} - \frac{c(p_b - p_f)^2}{p_e - p_b} \tag{3-168}$$

由 Muskat 采油指数定义[17],有

$$q_{ob} = J_b(p_e - p_b) \tag{3-169}$$

式中,当 $p > p_b$ 时,J_b 为常数,可以认为是仅有油相时的采油指数。

将式(3-169)代入式(3-168),得到更为实用的产油量计算公式:

$$q_o = J_b \left[(p_e - p_b) - c(p_b - p_f)^2 \right] \tag{3-170}$$

在 $p_f > p_b$ 情形下,$c = 0$,式(3-170)即为单相油产量计算公式。

一般情况下,由于 $p_e \approx p_R$,则式(3-170)可写为

$$q_o = J_b \left[(p_R - p_f) - c(p_b - p_f)^2 \right] \tag{3-171}$$

同理,将式(3-164)代入式(3-161)可以得到更实用的脱气半径计算公式:

$$\ln r_{\mathrm{b}} = \frac{\left[(p_{\mathrm{b}} - p_{\mathrm{f}}) - c(p_{\mathrm{b}} - p_{\mathrm{f}})^2\right]\ln r_{\mathrm{e}} + (p_{\mathrm{e}} - p_{\mathrm{b}})\ln r_{\mathrm{w}}}{\left[(p_{\mathrm{b}} - p_{\mathrm{f}}) - c(p_{\mathrm{b}} - p_{\mathrm{f}})^2\right] + (p_{\mathrm{e}} - p_{\mathrm{b}})} \tag{3-172}$$

引入无因次产量 $q_{\mathrm{D}} = q_{\mathrm{o}}/q_{\mathrm{ob}}$；无因次井径 $r_{\mathrm{wD}} = r_{\mathrm{w}}/r_{\mathrm{e}}$；无因次脱气半径 $r_{\mathrm{bD}} = r_{\mathrm{b}}/r_{\mathrm{e}}$。则由式 (3-170) 和式 (3-172) 不难推出无因次脱气半径和产量的关系式为

$$r_{\mathrm{bD}} = r_{\mathrm{wD}}^{\frac{1}{q_{\mathrm{D}}}} \tag{3-173}$$

运用大庆喇萨杏油田油气相对渗透率曲线、高压物性曲线和生产气油比数据，计算出各开发区块 c 值，并算出给定流压和边缘压力下的脱气半径，见表 3-8。

表 3-8　脱气半径计算结果

地区	a	b	c	p_{b}/MPa	p_{f}/MPa	r_{b}/m
喇嘛甸	2.411×10^{-2}	4.369×10^{-3}	3.129×10^{-2}	10.46	5.50	34.60
萨北	2.027×10^{-2}	2.843×10^{-3}	3.010×10^{-2}	9.00	4.78	9.02
萨中	2.130×10^{-2}	5.010×10^{-3}	3.714×10^{-2}	9.21	5.65	8.11
萨南	2.885×10^{-2}	4.291×10^{-3}	3.180×10^{-2}	9.00	4.10	11.27
杏树岗	4.032×10^{-2}	7.802×10^{-3}	3.868×10^{-2}	7.76	4.55	2.71

3.6.2　修正的含水条件下产量计算经验公式

预测开发过程中的产量变化规律还应该考虑含水率变化对产液量、产油量及其与脱气情况之间关系的影响。由于大多数水驱油过程可用黑油模型描述，即认为水相与油气相没有质量传递，基于这种假设，求含水率变化的影响只需对式 (3-171) 系数进行某种经验修正即可。以相对渗透率曲线为基础的渗流计算和对油田矿场生产数据分析表明，对于大庆喇萨杏油田可用式 (3-174) 和式 (3-175) 计算开发过程中的产油量 q_{o} 和产液量 q_{L}：

$$q_{\mathrm{o}} = J_{\mathrm{b}}\mathrm{e}^{df_{\mathrm{w}}}\left[(p_{\mathrm{R}} - p_{\mathrm{f}}) - (c + nf_{\mathrm{w}})(p_{\mathrm{b}} - p_{\mathrm{f}})^2\right](1 - f_{\mathrm{w}}) \tag{3-174}$$

$$q_{\mathrm{L}} = J_{\mathrm{b}}\mathrm{e}^{df_{\mathrm{w}}}\left[(p_{\mathrm{R}} - p_{\mathrm{f}}) - (c + nf_{\mathrm{w}})(p_{\mathrm{b}} - p_{\mathrm{f}})^2\right] \tag{3-175}$$

式中，d、n 均为与油层、流体性质有关的参数，可由试凑法等方法，在计算

· 149 ·

机上对生产历史拟合得到。

3.6.3 应用举例

1. 油井调参换泵设计

运用式(3-171)和根据转抽或换泵前确定的流压 p_{f1}、产液量 q_L 和其他参数，对 12 口井在相同含水和层压力情况下的产液量进行了预测，并与转抽(换泵)后的实际结果进行对比，结果见表 3-9。

表 3-9 转抽后预测产量与实际产量对比

井号	p_R/MPa	p_b/MPa	p_{f1}/MPa	p_{f2}/MPa	q_L/(m³/d)	q_2 实际/(m³/d)	预测/(m³/d)	相对误差/%
南 7-1-24	10.25	11.01	8.62	7.24	107.8	168.9	162.5	−3.79
南 1-5-J31	9.19	8.10	7.59	5.54	122.8	272.0	264.9	−2.61
北 4-8-69	14.00	11.00	10.69	7.22	121.9	223.0	232.5	4.26
北 4-9-65	13.24	11.00	10.60	8.60	151.5	245.6	255.8	4.15
喇 4-163	11.30	10.70	10.44	9.90	88.7	224.2	219.7	−2.01
喇 5-183	9.87	10.70	8.39	6.86	96.4	184.0	186.5	1.36
喇 8-201	11.33	10.80	6.73	6.31	385.4	413.0	414.0	0.24
萨 6-2-25	10.70	7.60	5.02	4.55	217.0	232.0	232.2	0.09
萨 2-6-36	9.36	8.50	5.50	5.06	393.0	431.0	431.2	0.05
北 3-4-J2	12.40	11.00	10.18	6.35	35.0	81.0	85.2	5.19
杏 2-5-15	11.45	7.80	9.43	7.17	68.0	135.0	143.6	6.37

2. 用于开发规划指标预测的基本公式

考虑含水率影响的式(3-174)和式(3-175)，给出了油田产量随流压变化的关系式，可以作为长远规划开发指标预测模型中的基本公式之一。限于篇幅，具体问题这里不再叙述。

3.6.4 小结

(1)在油田高含水期、机械采油条件下，当油井流压较低时，在油井附近存在较严重的脱气现象，流饱压差对脱气圈的大小具有较大的影响。

(2)本书建立的模型可以预测油井产量的变化规律，与 Vogel 方程相比物理意义更加明确。

3.7 油公司采收率演变趋势理论分析

依据构造特征、储层特征、原油物性及地面条件等因素，中国石化将已投入开发的油藏概括为整装油藏、断块油藏、低渗致密油藏、稠油油藏、缝洞型碳酸盐岩油藏和海上油藏 6 种类型。不同的油藏类型决定了不同的开发方式，具有不同的开发效果。目前的开发方式以水驱、热采、化学驱、天然能量和注 N_2 为主，CO_2 驱和微生物驱处于现场试验和小规模应用阶段。在投产顺序上一般表现为先易后难，即油藏地质条件与地面条件简单，认识比较清楚，储量规模较大的整装油藏、简单断块油藏投产时间较早(这类油藏一般发现也较早)，低渗致密油藏、缝洞型碳酸盐岩油藏投产时间相对较晚。这种多种油藏类型并存、多种开发方式并存、不同的开发阶段并存状态下标定出来的采收率就是整体采收率。油田储量构成具有动态性和结构性，整体采收率随储量增长的内在关系就是一个总量与增量、存量的关系，呈一定的规律性变化。笔者对此进行了研究，并通过对不同类型油藏采收率状况及主控因素的分析，提出了进一步提高采收率技术思路及攻关方向。中国石化石油勘探开发研究院的王友启、张莉参加了部分工作，在此表示感谢。

3.7.1 基于储量结构变化的整体采收率演变数学模型

逐次投入的储量品质不同，采收率不同，对整体采收率产生重大影响。一般情况下，早期投入储量油藏条件好，采收率较高，中晚期投入的储量采收率较低，对整体采收率产生负面影响。因此，整体采收率可视为投入储量的函数。

设已开发储量 N 对应的整体采收率为 $R(N)$，新投储量为 ΔN，新投储量采收率为 $r_F(N)$，则总的可采储量的增量等于新投区块可采储量，有

$$\frac{\mathrm{d}\left[N \cdot R(N)\right]}{\mathrm{d}N} \cdot \Delta N = r_F(N) \cdot \Delta N \tag{3-176}$$

进而有

$$\frac{\mathrm{d}R(N)}{\mathrm{d}N} + \frac{R(N)}{N} = \frac{r_F(N)}{N} \tag{3-177}$$

上述常微分方程描述了整体采收率随地质储量和新投储量采收率的变化关系。

再设新储量投入前的储量 N_0，对应的整体采收率 R_0 为初始条件，求解式(3-177)，有

$$R(N) = \frac{N_0}{N} R_0 + \frac{1}{N} \int_{N_0}^{N} r_F(x) \mathrm{d}x \tag{3-178}$$

根据积分中值定理，有

$$R(N) = \frac{N_0}{N} R_0 + \frac{1}{N} (N - N_0) R_\alpha \tag{3-179}$$

式中，R_α 为新投入开发储量 $(N - N_0)$ 对应的平均采收率。

由式(3-179)可以看出，整体采收率 $R(N)$ 是投入储量采收率按照储量比例为权重的加权平均值。

一般情况下，新投入储量采收率具有逐渐变低的趋势，依此可考查整体采收率随储量的变化率。对式(3-179)求导，有

$$\begin{aligned}
\frac{\mathrm{d}R(N)}{\mathrm{d}N} &= \frac{N_0 R_0}{N^2} + \frac{R(N)}{N} - \frac{1}{N^2} \int_{N_0}^{N} r_F(x) \mathrm{d}x \\
&= \frac{1}{N} \left[R(N) - \frac{N_0 R_0}{N} - \frac{1}{N} (N - N_0) R_\alpha \right] \\
&= \frac{1}{N} \left[R(N) - R_\alpha - \frac{N_0 (R_0 - R_\alpha)}{N} \right] < 0
\end{aligned} \tag{3-180}$$

因此，随着品质较差储量的投入，整体采收率被拉低是一个共性问题。

老区已开发储量提高采收率是增加可采储量、提高整体采收率的又一重要方面。在上述模型中，将实施采收率区块储量视为新投入储量，提高采收率值视为新投入储量采收率，但总的地质储量不变，则有

$$R(N) = \frac{N_0}{N} R_0 + \frac{1}{N} \int_{N_0}^{N} r_F(x) \mathrm{d}x + \frac{1}{N} \int_{N_0}^{N_1} R_f(x) \mathrm{d}x \tag{3-181}$$

式中，N_1 为提高采收率覆盖储量；$R_f(x)$ 为采收率增加值。

3.7.2 不同油藏类型储量投入开发后采收率变化趋势分析

笔者运用前述数学模型，定量剖析了中国石化 2011 年后新投入储量与整体采收率的演变趋势。

1. 不同类型油藏采收率特征分析

1）整装油藏

整装油藏地质条件较好，井网比较完善，以注水开发方式为主。通过井网加密、注采系统调整、层系细分重组及换层、调剖堵水等多种工艺措施改善水驱效果，采收率达到 42.6%。但这类油藏主体部分早已投入开发，对油公司整体采收率的存量贡献较大，近年来动用储量比例较低，整体采收率增量贡献较小。

整装油藏也是化学驱提高采收率的主要对象。胜利油田在温度 65～80℃、地层水矿化度 10000～30000mg/L、原油黏度 40～150mPa·s 的油藏采用常规注水井网未进行大规模井网加密情况下，实施小段塞聚合物驱提高采收率 6%～12%OOIP[①]，平均 7.6%；低浓度表面活性剂二元复合驱提高采收率 7%～18%OOIP，平均 9.3%。已实施化学驱油藏储量占比为 7.5%。

2）断块油藏

断块油藏，尤其是复杂断块油藏，断层发育，油层发育纵向跨度大，呈现多套油水系统，油水分布复杂，小层对比难度大，低序级断层识别难度大，油水层识别难度大，注采系统完善程度差，部分极复杂小断块无法实现注水，只能利用天然能量。这类油藏采用滚动勘探开发模式，水驱标定采收率为 28.3%。简单断块油藏也开展了化学驱提高采收率技术，采收率一般提高 4%～10%（OOIP）。

3）低渗致密油藏

低渗致密油藏储层孔隙度和渗透率低，储层流体可动性差，流体流动难度大，普遍存在"注不进、采不出"的矛盾，有效驱动体系难以建立，单井产量低，注水量低。这类油藏孔喉比较大（50 以上），贾敏现象突出，残余油饱和度高，标定采收率 21.7%。该类油藏是进一步勘探发现和投入开发的主要油藏类型。

4）稠油油藏

中国石化以胜利油田和河南油田为代表的稠油热采油藏，蒸汽吞吐开采方式为主，标定采收率为 20.2%。油藏埋藏深（900～1600m）、油层厚度薄、储层非均质性强、具有活跃边底水、转驱压力高等条件制约，蒸汽驱储量规

---

① OOIP 为油藏原始地质储量。

模小，仅占 3.4%。针对特超稠油，添加降黏剂、驱油剂、泡沫剂、CO_2、N_2等，探索形成了 HDCS（水平井、降黏剂与 CO_2 辅助蒸汽）、HDNS（水平井、降黏剂与 N_2 辅助蒸汽）技术，但储量占比仅为 1.5%。

5) 缝洞型碳酸盐岩油藏

缝洞型碳酸盐岩油藏主要分布在塔里木盆地的塔河油田，储集空间主要为大型溶洞和裂缝，非均质性极其严重，埋藏深度超过 5300m。开采方式主要为天然能量、注水和注 N_2（以吞吐为主，井组驱替为辅），标定采收率为 15.5%。采收率较低的主要影响因素：一是塔河油田碳酸盐岩油藏属于超深、超高温高压复杂储集体，储集体分布不连续，具有极强非均质性且存在多种流动状态，描述与表征的难度很大；二是注水注气驱油机理认识和优化设计难度大，提高采收率幅度相对较小，仅为 2%～3%。

6) 海上油藏

中国石化海上油藏主要分布在埕岛油田和新北油田，虽然油藏条件和陆上馆陶组油藏相似，但由于海工条件限制，陆地油田提高采收率措施实施难度大。埕岛油田主体油层馆陶组经过天然能量开发、合注合采开发和细分层系开发，整体处在低注水倍数、高含水初期阶段，平均采收率 25.8%。

总之，中国石化已投入开发的油藏中，采收率较高的高品位储量占比较低，例如采收率 42.6%的整装油藏，截至 2018 年累积动用储量仅占总储量的 19.1%，并且呈逐年降低之势。而采收率较低的低渗致密油藏、稠油油藏、缝洞型碳酸盐岩油藏等低品位累积动用储量占比达到 43.2%（表 3-10），却呈逐年增加态势。

表 3-10　中国石化 2018 年度储量构成与标定采收率

油藏类型	动用储量占比/%	标定采收率/%
整装	19.1	42.6
断块	33.2	28.3
低渗致密	21.0	21.7
稠油	9.1	20.2
缝洞型碳酸盐岩	13.1	15.5
海上	4.5	25.8
合计/平均	100	25.7

2. 2011 年以来整体采收率演变趋势

2011 年以来采收率变化可以划分为三个阶段：2012～2013 年，新投入储量中低品位储量占比达到 80%以上（图 3-6），采收率只有 11%左右，拉低了整体采收率，2012 年和 2013 年的整体采收率分别为 26.7%和 26.5%，见图 3-7。2014～2017 年，新投入储量规模缩小，储量占比不到 1.0%，对整体采收率的影响变小，整体采收率稳定在 26.5%～26.8%。2018 年之后，低渗透致密油藏、稠油油藏等低品位储量投入比例加大到 70%左右，整体采收率降低至 25.7%。

图 3-6　新投入储量占比及标定采收率变化趋势

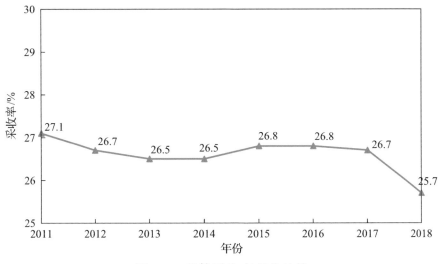

图 3-7　整体采收率变化趋势

尽管老区针对不同类型油藏采用了层系重组、井网完善、堵水调剖、化学驱、热采等多种调整措施提高采收率，但由于覆盖储量比例较低，仅为4.5%～19.1%，年平均提高采收率仅为0.04%～0.23%，如图3-8所示。

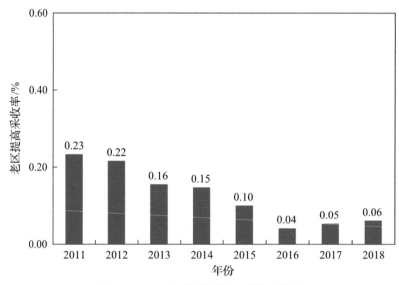

图 3-8　老区年平均提高采收率统计

总之，中国石化 2011～2018 年投入低采收率、低品位储量对整体采收率拉低起到主导作用，虽然在老区提高采收率方面做了大量工作，但覆盖储量规模小，在稳定整体采收率变化趋势上还没有起到根本性作用。

3.7.3　提高整体采收率技术及潜力方向

勘探发现优质储量难度越来越大，大幅度提高已开发区块的采收率成为油田持续发展的重大举措。前述公式表明，依靠提高石油采收率（EOR）技术提升油区整体采收率，主要体现在不同油藏类型采收率提升值和覆盖储量比例两个方面。据此，笔者认为提高整体采收率的主要技术思路是：立足水驱，完善热采，拓展化学驱，加大注气和微生物采油力度，探索变革性 EOR 新技术。

1. 改善水驱技术

理论研究与实践表明，较高的原油黏度决定了大量可采储量在特高含水阶段采出。水驱储量占比高达 65.9%，若水驱采收率提高 2 个百分点，可使整体采收率提高 1.3 个百分点，相当于新发现亿吨级大油田，因此改善水驱技术对整体采收率贡献潜力很大。针对普遍进入特高含水开发阶段的老油田，精细油藏描述要进一步向细化与量化方向发展，大力开展基于流动单元的三维地质建模研究，精细刻画储层内部非均质性。开发调整深入到流动单元，利用储层非均质性控制含水率上升成为进一步提高水驱采收率的重要方面。推行油藏—井筒—地面管网一体化数值模拟技术，地下-地面整体优化调整成为实现整体效果最大化，经济可采储量最大化成为一个重要途径。

2. 完善稠油开采技术

已实施蒸汽吞吐油藏，深化热连通半径认识，提高热采区加密的效果和应用规模。可转蒸气驱油藏，完善和推广热+化学方法，提高蒸汽驱技术经济效果和应用范围。水驱稠油油藏，积极转变开采方式，深入评价转热采条件、时机与潜力，扩大试验和应用规模。对难以转蒸汽驱的多轮次蒸汽吞吐油藏，探索转化学复合驱技术，通过乳化降黏等机理实现有效驱替。

3. 拓展化学驱技术

化学驱储量占比 6.1%，如覆盖储量规模提高 1 倍，可使整体采收率提高 1 个百分点。针对正注化学驱区块，推广加大用量、分层注聚、全过程调剖和完善注采系统等方法，进一步改善化学驱效果。针对海上油田重点攻关海上平台母液配制、产出水密闭配注、一泵多井、大规模混配工艺、防砂方式、分注、举升等海工工艺技术，加快推动化学驱技术试验与工业化应用。针对高温高盐油藏，加强驱油机理与驱油新体系攻关：一是加抗盐单体新型功能超高分子；二是突破高钙镁油藏必须加大聚合物浓度和分子量的传统做法，利用钙镁离子，使部分钙镁离子形成微晶，悬浮在驱油体系中，降低钙镁离子对聚合物溶液黏度的不利影响，从而提高驱油体系的黏度。针对聚驱后油藏，进一步研究聚合物后剩余油分布特征与赋存状态，加大非均相化学复合驱推广力度，并在应用中不断完善。

4. 推进气驱技术

塔河缝洞型碳酸盐岩油藏，纵向跨度大，通过注 N_2 实现重力驱油，以吞吐方式为主。应进一步研究井与储集体配置关系，预测次生 N_2 顶形成时间与用量，进一步完善 N_2 辅助重力驱技术(GAGD)技术，扩大应用规模和增大采收率提升幅度。

CO_2 驱具有较好的驱油效果已被大量研究与现场试验所证实，以 CO_2-EOR 为核心的碳捕集、利用与封存(CCUS)成为政府和工业界关注问题。我国 CO_2 驱技术仍处于试验研究和小规模推广阶段，主要受以下三个方面因素的制约：一是气源受限，价格昂贵；二是储层非均质性更强，裂缝时常发育，气窜严重；三是原油黏度大，重组分含量高，混相程度低。CO_2 提高采收率低于10%，但其注入能力是注水的 $3\sim5$ 倍，有必要进一步扩大 CO_2 驱应用规模，通过应用不断完善 CO_2 捕集、运输、封存和提高采收率技术。

考虑到气源的廉价与广泛性，应积极探索减氧空气驱的可行性。

5. 发展微生物采油技术

微生物采油（MEOR）具有多种驱油机理、低成本和绿色环保等优势，是提高采收率的一个重要方向，在胜利油田中高温（$60\sim85℃$）油藏提高采收率5%左右。应该进一步扩大试验与应用规模，进一步应用多学科集成化手段完善菌种和营养液体系优化、油藏微生物作用过程控制和产出物检测方法。

6. 探索提高采收率新技术

在完善现有成熟技术适应新领域的同时，需要不断发展新技术、新理论。针对常规驱油剂的局限性，探索新型的经济、高效、耐温、抗盐的驱油剂和驱油体系，攻关提高采收率接替技术和储备技术。①低渗油藏溶膨法提高采收率技术。低渗透油藏储量占比大，但聚合物注入能力差，表面活性剂吸附强，损失大，化学驱技术经济效果差。如果能找到油溶性较强且弹性能量大的廉价环保溶剂，可以避免上述问题，成为低渗透油藏提高采收率新技术。②高含水油藏滞留气控水技术。如果在高含水油藏形成滞留气，可以大幅度降低水相渗透率，起到化学驱难以适应的高温高盐等油藏控水挖潜作用。③纳米+表面活性剂技术，通过纳米材料的特殊功能，实现新的驱油机理，是提高采收率的一个重要方向。

3.7.4 小结

（1）不同类型油藏的地质储量比例与采收率决定了油田或油区的整体采收率，并可由本章建立的数学模型定量表征。随着开发的不断深入，投入的储量品质逐渐变差，虽然已开发区块做了大量提高采收率工作，但覆盖储量比例较低，整体采收率仍呈下降趋势。

（2）在新发现储量逐渐变差情况下，提高老区采收率成为油公司增加可采储量的极其重要举措。水驱储量比例最大，仍是提高整体采收率的主要领域，同时大力推进化学驱、稠油热采和注气等技术的规模化应用，探索针对性的提高采收率的新的变革性技术。

第4章 渗流力学若干问题研究与认识

渗流力学是油田开发的科学基础之一，是油藏工程研究的重要工具。同时，渗流力学的发展与完善也受到解决油田开发问题的重大驱动，两者相辅相成。因此，笔者多年来开展的油藏工程方面的研究工作大部分都涉及渗流力学。本章主要列举了笔者对渗流力学的部分研究成果与认识，涵盖了低渗透油藏渗流物理特征、古典的径向渗流理论的"老问题新认识"、特低渗透储层非达西径向渗流、聚合物溶液渗流和CO_2非混相驱前缘驱替方程等方面。

4.1 低渗透油藏渗流物理特征的几点新认识

储层润湿性、毛细管压力曲线和相对渗透率是渗流物理和渗流力学研究的重点内容，是油田开发设计和提高采收率研究的基础。而低渗-特低渗透储层由于比表面积更大，孔喉比更大，岩石与流体相互作用更加突出，因此其渗流物理特征一直得到油田开发界的高度重视。本章从新的视野和系统的角度出发，以润湿角、油水界面张力和孔隙结构特征为基础，建立了毛细管压力曲线、相对渗透率曲线、驱油效率和流动能力之间的关联关系和计算方法，加深了对低渗-特低渗透油藏渗流物理理论新认识。东北石油大学宋考平教授、赵宇博士完成了相关实验工作，特此表示谢意。

4.1.1 润湿角计算方法

油藏工程计算中使用的润湿性特性基本上都是通过润湿角(θ)的余弦($\cos\theta$)来定量表征，但由于矿物分布的混杂性，大多数储层都是混合润湿的，难以测定润湿角，因此低渗透储层润湿性的测定方法主要为 Amott 改进自吸法(简称 Amott 法)和 USBM(United States Bureau of Mines, 美国矿业局)毛细管压力曲线法(简称 USBM 法)。但这些方法测定的结果与润湿角是什么关系，怎样在油藏工程分析中应用，目前还没有见到深入的相关研究。笔者认为，润湿角表征润湿性具有明确的物理意义，便于分析与应用，有必要通过由 Amott 改进自吸法和 USBM 毛细管压力曲线法测定的结果计算出来(值得注意的是，这里得到的是等效润湿角或视润湿角)。

室内实验测定润湿性使用的是低渗透贝雷岩心，因其润湿性均为强水湿，所以需要改变其润湿性。本次研究采用的是不同浓度的油溶性十六烷基胺与中性煤油配制成的溶液，把润湿性为强亲水的贝雷岩心分别改变成了弱亲水、中性和弱亲油，十六烷基胺的价格与表面活性剂差不多，可作为强水湿油田改良润湿性的药剂，使用接触角法与 Amott 法测量所得数据见表 4-1。

表 4-1　十六烷基胺改变润湿性后实测润湿角与润湿指数

岩心编号	渗透率/$10^{-3}\mu m^2$	原始润湿角/(°)	十六烷基胺与中性煤油溶液浓度/%	改性润湿角/(°)	水湿指数(I_w)	油湿指数(I_o)	Amott 法润湿指数(I_A)
1	27.6	39.49	0	39.49	0.676471	0	0.676471
2	20.7	37.30	0.40	70.80	0.531915	0.161290	0.370625
3	23.5	34.69	0.80	93.10	0.106557	0.123711	–0.017150
4	29.5	33.70	1.60	110.10	0	0.382353	–0.382350
5	37.8	35.69	2.40	113.54	—	—	—
6	42.6	31.67	3.00	113.07	—	—	—

1. Amott 改进自吸法结果转换润湿角余弦

Amott 改进自吸法表征润湿性的指标为 Amott 法润湿指数 I_A，取值范围介于 –1～1，–1 为强油湿，1 为强水湿，0 值为中等润湿。因此，可以很容易与润湿角余弦建立如下关系，见图 4-1。

$$\cos\theta = I_A \tag{4-1}$$

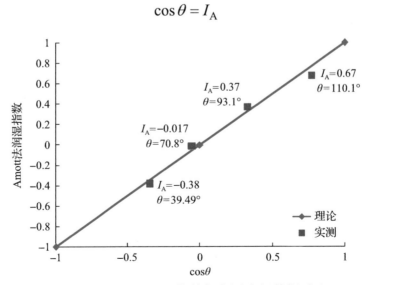

图 4-1　Amott 法润湿指数与实测表征数据对比

2. USBM 离心机毛细管压力曲线法测定的结果转换润湿角余弦

USBM 离心机毛细管压力曲线法测定的润湿性称为 USBM 法润湿指数 W。计算公式为

$$W = \lg \frac{A_{od}}{A_{ow}} \tag{4-2}$$

W 取值范围为 $-\infty \sim +\infty$，其值越大表明水湿性越强，越小表明油湿性越强，为 0 时表明为中等润湿性。

根据 W 与润湿性的上述特点，可以给出其与润视角余弦转换关系：

$$\cos\theta = \frac{2}{\pi}\arctan(cW) \tag{4-3}$$

式中，c 为修正系数。

运用岩心实测结果进行拟合（表 4-2），确定出 $c=3$ 时整体拟合效果最好，中性与亲水方向的拟合效果要好于亲油方向（图 4-2），可以有选择地使用式 (4-3) 来表征 USBM 法润湿指数与 $\cos\theta$ 的关系。

表 4-2　不同润湿性岩心 Amott 法与 USBM 法润湿指数

岩心编号	水湿指数 I_w	油湿指数 I_o	Amott 法润湿指数 I_A	USBM 法润湿指数 W
1	0.728	0.008	0.720	0.710
2	0.802	0.020	0.782	0.678
3	0.792	0.008	0.784	0.770
4	0.676	0.021	0.655	0.478
5	0.759	0.074	0.685	0.554
6	0.660	0.071	0.589	0.663
7	0.724	0.038	0.686	0.512
8	0.622	0.056	0.566	0.642
9	0.570	0.105	0.465	0.519
10	0.440	0.138	0.302	0.456
11	0.980	0.004	0.976	1.020
12	0.991	0.006	0.985	0.876
13	0.286	0.031	0.255	0.239
14	0.017	0.421	−0.404	−0.105

续表

岩心编号	水湿指数 I_w	油湿指数 I_o	Amott 法润湿指数 I_A	USBM 法润湿指数 W
15	0.380	0.425	−0.045	−0.017
16	0.008	0.599	−0.591	−0.190
17	0.001	0.260	−0.259	0.042

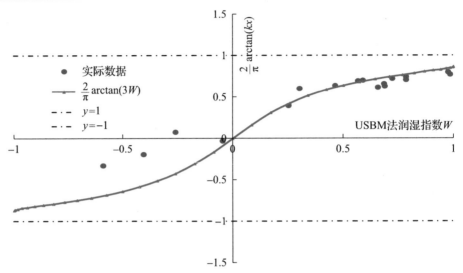

图 4-2　USBM 理论表征方法与实测表征数据对比

4.1.2　毛细管压力计算方法

毛细管压力 p_c 可以表征为界面张力 σ 与 $\cos\theta$ 的函数：

$$p_\mathrm{c} = \left(\frac{\phi}{k}\right)\sigma\cos\theta \cdot J(S_\mathrm{w}) \tag{4-4}$$

一般情况下，空气与汞(或油与水)的界面张力是已知的，由测定的压汞曲线反求 $J(S_\mathrm{w})$，该值反映孔隙结构特征，在开采过程中，被认为是不可控的参数。如果注入水中添加表面活性剂，通过改变 σ 与 $\cos\theta$，进而改变毛细管压力曲线。

4.1.3　低渗透储层毛细管数的导出与实验确定

传统的毛细管数 $\mu v/\sigma$ (其中，μ 为黏度，v 为流动速度，σ 为界面张力)是评价 EOR 的关键性指标。大量分析研究表明，低渗透储层残余油饱和度远远高于中高渗透储层的残余油饱和度，因而驱油效率较低，其根本原因是低渗透储层具有较高的孔喉比和更大的贾敏效应。

孔喉中的残余油滴如图 4-3 所示。如果使残留在大孔隙中的油滴启动，施加的最小驱油动力要与贾敏效应毛细管阻力平衡，有

$$\frac{\Delta p}{l}=\frac{2\sigma\cos\theta}{l}\left(\frac{1}{r}-\frac{1}{R}\right) \tag{4-5}$$

式中，σ 为界面张力；R、r 分别为孔径、喉道半径。

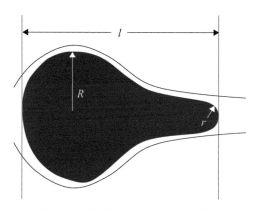

图 4-3　孔喉中残余油滴示意图

式(4-5)两边同时乘以水相渗透率 $kk_{rw}(S_{or})$，有

$$N_c=\frac{v_w\mu_w}{\sigma}=\frac{kk_{rw}(S_{or})\Delta p}{\sigma l}=\frac{2kk_{rw}(S_{or})\cos\theta}{l}\left(\frac{1}{r}-\frac{1}{R}\right) \tag{4-6}$$

式中，v_w 为水相流速；μ_w 为水相黏度；k 为绝对渗透率；k_{rw} 为水相相对渗透率。令孔喉比：

$$m=\frac{R}{r} \tag{4-7}$$

整理式(4-6)，得到

$$N_{cc}=\frac{v_w\mu_w}{\sigma\cos\theta}\cdot\frac{R^2}{k(m-1)}=\frac{2k_{rw}(S_{or})}{1/R} \tag{4-8}$$

式中，N_{cc} 为修正毛细管数，是一个考虑了孔喉比的无因次数。显然，式中 $k_{rw}(S_{or})$ 是残余油饱和度 S_{or} 的单调减函数，而残余油滴尺寸比 $1/R$ 为 S_{or} 的单调增函数，因此式(4-8)右端为 S_{or} 的单调减函数。因此若要获得较高的驱油效率，降低 S_{or}，就需要较高的修正毛细管数。值得注意的是，当通过注入化

学剂改变界面张力的同时，润湿角也会改变，即 σ 与 $\cos\theta$ 是相互影响的两个参数。

分别利用天然岩心与贝雷岩心驱替实验确定出不同类型储层的 N_{cc} 与 S_{or} 进行回归，得到

$$S_{or} = \ln\left[\frac{v_w\mu_w}{\sigma\cos\theta}\cdot\frac{R^2}{k(m-1)}\right]^{-0.02} + 0.08 \tag{4-9}$$

低渗透储层毛细管数表达式表明，由于驱替速度受到井距和渗透率等因素影响，采收率提高幅度有限。驱替液黏度受到注入能力的影响，也难以得到较大幅度提高。所以进一步提高采收率主要途径是降低界面张力 σ 和改变润湿角 θ，并且随着渗透率降低，孔喉比增大，难度也随之加大。

4.1.4 相对渗透率曲线计算

传统的应用毛细管压力曲线计算相对渗透率曲线方法（如 Purcell[27]、Burdine[28]等），消掉了界面张力与润湿角，而在 EOR 过程中，这两个因素对相对渗透率的影响是不能忽略的。因此，运用岩心测定的毛细管数曲线，S_{or} 是 σ 与 $\cos\theta$ 的函数（图 4-4），并可由下列公式计算：

$$\begin{cases} k_{ro}(S_w,\sigma,\cos\theta) = \alpha_1\left(\dfrac{1-S_w-S_{wi}}{1-S_{or}-S_{wi}}\right)^m \\[3mm] k_{rw}(S_w,\sigma,\cos\theta) = \alpha_2\left(\dfrac{S_w-S_{wi}}{1-S_{or}-S_{wi}}\right)^n \end{cases} \tag{4-10}$$

式中，S_{wi} 为束缚水饱和度，α_1、α_2、m、n 均为相关系数。

通过天然岩心稳态法测定油水相渗曲线，可确定出上述相渗解析表达式 (4-10) 中的 α_1、α_2、m、n 四个相关系数的值。本章以实测一组天然岩心数据计算得到的解析表达式见式 (4-11)：

$$\begin{cases} k_{ro}(S_w,\sigma,\cos\theta) = \left(\dfrac{1-S_w-S_{wi}}{1-S_{or}-S_{wi}}\right)^{2.41} \\[3mm] k_{rw}(S_w,\sigma,\cos\theta) = 0.2658\times\left(\dfrac{S_w-S_{wi}}{1-S_{or}-S_{wi}}\right)^{1.69} \end{cases} \tag{4-11}$$

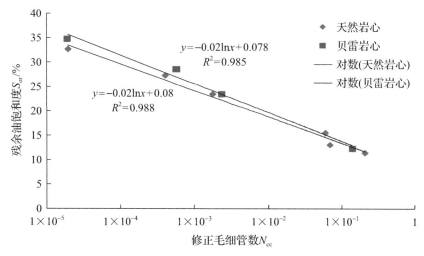

图 4-4 岩心驱油实验实测采收率与修正毛细管数关系曲线

求取化学驱相渗时，通过计算使用不同化学剂时的修正毛细管数，利用 N_{cc} 与 S_{or} 图版来确定最终的残余油饱和度 S_{or} 的值，将这个值代入到该天然岩心的相渗曲线解析表达式中，得到了不同界面张力、润湿性条件下化学驱的相渗曲线，如图 4-5 所示。

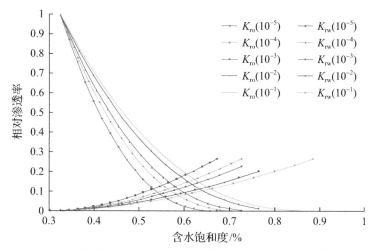

图 4-5 不同界面张力、润湿性条件下化学驱的相渗曲线
括号内的数据为修正毛细管数的值

4.1.5 驱油效率计算

1. 极限驱油效率

极限驱油效率 E_r 为残余油饱和度下的驱油效率。给定不同的 σ、$\cos\theta$、孔喉比 m 等参数，由修正的毛细管数曲线确定出 S_{or}，由式(4-12)计算得到

$$E_r = \frac{1 - S_{wi} - S_{or}(\sigma, \theta)}{1 - S_{wi}} \tag{4-12}$$

2. 含水极限下的驱油效率

考虑到经济性，油田达到一定的含水率界限（常取 98%）后将要停产废弃，此时驱油效率由以下方法计算。

通过求出的在一定 σ、$\cos\theta$、m 等条件下的油水相对渗透率，由分流方程：

$$f_w = \frac{1}{1 + \dfrac{k_{ro}(\sigma, \theta)\mu_w}{k_{rw}(\sigma, \theta)\mu_o}} \tag{4-13}$$

在给定极限含水率（如 98%）条件下，反求出含水饱和度 S_w，进而由式（4-14）求出相应驱油效率 E_{rr}：

$$E_{rr} = \frac{S_w - S_{wi}}{1 - S_{wi}} \tag{4-14}$$

4.1.6 相对注入能力计算

利用化学剂等改变相对渗透率曲线和驱油效率的同时，也改变了驱替液注入能力。对于低渗透油藏化学驱，驱替液注入能力评价是一个非常重要的方面，可以运用式（4-15）计算注入能力相对变化倍数：

$$J = \frac{\dfrac{k_{ro}(\sigma, \theta)}{\mu_o} + \dfrac{k_{rw}(\sigma, \theta)}{\mu_w}}{\dfrac{k_{ro}}{\mu_o} + \dfrac{k_{rw}}{\mu_w}} \tag{4-15}$$

4.1.7 小结

（1）润湿角是表征润湿性的最直观指标，便于油藏工程分析和 EOR 研究的应用，由 Amott 改进自吸法和 USBM 毛细管压力曲线法测定的结果可以由本节给定的方法转换成润湿角余弦。

（2）孔喉比是影响低渗透储层相对渗透率和驱油效率的关键参数。应该对传统的毛细管数进行修正，修正的毛细管数与残余油饱和度的关系图版可由实验室岩心驱替确定。

（3）毛细管压力曲线、相对渗透率曲线、驱油效率及注入水加入化学剂后注入能力变化倍数等参数均为 $\cos\theta$、σ 的函数，可以通过控制这些参数进行优化。

4.2　径向渗流方面几个问题的再认识

4.2.1　径向渗流的一些根本性问题

自达西定律建立起来，渗流力学在从稳定渗流到非稳定渗流、从单相到多相、从水动力学渗流到物理化学渗流等诸多方面得到长足发展，已经成为认识油藏特征和开发机理，进行开发指标预测和开发方案优化设计的基础性学科。仔细分析发现，经典渗流力学的一些根本性问题仍然有较大的研究与加深认识的空间，笔者仅列举以下几个方面。

1. 压力分布规律

一般情况下描述生产井的非稳定流压公式为（达西单位制）

$$p_\mathrm{f} = p_\mathrm{i} - \frac{q\mu}{4\pi kh} \int_{\frac{r^2}{4\chi t}}^{\infty} \frac{\mathrm{e}^{-u}}{u} \mathrm{d}u \qquad (4\text{-}16)$$

式中，p_i 为原始地层压力；p_f 为生产井流压；χ 为导压系数。

式（4-16）表明，只要给定一个时间，在距离井任意位置处都存在一个压力降，压力传播速度趋于无穷大。这与实际物理理解不符，偏离人们的经验认识。其原因主要是式（4-16）是在无穷远处压力差为零的假设和抛物型偏微分方程特点所决定的，同时式（4-16）在计算注水压力传播过程中也没有考虑油水性质差异。

2. 探测半径

探测半径 r 的计算目前有四种方法。一是利用式（4-16）对时间求二阶导数定义探测半径。二是采用脉冲方法，即脉冲响应达到最大值的位置就是探测半径。以上两者具有相同的表达式：

$$r = 2\sqrt{\chi t} \qquad (4\text{-}17)$$

三是按照某处流量占井筒流量的比值来定义探测半径[按此定义，式(4-17)计算的探测半径处流量占井筒流量的63%]。四是给定一个压力差，由式(4-16)反求不同时间下的对应位置。以上几种定义给探测半径的计算造成了一定程度的混乱。

3. 水驱油前缘运动规律

特定含水饱和度运动前缘一般由 Buckley-Leverett 方程给出，但该方程没有考虑弹性和压力传播非稳定过程的影响。

4. 油井关井后井储与续流问题

井筒与油藏是一个统一整体，关井后井筒存储、续流和压力恢复同时发生。因此在试井模型中，考虑到纯井储效应，在双对数诊断曲线上初始段为斜率为1的直线段在理论上难以存在，同时续流量变化规律也有待认识。

针对上述经典的渗流力学问题，笔者开展研究并取得一些新认识。聂俊、何应付参与了本项研究工作，特此感谢。

4.2.2　注水过程中油水两相渗流数学模型

对于油田开发过程中地层压力传播规律的研究，现有的研究大多是基于单相渗流理论开展的，即使是研究两相渗流问题，也大都假定饱和度是均匀分布的，但是对于实际的油水两相渗流过程，饱和度并不是均匀分布的，这样就使计算结果存在一定的误差。基于此，笔者考虑了油水性质的差异以及系统弹性对两相不稳态渗流过程的影响。

1. 两区复合基本数学模型

假设圆形均质等厚无限大油藏中有一口注水井，随着不断注入，压力波及前缘与水驱前缘不断推进，此时，可以以油水前缘位置为分界线将油层划分两区为油水两相区和单相区(图 4-6)。假定注水井半径为 r_w，注入水前缘半径为 r_f，前缘处压力为 p_f，探测半径(压力传播半径)为 r_m，探测半径处的压力为原始地层压力 p_i。上述过程可以通过前缘驱替方程(Buckley-Leverett 方程)、稳态渗流压力模型和物质平衡原理耦合，利用逐次稳态替换法进行求解。

1)稳态渗流压力模型

在利用稳态逐次替换方法时，认为每一个瞬间的状态都是稳定的，那么 t 时刻的地层压力分布方程为

$$\frac{1}{r}\frac{\mathrm{d}}{\mathrm{d}r}\left(r\lambda_{\mathrm{t}}\frac{\mathrm{d}p}{\mathrm{d}r}\right)=0 \tag{4-18}$$

式中，p 为压力；r 为半径；λ_{t} 为总流度，$\lambda_{\mathrm{t}}=\lambda_{\mathrm{o}}+\lambda_{\mathrm{w}}=k_{\mathrm{ro}}/(\mu_{\mathrm{o}}+k_{\mathrm{rw}}/\mu_{\mathrm{w}})$。

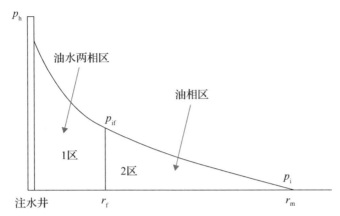

图 4-6　注水径向流压力分布示意图

水驱前缘处流量衔接条件（同时满足压力衔接条件）：

$$\lambda_{\mathrm{t}}\frac{\partial p_1(r)}{\partial r}\bigg|_{r=r_{\mathrm{f}}}=\frac{1}{\mu}\frac{\partial p_2(r)}{\partial r}\bigg|_{r=r_{\mathrm{f}}} \tag{4-19}$$

式中，r_{f} 为驱替前缘半径；μ 为流体黏度。

2）径向 Buckley-Leverett 方程

对于两相渗流问题，含水饱和度分布满足 Buckley-Leverett 方程：

$$\pi h\phi(r_{\mathrm{f}}^2-r_{\mathrm{w}}^2)=\frac{\mathrm{d}f_{\mathrm{w}}}{\mathrm{d}S_{\mathrm{w}}}\int_0^t q\mathrm{d}t \tag{4-20}$$

式中，h 为油层厚度；ϕ 为孔隙度；f_{w} 为含水率；S_{w} 为含水饱和度；t 为时间；q 为产量；r_{w} 为井径。

通过求解 Buckley-Leverett 方程，即可得到一定注入量下，水驱前缘饱和度、驱替前缘半径 r_{f} 的位置及两相区的含水饱和度分布。

3）弹性物质平衡方程

由累积注水量引起了压力传播区域内压力的升高，利用物质平衡关系式可以表示为

$$Q_{\mathrm{t}}=\int_0^t q\mathrm{d}t=\int_{r_{\mathrm{w}}}^{r_{\mathrm{f}}}2\pi rh C_{\mathrm{t1}}\phi[p_1(r)-p_{\mathrm{i}}]\mathrm{d}r+\int_{r_{\mathrm{f}}}^{r_{\mathrm{m}}}2\pi rh C_{\mathrm{t2}}\phi[p_2(r)-p_{\mathrm{i}}]\mathrm{d}r \tag{4-21}$$

式中，r_m 为压力波及前缘半径；C_t 为综合压缩系数。

2. 定注水量模型

求解定注水量条件下的稳态渗流方程，得到两相区压力分布为

$$p_1(r) = p_{rf} - \frac{q}{2\pi kh}\left[\int_{r_w}^{r}\frac{1}{x\lambda_t(x)}dx - \int_{r_w}^{r_f}\frac{1}{x\lambda_t(x)}dx\right] \tag{4-22}$$

式中，p_{rf} 为注入水前缘压力。

单相区的压力分布为

$$p_2(r) = p_i + \frac{q\mu_o}{2\pi kh}\ln\frac{r_m}{r} \tag{4-23}$$

式中，k 为渗透率；p_i 为原始地层压力。

进而有

$$p_{rf} = p_i + \frac{q\mu_o}{2\pi kh}\ln\frac{r_m}{r_f} \tag{4-24}$$

代入式(4-22)，有

$$p_1(r) = p_i + \frac{q\mu_o}{2\pi kh}\ln\frac{r_m}{r_f} - \frac{q}{2\pi kh}\left[\int_{r_w}^{r}\frac{1}{x\lambda_t(x)}dx - \int_{r_w}^{r_f}\frac{1}{x\lambda_t(x)}dx\right] \tag{4-25}$$

将压力分布表达式(4-23)和式(4-25)代入物质平衡方程式(4-21)，得

$$q_t = \int_{r_w}^{r_f} rC_{t1}\phi\frac{q}{k}\left[\mu_o\ln\frac{r_m}{r_e} + \int_{r_w}^{r}\frac{1}{x\lambda_t(x)}dx - \int_{r_w}^{r_f}\frac{1}{x\lambda_t(x)}dx\right]dr + C_{t2}\phi\frac{q}{k}\mu_o\int_{r_e}^{r_m}r\ln\frac{r_m}{r}dr \tag{4-26}$$

化简后可得

$$\frac{2kt}{\phi} + 2\left\{\int_{r_w}^{r_f}rC_{t1}\left[\int_{r_w}^{r}\frac{1}{x\lambda_t(x)}dx\right]dr - \int_{r_w}^{r_f}rC_{t1}\left[\int_{r_w}^{r}\frac{1}{x\lambda_t(x)}dx\right]dr + C_{t2}\mu_o\frac{r_f^2}{4}\right\}$$

$$= \ln\left(\frac{r_m}{r}\right)^2\left(\mu_o\int_{r_w}^{r_f}rC_{t1}dr - C_{t2}\mu_o\frac{r_f^2}{2}\right) + \frac{r_m}{r_f}C_{t2}\mu_o\frac{r_f^2}{2} \tag{4-27}$$

对上述方程进行求解即可得到探测半径随时间的变化关系，进而求出水驱前缘压力 p_{rf}，其中水驱前缘半径由式(4-20)求出。

3. 定流压模型

通过求解定流压条件下的两相区稳态渗流方程，可以得到两相区压力分布为

$$p_1(r) = p_h + \frac{\int_{r_w}^{r} \frac{1}{x\lambda_t(x)}dx}{\int_{r_w}^{r_f} \frac{1}{x\lambda_t(x)}dx}(p_{rf} - p_h), \quad r_w < r < r_f \tag{4-28}$$

式中，p_h 为注水井流压。单相区压力分布为

$$p_2(r) = p_i - \frac{p_i - p_{rf}}{\ln\frac{r_m}{r_f}}\ln\frac{r_m}{r}, \quad r_f < r < r_m \tag{4-29}$$

以 r_f 界面处的压力和流量相等作为衔接条件，可以得到驱替前缘处的压力为

$$p_{rf} = \frac{p_i\lambda_o(r_f)\int_{r_w}^{r_f}\frac{1}{x\lambda_t(x)}dx + p_h\ln\frac{r_m}{r_f}}{\lambda_o(r_f)\int_{r_w}^{r_e}\frac{1}{x\lambda_t(x)}dx + \ln\frac{r_m}{r_f}} \tag{4-30}$$

将式(4-30)代入压力分布方程式(4-28)和式(4-29)，得

$$p_1(r) = p_h + \frac{\int_{r_w}^{r_f}\frac{1}{x\lambda_t(x)}dx + p_h\ln\frac{r_m}{r_f}}{\int_{r_w}^{r_e}\frac{1}{x\lambda_t(x)}dx + \frac{1}{\lambda_t(r_f)}\ln\frac{r_m}{r_f}}(p_i - p_h) \tag{4-31}$$

$$p_2(r) = p_i - \frac{p_i - p_h}{\lambda_o(r_e)\int_{r_w}^{r_e}\frac{1}{x\lambda_t(x)}dx + \ln\frac{r_m}{r_f}}\ln\frac{r_m}{r} \tag{4-32}$$

对于定注水流压条件下，注水井的瞬时注入量为

$$q = -2\pi kh\lambda_{\mathrm{w}}\left(r\frac{\partial p_1}{\partial r}\right)_{r_{\mathrm{w}}} = 2\pi kh\frac{\lambda_{\mathrm{w}}(r_{\mathrm{w}})}{\lambda_{\mathrm{t}}(r_{\mathrm{w}})}\frac{p_{\mathrm{h}}-p_{\mathrm{rf}}}{\int_{r_{\mathrm{w}}}^{r_{\mathrm{f}}}\frac{1}{x\lambda_{\mathrm{t}}(x)}\mathrm{d}x}$$

$$= 2\pi kh\frac{\lambda_{\mathrm{w}}(r_{\mathrm{w}})}{\lambda_{\mathrm{t}}(r_{\mathrm{w}})}\frac{\lambda_{\mathrm{o}}(r_{\mathrm{f}})}{\lambda_{\mathrm{t}}(r_{\mathrm{f}})\int_{r_{\mathrm{w}}}^{r_{\mathrm{f}}}\frac{1}{x\lambda_{\mathrm{t}}(x)}\mathrm{d}x+\ln\dfrac{r_{\mathrm{m}}}{r_{\mathrm{f}}}}$$

$$(4\text{-}33)$$

根据累积注入量的定义，可得

$$Q_{\mathrm{t}} = \int_0^t 2\pi kh\frac{\lambda_{\mathrm{w}}(r_{\mathrm{w}})}{\lambda_{\mathrm{t}}(r_{\mathrm{w}})}\frac{p_{\mathrm{h}}-p_{\mathrm{rf}}}{\int_{r_{\mathrm{w}}}^{r_{\mathrm{f}}}\frac{1}{x\lambda_{\mathrm{t}}(x)}\mathrm{d}x}\mathrm{d}t \tag{4-34}$$

将压力方程式(4-31)和式(4-32)代入物质平衡方程式(4-21)，得

$$\frac{Q_{\mathrm{t}}}{2\pi h\phi(p_{\mathrm{h}}-p_{r_{\mathrm{f}}})} = \int_{r_{\mathrm{w}}}^{r_{\mathrm{e}}} rC_{\mathrm{t1}}\left[\frac{\int_{r_{\mathrm{w}}}^{r}\frac{1}{x\lambda_{\mathrm{t}}(x)}\mathrm{d}x}{\int_{r_{\mathrm{w}}}^{r_{\mathrm{f}}}\frac{1}{x\lambda_{\mathrm{t}}(x)}\mathrm{d}x+\frac{1}{\lambda_{\mathrm{o}}(r_{\mathrm{f}})}\ln\frac{r_{\mathrm{m}}}{r_{\mathrm{f}}}}-1\right]\mathrm{d}r$$

$$-\int_{r_{\mathrm{f}}}^{r_{\mathrm{m}}}C_{\mathrm{t2}}\frac{r}{\lambda_{\mathrm{o}}(r_{\mathrm{f}})\int_{r_{\mathrm{w}}}^{r_{\mathrm{f}}}\frac{1}{x\lambda_{\mathrm{t}}(x)}\mathrm{d}x+\ln\dfrac{r_{\mathrm{m}}}{r_{\mathrm{f}}}}\ln\frac{r_{\mathrm{m}}}{r}\mathrm{d}r$$

$$(4\text{-}35)$$

联合求解式(4-34)、式(4-35)，结合径向 Buckley-Leverett 方程，得到不同时刻的驱替前缘半径r_{f}和压力传播半径r_{m}，进而求出压力分布和含水饱和度分布。

4.2.3　注水过程中的几个特征分析

1. 两个前缘运动规律

压力前缘运动规律：本章建立的两相渗流模型，压力传播前缘与式(4-35)计算结果接近，在初期尤其一致。只是随着两相区的扩大，油水两相区流度增大，传播速度略有加快，因此在工程上仍然可以使用式(4-35)进行压力传播半径的预测。

含水饱和度前缘运动规律：由图 4-7 可以发现，考虑油水可压缩性后水饱和度前缘速度加快，并随着原油的可压缩性增强，驱替前缘的运动速度也进一步增大(图 4-8)。

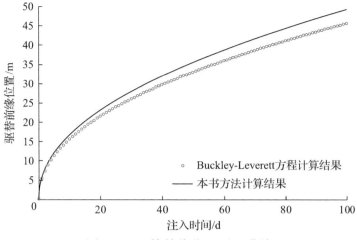

图 4-7 驱替前缘位置对比曲线

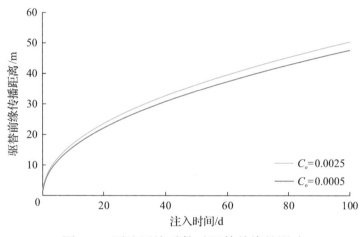

图 4-8 原油压缩系数对驱替前缘的影响

2. 压力分布特征

本书方法与单相流公式计算对比表明(图 4-9),由于两相区的存在,渗流阻力减小,同时水相压缩系数小于原油压缩系数,所以压力分布传播速度更大。随着时间延长,两相区不断扩大,两种方法计算的压力分布差别变大。

4.2.4 关井过程中井筒与油藏耦合流动数学模型

1. 油藏-井筒系统数学模型

假设由井筒与油藏组成一个系统,油井生产时间为 t_p,关井后由于井筒流体具有弹性,油层中流体仍有一定的产量流向井筒。油藏与井筒系统分别由如下联立的方程组表征。

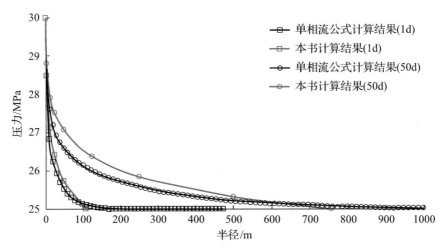

图 4-9　不同方法计算压力分布对比图

油藏方程：

$$p_{\mathrm{wf}} = p_{\mathrm{i}} - \frac{\mu q}{4\pi kh} \int_0^{t_{\mathrm{p}}} \frac{\mathrm{e}^{-\frac{r_{\mathrm{w}}^2}{4\chi(t-\tau)}}}{t-\tau} \mathrm{d}\tau - \frac{\mu}{4\pi kh} \int_{t_{\mathrm{p}}}^{t} Q(t) \frac{\mathrm{e}^{-\frac{r_{\mathrm{w}}^2}{4\chi(t-\tau)}}}{t-\tau} \mathrm{d}\tau - \frac{Q(t)\mu}{2\pi kh} S \quad (4\text{-}36)$$

式中，S 为表皮系数。

井筒方程：

$$Q(t) = \bar{C} \frac{\mathrm{d}p_{\mathrm{wf}}}{\mathrm{d}t} \quad (4\text{-}37)$$

假设井筒平均压力与井底压力变化率相近，有

$$\frac{\mathrm{d}\bar{p}}{\mathrm{d}t} = \frac{\mathrm{d}p_{\mathrm{wf}}}{\mathrm{d}t} \quad (4\text{-}38)$$

$$\left. \frac{\mathrm{d}p_{\mathrm{wf}}}{\mathrm{d}t} \right|_{t=0} = \frac{q}{\bar{C}} \quad (4\text{-}39)$$

$$p_{\mathrm{wf}} = p_0 \quad (4\text{-}40)$$

式中，$\bar{C}$ 为平均井筒压力下存储系数。

2. 续流变化特征及影响因素

续流与压力恢复伴生，但早期递减较快。续流量递减率受流动系数 kh/μ 及井储能力共同影响，而累积续流量主要取决于井储能力。

（1）相同井储系数情况下，低渗透油藏流动系数越小，井底流量递减越慢，后期续流效应越突出（图 4-10）。

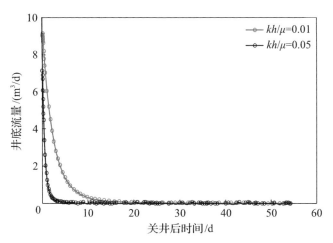

图 4-10 关井后流动系数对井底流量的影响

（2）相同流动系数情况下，井储系数越大，井底流量递减越慢，后期续流效应越突出（图 4-11）。

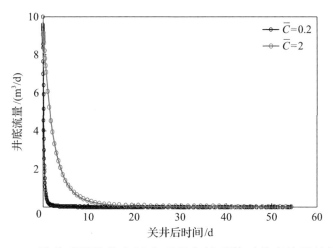

图 4-11 关井后平均井底压力下的存储系数对井底流量的影响

3. 传统试井问题

在关井压力恢复过程中纯井筒存储实际是不存在的。在理论上压力恢复试井初期 $\lg \Delta p$-$\lg \Delta t$ 斜率为 1 只能是近似的。流动系数（kh/μ）越小，纯井筒存储特征越明显（图 4-12）。

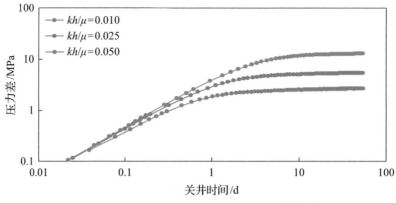

图 4-12　不同流动系数压力恢复双对数曲线

4. 应用续流量计算采油指数

将井底压力和井底流量绘制曲线并进行回归，可以得到拟合系数大于 0.9 的线性关系，依据回归直线的斜率可以计算出对应的采油指数，反映了流动系数（kh/μ）与 S 的影响（图 4-13）。

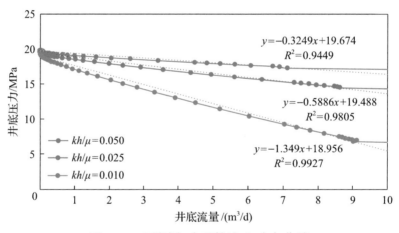

图 4-13　不同流动系数流入动态曲线

5. 求取地层参数

应用最优化技术，以式（4-41）为目标函数，通过油藏井筒耦合模型求解，可以利用续流量信息反求流动系数（kh/μ）、表皮系数（S）等参数。

$$E = \min_{\frac{kh}{\mu}, S}(p_{\text{wf}} - p_{\text{wfc}})^2 \tag{4-41}$$

式中，E 为目标函数；p_{wfc} 为求解出的井底压力。

限于篇幅，不再详细讨论。

4.2.5　小结

（1）运用稳态逐次替换计算的压力方程与 Buckley-Leverett 方程耦合，可以较好地认识地层压力分布特征、传播特征、压力与饱和度前缘运动特征。

（2）油藏与井筒耦合，可以同时计算油井关井后续流量和压力恢复特征，了解其对压力恢复曲线纯井筒效应的影响，应用续流求地层系数和计算采油指数。

4.3　基于低速非达西渗流的单井压力分布特征

单井压力分布特征是古典的渗流力学问题，是认识油藏渗流规律、进行产量计算和试井分析的基础。由于启动压力梯度的存在，低速非达西渗流与达西渗流在压力传播规律等方面存在明显差异。笔者运用稳态逐次逼近方法研究低速非达西非稳定渗流压力传播与分布特征。何应付博士参加部分工作，特此感谢。

4.3.1　稳定解与物质平衡方程

特低渗透储层压力传播过程是非稳定渗流过程，采用稳态逐次逼近方法进行求解的基本思想：对于某一时刻 t，压力分布特征用稳态的方法来描述，非稳态过程用一系列不同的稳态过程来逼近。

不同于达西渗流，对于特低渗透储层，由于存在启动压力梯度 λ，压力传播区域具有如下特征：存在一个以井位为中心、半径为 R 的区域，在区域之外压力梯度 $\partial p / \partial r < \lambda$，渗流速度 $v=0$，地层压力 $p=p_i$；在边缘压力传播半径 R_t 上，$\partial p / \partial r = \lambda$；而在区域之内，$\partial p / \partial r > \lambda$，且满足如下方程（达西单位制）：

$$\begin{cases} \dfrac{\partial}{\partial r}\left(r\dfrac{\partial p}{\partial r}-\lambda\right)=0 \\ p\big|_{r=r_w}=p_f \\ p\big|_{r=R_t}=p_i \end{cases} \tag{4-42}$$

式中，p_f 为生产井流体压力；p_i 为原始地层压力；λ 为启动压力梯度；R_t 为压力传播半径；r_w 为井径。

求解方程式(4-42)，可以得到压力分布为

$$p(r) - p_f = \frac{\ln\dfrac{r}{r_w}}{\ln\dfrac{R_t}{r_w}}\left[(p_i - p_f) - \lambda(R_t - r_w)\right] + \lambda(r - r_w) \tag{4-43}$$

从而得到压力梯度分布为

$$\frac{\partial p(r)}{\partial r} = \frac{(p_i - p_f) - \lambda(R_t - r_w)}{\ln\dfrac{R_t}{r_w}}\frac{1}{r} + \lambda \tag{4-44}$$

油井产量为

$$q = \frac{2\pi k h}{\mu}\frac{(p - p_f) - \lambda(r - r_w)}{\ln\dfrac{r}{r_w}} \tag{4-45}$$

由式(4-44)可得流动区域半径为

$$R_t = r_w + \frac{p_i - p_f}{\lambda} \tag{4-46}$$

只要给定储层的启动压力梯度和油井流压(或注水压力)，流动区域半径也就随之而定。考虑弹性作用和物质平衡原理，得到累积产油量与地层压力变化的关系为

$$\int_0^t q(\tau)\,\mathrm{d}\tau = \int_{r_w}^{R_t}(p_i - p)C_t\phi h \cdot 2\pi r \mathrm{d}r \tag{4-47}$$

式中，h 为地层厚度；ϕ 为孔隙度；C_t 为综合压缩系数。

4.3.2 定产量模型

在式(4-47)中，假如产量 $q(\tau)$ 为常数，结合式(4-45)与式(4-47)得到

$$\begin{aligned}
qt &= \int_{r_w}^{R_t}\left[\frac{q\mu}{2\pi k h}\ln\frac{R_t}{r_w} + \lambda(R_t - r)\right]C_t\phi h \cdot 2\pi r \mathrm{d}r \\
&= 2\pi C_t\phi h\left\{\frac{q\mu}{2\pi k h}\left(-\frac{r_w^2}{2}\ln\frac{R_t}{r} + \frac{R_t^2 - r_w^2}{4}\right) + \left[\frac{\lambda R_t}{2}(R_t^2 - r_w^2)\right] - \frac{\lambda}{3}(R_t^3 - r_w^3)\right\}
\end{aligned} \tag{4-48}$$

令导压系数 $\chi = k/(C_t\phi\mu)$，进一步定义无量纲系数 $\zeta = C_t\phi h\lambda$ 为非达西渗流导压阻滞系数，则

$$t = \frac{1}{\chi}\left(-\frac{r_w^2}{2}\ln\frac{R_t}{r_w} + \frac{R_t^2 - r_w^2}{4}\right) + \frac{\pi\zeta}{3q}(R_t^3 - 3R_t r_w^2 + 2r_w^3) \qquad (4-49)$$

可以看出，由于导压阻滞系数 ζ 的存在，非达西渗流压力传播到某一给定范围所需时间增长。但随产量的增加，压力传播加快，降低了 ζ 对压力传播速度的影响，这是非达西渗流独有的特征(图 4-14、图 4-15)。

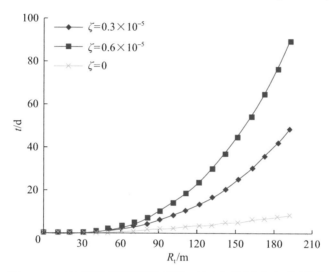

图 4-14　定产量模型阻滞系数对压力传播半径的影响

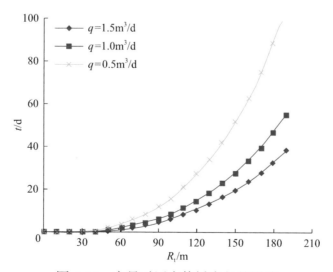

图 4-15　产量对压力传播半径的影响

式(4-48)为 R_t 的一个超越方程，需要运用数值方法求解：

$$R_t < r_w + \frac{p_i - p_f}{\lambda} \qquad (4\text{-}50)$$

由式(4-45)可得流体压力随 R_t 的变化为

$$p_f = p_i - \frac{q\mu}{2\pi kh}\ln\frac{R_t}{r_w} - \lambda(R_t - r_w) \qquad (4\text{-}51)$$

由式(4-43)可求出压力径向分布。在压力传播半径 R_t 达到极限传播半径情况下，R_t 将不再发生变化。随着原油的采出，井底流压继续发生变化，压力分布亦随之变化。

根据式(4-48)，并对式(4-51)积分，有

$$\frac{qt}{2\pi C_t\phi h} = (p_i - p_f)\frac{R_t^2 - r_w^2}{2} - \frac{\lambda}{3}(R_t^3 - r_w^3)$$

$$+ \frac{\lambda r_w}{2}(R_t^2 - r_w^2)\ln\frac{R_t}{r_w} - \left[p_i - p_f - \lambda(R_t - r_w)\right]\left(\frac{R_t^2}{2} - \frac{R_t^2 - r_w^2}{4\ln\frac{R_t}{r_w}}\right) \qquad (4\text{-}52)$$

令

$$A_1 = \frac{R_t^2 - r_w^2}{4\ln\frac{R_t}{r_w}} - \frac{r_w^2}{2}(p_i - p_f)$$

$$A_2 = p_i\frac{R_t^2 - r_w^2}{2} - \frac{\lambda}{3}(R_t^3 - r_w^3) + \frac{\lambda r_w}{2}(R_t^2 - r_w^2) \qquad (4\text{-}53)$$

$$A_3 = \left[p_i - \lambda(R_t - r_w)\right]\left(\frac{R_t^2}{2} - \frac{R_t^2 - r_w^2}{4\ln\frac{R_t}{r_w}}\right)$$

则流体压力变化为

$$p_f = \frac{A_2 - A_3 - \dfrac{qt}{2\pi C_t\phi h}}{A_1} \qquad (4\text{-}54)$$

同样，可由式(4-54)求出压力分布。图 4-16 给出了在不同时间下不同启

动压力梯度对油藏压力分布的影响，不失一般性，模拟计算时 q=0.5m³/d，k=1.0×10⁻³μm²，ϕ=0.12，C_t=0.0001MPa⁻¹，μ=5mPa·s，h=5m，p_i=20MPa。分析可以看出，非达西渗流与达西渗流的压力分布明显不同，在径向渗流条件下，达西渗流的压力主要消耗在井筒附近，远离井筒的压力梯度较小，而非达西渗流能量不仅仅消耗在井筒附近，在远离井筒的地方压力梯度也较大。同时对于非达西渗流，压力传播随着生产的进行速度逐渐变慢，例如压力传播到 100m 需要 12d，而由 100m 到 150m 耗时 27d，由 150m 到 190m 耗时 38d。

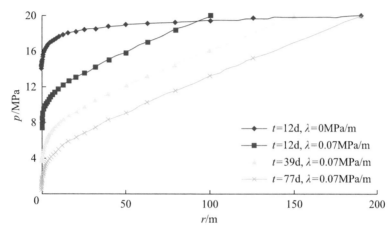

图 4-16　不同时间下不同启动压力梯度对油藏压力分布的影响

4.3.3　定流压模型

定流压模型是指井底流压给定情况下预测产量变化和压力分布特征。根据式（4-47）有

$$\int_0^t \frac{2\pi k h}{\mu} \frac{p_i - p_f - \lambda[R_t(\tau) - r_w]}{\ln \dfrac{R_t}{r_w}} d\tau$$

$$= 2\pi C_t \phi h \left\{ (p_i - p_f)\frac{R_t^2 - r_w^2}{2} - \frac{\lambda}{3}(R_t^3 - r_w^3) + \frac{\lambda r_w}{2}(R_t^2 - r_w^2) - [p_i - p_f - \lambda(R_t - r_w)] \right.$$

$$\left. \cdot \left(\frac{R_t^2}{2} - \frac{R_t^2 - r_w^2}{4\ln \dfrac{R_t}{r_w}} \right) \right\} \tag{4-55}$$

对 t 求导数，有

$$\zeta \frac{p_i - p_f - \lambda(R_t - r_w)}{\ln \frac{R_t}{r_w}} = \frac{dR_t}{dt} \left[\frac{p_i - p_f - \lambda(R_t - r_w)}{\ln \frac{R_t}{r_w}} \frac{2R_t^2 \ln \frac{R_t}{r_w} - (R_t^2 - r_w^2)}{R_t} + \lambda \left(\frac{R_t^2}{2} - \frac{R_t^2 - r_w^2}{4\ln \frac{R_t}{r_w}} \right) \right]$$

(4-56)

令

$$B_1 = \frac{p_i - p_f - \lambda(R_t - r_w)}{\ln \frac{R_t}{r_w}}, \quad B_2 = \frac{R_t^2}{2} - \frac{R_t^2 - r_w^2}{4\ln \frac{R_t}{r_w}}, \quad B_3 = \frac{2R_t^2 \ln \frac{R_t}{r_w} - (R_t^2 - r_w^2)}{R_t}$$

(4-57)

则有

$$\frac{dR_t}{dt} = \frac{\zeta B_1}{\lambda B_2 + B_1 B_3}$$

(4-58)

式(4-58)描述了定流压过程中压力传播半径 R_t 的变化过程，可使用数值方法求解。初始条件为

$$R_t \big|_{t=0} = R_0 = r_w$$

(4-59)

$$R_t < r_w + \frac{p_i - p_f}{\lambda}$$

(4-60)

　　式(4-58)计算压力传播半径的变化规律及启动压力梯度对其与油井产量的影响，见图 4-17。模拟计算时 $k=1.0\times10^{-3}\mu m^2$，$\phi=0.12$，$C_t=0.0001MPa^{-1}$，$\mu=5mPa\cdot s$，$h=5m$，$p_i=20MPa$。从结果分析可以看出，启动压力梯度的影响规律与定产液条件基本相似，使产量下降速度加快，产量相应变小。

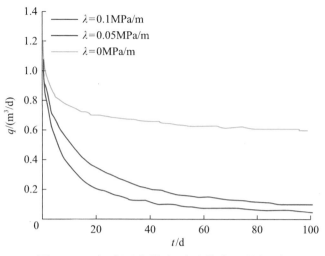

图 4-17　启动压力梯度对油井产量的影响

4.3.4　小结

（1）低渗透储层由于启动压力梯度的存在，使压力传播速度变慢，其影响程度可用导压阻滞系数来描述，但随着产量的增加，导压阻滞系数的影响减小。

（2）不同于高渗透率储层中的达西渗流，无限大地层中非达西渗流存在一个流动区域半径，该半径与生产压差成正比，与启动压力梯度成反比。

（3）由于低速非达西渗流的固有特征，以往以达西渗流理论为基础的产量计算公式、试井分析等公式以及井网设计理念已不再适用，需要重新建立。

4.4　关于聚合物驱渗流规律的几个问题

大庆与胜利等油田已相继开展了大量的聚合物驱室内实验研究、数值模拟、矿场试验研究和工业化应用，取得了一系列新的认识。但与水驱相比，聚合物驱历史仍然较短，驱替过程较复杂，所以仍然有大量问题等待深入研究和认识。本书主要以渗流力学原理为依据，对聚合物驱流度比变化扩大波及体积作用、聚合物注入能力计算、聚合物驱前缘驱替特征等方面进行了分析与讨论。

4.4.1　水驱转聚合物驱后流度比变化扩大波及体积机理研究

聚合物驱提高采收率的一个重要机理是通过降低流度比改变分流方程，使极限含水率情况下（如 98%）采出程度提高，这一点人们容易理解，故本节不再赘述。这里主要研究聚合物驱后流度比降低使油层驱替更加均匀，从而改善层间矛盾和平面矛盾，这是聚合物驱提高采收率的另一个重要机理。

假设油藏由 n 个油管构成，为讨论问题方便，不考虑每个流管内部的含水差异。第 i 个流管吸水量 $q_{\theta i}$ 可表示为

$$q_{\theta i} = -k_i \left(\frac{k_{ro}}{\mu_o} + \frac{k_{rw}}{\mu_w} \right)_i \left[A(\xi) \frac{dp}{d\xi} \right] \tag{4-61}$$

式中，ξ 为第 i 个流管的曲线坐标；k_i 为第 i 个流管的绝对渗透率；$A(\xi)$ 为 ξ 处横截面积。

根据大量的油水相对渗透率曲线统计分析，有

$$\frac{k_{ro}}{\mu_o} + \frac{k_{rw}}{\mu_w} = c e^{b f_w} \tag{4-62}$$

式中，b 为统计拟合参数。设油层由 n 个流管组成，对第 i 个流管，将式(4-62)代入式(4-61)，有

$$q_{\theta i} = -k_i c e^{b f_w} A(\xi) \frac{dp}{d\xi} \tag{4-63}$$

式中，k_i 为绝对渗透率。对式(4-63)进行积分，有

$$q_{\theta i} \int_{r_w}^{l_i} \frac{d\xi}{A(\xi)} = k_i c e^{b f_w} (p_h - p_f) \tag{4-64}$$

式中，l_i 为流管长度。

为不失一般性且计算方便，取五点井网(图 4-18)单元，流线用折线近似，则

$$A(\xi) = 2 h \xi \tan \frac{\theta_i}{2} \tag{4-65}$$

式中，θ_i 为支流线与主流线之间的关系。

将式(4-65)代入式(4-64)，有

$$q_{\theta i} \int_{r_w}^{l_i} \frac{d\xi}{2 h \xi \tan \frac{\theta_i}{2}} = k_i c e^{b f_w} (p_h - p_f) \tag{4-66}$$

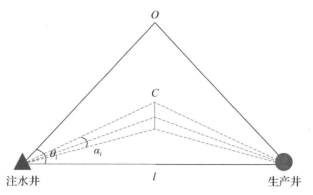

图 4-18　计算单元流管示意图

对式(4-66)进行积分，并注意到主流管(第 1 个流管)与支流管的几何差异，可得到

$$\frac{q_{\theta i}}{q_{\theta 1}} = \frac{k_i c e^{b f_{wi}}}{k_1 c e^{b f_{w1}}} \frac{\ln \dfrac{1}{2 r_w}}{\ln \dfrac{1}{2 r_w \cos \alpha_i}} \tag{4-67}$$

全井吸水量 q_{wt} 为各流管吸水量之和，即

$$q_{wt} = \sum_{i=0}^{n} q_{\theta i} \tag{4-68}$$

各流管吸水比例 R_i 为

$$R_i = \frac{q_{\theta i}}{q_{wt}}, \quad i = 1, 2, \cdots, n \tag{4-69}$$

　　理论分析表明，R_i 越近，平面上驱替越均匀，油田开发效果将会越好。为评价 R_i 的均匀程度，笔者引用了经济学上的洛伦兹(Lorenz)系数概念与方法。洛伦兹系数是西方国家用于评价社会上各阶层经济收入情况，描述贫富分面状况的一个经济量。1950 年，Schmalz 与 Rahme[29]用此方法评价渗透率非均质性。此方法的特点是简单、形象。其算法可描述如下。

　　(1)将 $R_i (i=1, 2, \cdots, n)$ 从大到小排序。

　　(2)$Y_i = Y_{i-1} + R_i / \Sigma R_i$，$Y_0 = 0$。

　　(3)$X_i = i/n$。

　　(4)以 X_i 为横坐标，Y_i 为纵坐标，如图 4-19 所示。

　　(5)计算 Lorenz 系数 S_{ABCA}/S_{ADCA}。

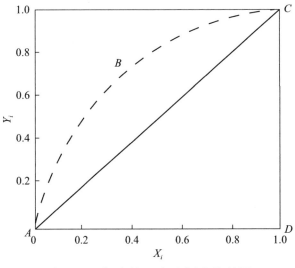

图 4-19　各流管吸水比例洛伦兹图

显而易见，洛伦兹系数为 0 时，吸水比例相等，洛伦兹系数越大，吸水比例差异越大。

聚合物驱与水驱相比，由于公式中受黏度影响，b 值发生变化，计算出的洛伦兹系数大幅度降低，说明水井注入聚合物后，各流管吸水更加均匀。其结果是削高就低，有利于低渗透和远离主流线上的流管的开采。例如，由大庆某区相对渗透率曲线和注入水、聚合物溶液黏度数据统计分别得到 b 分别为 1.8 和 0.8，取五点井网一个比单元，将其剖分成 10 个流管，在综合含水率 80%时注入聚合物溶液，利用式(4-69)计算出注聚前后 10 个流管吸水比例变化(表 4-3)。

表 4-3　注聚前后各流管吸水比例变化对比

流管号	水驱各流管吸水比例变化	聚合物驱各流管吸水比例变化
1	0.1988	0.1409
2	0.1657	0.1299
3	0.1383	0.1198
4	0.1153	0.1104
5	0.0961	0.1017
6	0.0799	0.0935
7	0.0665	0.0859
8	0.0553	0.0789
9	0.0459	0.0724
10	0.0380	0.0663

利用上述方法，做出洛伦兹系数计算图，使用数值积分方法计算面积，求出水驱和聚合物驱洛伦兹系数分别为 16.945%和 3.278%，表明由于流度变化，聚合物驱在平面上比水驱更为均匀。对层间非均质性也可以得到类似的结论。由此可见，即使不考虑聚合物的吸附捕集作用，仅靠流度比变化也可以起到扩大波及体积的效果。运用第 2 章井网分析方法，可以计算出不同黏度性质下聚合物溶液波及系数与水驱的对比情况。

一般认为，对于高低渗透层段，由于聚合物的吸附作用，高渗透层段由于注入量较多，吸附量较大，因而渗透率下降系数较大，起到调解层间矛盾的作用。但这只是其中的一种可能情况，实际注聚过程中，由于低渗透层段比表面积更大，孔隙结构更加复杂，黏土矿物更加发育，孔隙半径更小，捕集作用更加严重，往往可能在较少注入量的情况下，产生更大的渗透率下降系数。更有甚者，有些低渗储层聚合物注不进去，此种情况下，聚合物驱不但起不到调剖作用，反而可能加剧层间矛盾。因此聚合物驱通过吸附捕集作用调剖从而扩大波及体积是有条件的，有时甚至可能起到反作用。因此，对于渗透率级差比较大的储层，注入聚合物分子量的优选应该考虑低渗透率层的吸入能力。

4.4.2　聚合物驱注入能力的矿场确定方法

水井注聚后，由于聚合物溶液具有非牛顿流体特性，剪切速率与剪切应力之间已不再像注入水那样成正比关系，因此注入量计算公式也必然要发生变化。根据 Pope 等[30]研究成果，聚合物溶液的非牛顿特性可用幂律模式进行表征，表观黏度 μ_a 可表示为

$$\mu_a = H \left(\frac{\mathrm{d}p}{\mathrm{d}r} \right)^{n-1} \tag{4-70}$$

式中，H 为幂律系数。

将式(4-70)代入达西定律，并结合连续性方程，有

$$\frac{\mathrm{d}(r u_r)}{\mathrm{d}r} = 0 \tag{4-71}$$

由式(4-71)可推出压力径向变化微分方程：

$$\frac{\mathrm{d}p}{\mathrm{d}r} = \frac{c}{r^n} \tag{4-72}$$

式中，n 为幂律指数，$0<n<1$。

初始注水井以及地层的边界条件为

$$p\big|_{r=r_{\mathrm{h}}}=p_{\mathrm{h}}, \quad p\big|_{r=r_{\mathrm{e}}}=p_{\mathrm{e}} \tag{4-73}$$

对式(4-72)进行积分，可得到压力分布：

$$p(r)=p_{\mathrm{h}}-(p_{\mathrm{h}}-p_{\mathrm{e}})\frac{r^{1-n}-r_{\mathrm{w}}^{1-n}}{r_{\mathrm{e}}^{1-n}-r_{\mathrm{w}}^{1-n}} \tag{4-74}$$

与注水方法相类似，可推出聚合物溶液注入量 q_{p}：

$$q_{\mathrm{p}}=2\pi h\left[\frac{p_{\mathrm{h}}-p_{\mathrm{e}}}{\dfrac{H}{k(1-n)}(r_{\mathrm{e}}^{1-n}-r_{\mathrm{w}}^{1-n})}\right]^{\frac{1}{n}} \tag{4-75}$$

对 $p(r)$ 进行面积平均，得注入井区域平均地层压力：

$$\bar{p}=p_{\mathrm{h}}-\frac{2(p_{\mathrm{h}}-p_{\mathrm{e}})r_{\mathrm{e}}}{(3-n)(r_{\mathrm{e}}^{1-n}-r_{\mathrm{w}}^{1-n})}+(p_{\mathrm{h}}-p_{\mathrm{e}})\frac{r_{\mathrm{w}}^{1-n}}{r_{\mathrm{e}}^{1-n}-r_{\mathrm{w}}^{1-n}} \tag{4-76}$$

将式(4-76)代入式(4-75)，有

$$q_{\mathrm{p}}=2\pi h\left\{\frac{(3-n)(p_{\mathrm{h}}-\bar{p})}{\dfrac{H}{k(1-n)}\left[2r_{\mathrm{e}}-(3-n)r_{\mathrm{w}}^{1-n}\right]}\right\}^{\frac{1}{n}} \tag{4-77}$$

令

$$I_{\mathrm{p}}=2\pi h\left\{\frac{3-n}{\dfrac{H}{k(1-n)}\left[2r_{\mathrm{e}}-(3-n)r_{\mathrm{w}}^{1-n}\right]}\right\}^{\frac{1}{n}} \tag{4-78}$$

则

$$q_{\mathrm{p}}=I_{\mathrm{p}}(p_{\mathrm{h}}-\bar{p})^{\frac{1}{n}} \tag{4-79}$$

式(4-75)～式(4-79)中，p_h、p_e 分别为注水井和采油井井底压力；r_w 为井半径；r_e 为水井区域边缘半径；I_p 为吸液指数。

可见，在 $n=1$ 的情况下，式(4-79)在形式上与注水情况相同。或者说注水是注聚合物溶液的一个特例。求出 I_p、$1/n$ 参数后，即可由给定的注入压差，计算出聚合物溶液的注入量。一般情况下，确定 I_p、$1/n$ 的有效办法就是运用矿场注入试验数据进行计算。

对式(4-79)两边取对数，得

$$\ln q_p = \ln I_p + \frac{1}{n}\ln(p_h - \overline{p}) \tag{4-80}$$

可见，$\ln q_p$ 与 $\ln(p_h - \overline{p})$ 呈直线关系，运用直线回归方法即可求出 I_p、$1/n$。用该方法对大庆油田厚注聚合物试区 332 井注入数据进行计算，得到 I_p=16.33，$1/n$=0.54733（相关系数 R=0.9977），进而得到聚合物溶液注入压力与注入量之间的定量关系。

4.4.3　聚合物驱前缘驱替特征分析

聚合物驱与水驱在驱替特征上具有明显的不同，可初步概括为：①聚合物驱油注入过程更加复杂化，一般是先水驱，再注入聚合物溶液段塞，然后再转入后续水驱；②聚合物在油层驱替过程中经过多种降解及吸附捕集等复杂物理化学作用；③聚合物驱历程较短，例如在大庆油田注入聚合物段塞3～5 年，后继水驱 3～5 年，因此各种流体前缘特征明显（目前随着聚合物注入PV 数增大，后续水驱调整工作量加大，这两个年限将延长）。

基于以上特点，笔者认为使用流管法描述聚合物驱替过程更加直观方便，具有解析性质，更便于人们理解聚合物驱替过程，还可以克服使用矩形网格油藏数值模拟带来的数值弥散。为此，笔者应用流管技术对聚合物驱在平面上驱替特征进行了初步探讨。

1. 单流管驱替特征

1) 聚合物段塞前缘饱和度

流体从注入井点出发，收敛于采油井点，除主流线外，支流线均为曲线，假设 ξ 为描述流管长度的曲线坐标，$A(\xi)$ 为相应的截面积。根据物质平衡原理，可以写出多组分情况下组分 i 的质量浓度连续性方程：

$$A(\xi)\phi\frac{\partial C_i}{\partial t} = -q_{\mathrm{t}}\frac{\partial F_i}{\partial \xi} \tag{4-81}$$

式中，F_i 为组分 i 总分流量；C_i 为组分 i 总质量浓度。

假设水驱后注入聚合物，聚合物存在于水相之中，油水相不混溶，聚合物与岩石之间存在吸附作用，也存在不可入孔隙体积，则式(4-81)进一步可表示为

$$A(\xi)\phi\frac{\partial}{\partial t}\Big[C_{\mathrm{pw}}(S - \varphi_{\mathrm{d}} + C_{\mathrm{ps}})\Big] + q_{\mathrm{t}}\frac{\partial}{\partial \xi}\big(C_{\mathrm{pw}}f_{\mathrm{w}}\big) = 0 \tag{4-82}$$

式中，C_{pw} 为水相中聚合物质量浓度；ϕ 为孔隙度；C_{ps} 为岩石中聚合物质量浓度；φ_{d} 为不可入孔隙体积分数。

同样，根据物质平衡原理，可导出聚合物存在的水相连续性方程：

$$A(\xi)\phi\frac{\partial S_{\mathrm{w}}}{\partial t} + q_{\mathrm{t}}\frac{\partial f_{\mathrm{w}}}{\partial \xi} = 0 \tag{4-83}$$

将式(4-82)和式(4-83)结合，可推导出特定聚合物质量浓度 C_{pw} 下的运移速度：

$$v_{\mathrm{cpw}} = \frac{\mathrm{d}\xi}{\mathrm{d}t} = \frac{q_{\mathrm{t}}f_{\mathrm{w}}}{A(\xi)\phi(S - \varphi_{\mathrm{d}} + C_{\mathrm{ps}})} \tag{4-84}$$

式中，$C_{\mathrm{ps}} = \partial C_{\mathrm{ps}}/\partial C_{\mathrm{pw}}$ 为描述岩石吸附能力的参数，由实验室给出。

同样可以推导出与特定质量浓度 C_{pw} 时的含水饱和度 S_{w} 下的水相运移速度：

$$v_{\mathrm{sw}} = \frac{q_{\mathrm{t}}\dfrac{\partial f_{\mathrm{w}}}{\partial S_{\mathrm{w}}}}{A(\xi)\phi} \tag{4-85}$$

考虑到在聚合物段塞前缘处，两者相等，得到

$$\frac{f_{\mathrm{w}}}{S - \varphi_{\mathrm{d}} + C_{\mathrm{ps}}} = \frac{\partial f_{\mathrm{w}}}{\partial S_{\mathrm{w}}} \tag{4-86}$$

相对渗透率曲线统计结果表明，含水率与含水饱和度关系可由式(4-87)给出：

$$f_{\mathrm{w}} = \frac{1}{1 + c\mathrm{e}^{-dS_{\mathrm{w}}}} \tag{4-87}$$

式中，d 为统计结果的拟合参数。

将式(4-87)代入式(4-86)后，解此超越方程，即可求出聚合物段塞前缘饱

和度 S_{wpf}。

2) 油墙含水饱和度

即使经过多种降解作用，聚合物在地下的黏度也较高，其结果在聚合物前缘之前形成原油富集带，即所谓的油墙，产生了前缘处的饱和度间断，可由下列方程描述:

$$\frac{f_{wpf}}{S_{wpf} - \varphi_d + C_{ps}} = \frac{f_{wpf} - f_{wb}}{S_{wpf} - S_{wb}} \qquad (4\text{-}88)$$

式中，S_{wpf} 为前缘含水饱和度; S_{wb} 为油墙含水饱和度; f_{wpf} 为前缘含水率; f_{wb} 为油墙含水率。

由求出的聚合物段塞前缘饱和度代入式(4-88)并求解，即可求出油墙含水饱和度 S_{wb}。

式(4-88)表明，聚合物段塞前缘含水饱和度与油墙含油饱和度的大小主要取决于聚合物地下黏度、水黏度、原油黏度及相对渗透率曲线，也受到聚合物吸附及不可入孔隙体积分数的影响。进一步分析表明，聚合物地下黏度越大，段塞前缘含水饱和度越高，而油墙含油饱和度也越高(含水饱和度越低)，在含水产出线上表现为"锅底"越深。

例如，以大庆油田萨北开发区葡萄花油层相对渗透率曲线为例，计算出聚合物段塞前缘饱和度与油墙含水饱和度、含水率见表 4-4。

表 4-4　萨北葡萄花油层聚合物在地下黏度下聚合物段塞前缘饱和度与油墙含水饱和度、含水率关系

条件	参数	不同聚合物地下黏度						
		5mPa·s	10mPa·s	15mPa·s	20mPa·s	25mPa·s	30mPa·s	35mPa·s
$C_{pd} - \varphi_d = 0.1$	S_{wpf}	0.535	0.575	0.595	0.615	0.625	0.635	0.645
	S_{wb}	0.335	0.325	0.315	0.315	0.315	0.315	0.315
	f_{wpf} /%	91.5	92.2	92.2	92.9	92.7	92.8	93.1
	f_{wb} /%	63.2	58.5	53.6	53.6	53.6	53.6	53.6
$C_{pd} - \varphi_d = 0$	S_{wpf}	0.525	0.565	0.595	0.605	0.615	0.625	0.635
	S_{wb}	0.315	0.305	0.305	0.295	0.295	0.295	0.295
	f_{wpf} /%	89.8	90.7	92.2	91.5	91.3	91.4	91.8
	f_{wb} /%	53.6	48.6	48.6	43.7	43.7	43.7	43.7

从表 4-4 可以看出，聚合物地下黏度临界点为 15～20mPa·s，低于该值后，油墙含油饱和度大幅度降低，"锅底"变浅，降水增油效果变差。

以上结论是由渗透率均匀的单流管分析得出的，说明均质油层聚合物驱也会得到好的增油降水效果。

水井注入聚合物后，油墙开始形成，聚合物段塞前缘与油墙前缘同时从水井向油井突进，油墙突进速度快，聚合物段塞突进速度慢，两者距离差即为形成油墙的长度，这个长度是逐渐增长的，油墙达到油井后，油墙长度达到上限并开始被采出。

油墙前缘与先期注水后缘也形成饱和度间断，其运移速度 V_{ob} 可表示为

$$V_{ob} = \frac{d\xi}{dt} = \frac{q}{A(\xi)\phi} \frac{\overline{f}_w - f_{wb}}{\overline{S}_w - S_{wb}} \tag{4-89}$$

式中，$\overline{S}_w$ 为先期注水含水饱和度；$\overline{f}_w$ 为先期注水含水率。

从式(4-89)容易看出，聚合物段塞前缘速度仅与注入聚合物特性、分流曲线有关，而油墙推进速度还与先期水驱后剩余饱和度有关。分析计算表明，先期水驱后剩余油程度越高，油墙推进速度越快，油墙长度越大。由此可推论，低含水率时进行聚合物驱见效快，效果将会更好，高含水率情况下较难形成跨度大的"平锅底"。

其他条件不变情况下，油水井距越大，地下形成油墙长度也越长，含水率产出上表现"锅底"跨度越大。分析式(4-85)、式(4-89)还可以看出，聚合物注入速度越大，油墙与聚合物段塞运移速度差越大，但油墙、聚合物段塞突破时间变短，地下形成的最大油墙长度不变。在含水率产出曲线上呈现出"锅底"变短的特征。

3) 油墙与聚合物段塞突破时间

运用与注水突破时间相类似的方法，可以推出，油墙沿流线突破到油井的时间为

$$t_b = \frac{\pi\phi l^2 h}{4q_t} \frac{\overline{S}_w - S_{wb}}{\overline{f}_w - f_{wb}} \tag{4-90}$$

聚合物段塞沿主流线突破到油井的时间为

$$t_p = \frac{\pi\phi l^2 h}{4q_t} \frac{S_{wbf} - \phi_d + C_{pd}}{f_{wbf}} \tag{4-91}$$

式(4-91)说明，油层不可入体积越大，吸附量越小，则聚合物段塞突破时间越早。

依据大庆油田杏北开发区油水相对渗透率曲线，并采用如下参数：$\phi=0.25$，$l=250\text{m}$，$q_t=150\text{m}^3/\text{d}$，$h=10\text{m}$ 计算出油墙沿主流线运移到油井时间为 227d，而聚合物突破时间为 437d。

2. 油层聚合物驱替特征

实际油层可划分为一系列不同长度、不同渗透率的流管，由于流管是按流线剖分的，流管间不存在窜流，所以整个油层的开发指标如产油量、含水率变化可先按单流管逐根分别计算，然后叠加得到。

初步分析计算表明：

(1)在水驱情况下，靠近主流线上的流管见水早，吸水指数逐步提高，注水量劈分系数逐渐加大，水驱程度越来越高，而远离主流线的流管注水量劈分系数逐渐变小，开采速度较慢，从而形成了平面上开采的不平衡性(这里不考虑非均质性的影响)。而在注入聚合物后，由于各流管流度比发生变化，注水量重新分配，使各流管间驱替速度差异变小，在油井端，远离主流线低含水流管产液比例相对增大，全井含水率开始降低。

(2)由于远离主流线流管含水率较低，根据前述研究结果，这些流管油墙前缘运移较快，油墙相对较长，得到了更好的驱替效果。

(3)对于单流管，油墙和聚合物段塞前缘突破后含水率则呈台阶式变化，而对于多流管组成的计算单元，由于不同流管各个前缘突破油井时间不同，叠加结果使含水率产出曲线变得连续平缓。

(4)均质油层注入聚合物，只要合理地控制各种注入参数，也会明显地改善开发效果。

喇萨杏油田北部，尤其是喇嘛甸油田，由于油层非均质严重，表现为各流管渗透率的差别较大，油墙和聚合物溶液段塞前缘突破时间差别较大，分布较宽，并且由于高渗透层的存在，在动态上反映是见效早，逐步见效。同样，含水率回升亦为逐步回升。相反，在喇萨杏油田南部，油层均质性较强，不同流管间油墙与聚合物溶液段塞前缘突破时间接近，在动态上表现为见效时间晚，但见效幅度大，预计含水率回升后速度也较快。最后强调的是，由于大庆油田使用的聚合物模型没有考虑地层压力随时间变化，所以由注聚合物后油层各个流管压力变化所产生的聚合物驱效果不能表现出来，所预测的效果只能是油墙突破油井，即饱和度变化产生的效果。因此滞后于油层实际。

同时，由于油井处于网格内部，也不能较好地表现出油墙和聚合物段塞的逐渐突破过程。流管方法过于理想化，对复杂的油层非均质性和生产过程较难描述，因此应将两种方法结合起来认识聚合物驱油特征。

4.5 CO_2非混相驱前缘驱替方程

我国东部老油区为陆相生油，具有含蜡量高、原油黏度高、混相压力高等特点，在开采过程中注入的 CO_2 与被驱替原油之间存在一个不断向前推进的相界面，可称之为相前缘。同时，CO_2 易于溶解原油并在原油中扩散，又在油相中存在一个 CO_2 组分前缘，两个前缘运动规律远远比水驱前缘复杂，对其深入理解有助于 CO_2 非混相驱的认识。本节主要考虑 CO_2 驱油的动力学特性，如再考虑热力学与物理化学特性，可参考本书第 1 章。

1974 年，美国学者桑德拉和尼尔森[31]采用 Buckley-Leverett 理论对气驱前缘进行了描述。在此基础上，中外学者对 CO_2 驱的渗流方程和前缘推进速度等进行了一些研究，但这些理论研究均没有考虑 CO_2 在原油中的溶解扩散作用。与此同时，很多学者相继指出注入气与地层流体之间存在分子扩散作用，并建立了考虑这一作用的多组分数学模型，部分学者根据菲克定律建立了 CO_2 在原油中的扩散方程，但这些理论没有有效描述相前缘的运移。

笔者在何应付博士的协助下，考虑注入 CO_2 总量分配，将两个前缘运移综合起来，建立了 CO_2 非混相驱前缘运移理论，研究了两个前缘运动规律。

4.5.1 基本渗流方程

1. 油中 CO_2 扩散段模型求解

假设 CO_2 在原油中的扩散满足菲克定律，可以得到

$$D\phi \frac{\partial^2 c}{\partial x^2} - v \frac{\partial c}{\partial x} = \phi \frac{\partial c}{\partial t} \tag{4-92}$$

式中，D 为扩散系数；c 为组分浓度；v 为渗流速度；ϕ 为孔隙度。

为使方程的结果具有普适性，定义如下的无因次参数，并将方程无因次化：令 $Pe = vL/(D\phi)$ 为佩克莱数（L 为扩散段长度），$t_D = \int_0^t v/(\phi L)\,\mathrm{d}t$，$x_D = x/L$，$c_D = c/c_J$（$c_J$ 为 CO_2 的注入浓度），得到

$$\frac{1}{Pe}\frac{\partial^2 c_D}{\partial x_D^2} - v\frac{\partial c_D}{\partial x_D} = \phi\frac{\partial c_D}{\partial t_D} \tag{4-93}$$

在如下的初始边界条件下，对上述模型进行求解：

$$c_D = 1, \quad x_D = x_{fD}, \quad t_D \geqslant 0 \tag{4-94}$$

$$c_D = 0, \quad t_D = 0, \quad x_D \geqslant x_{fD} \tag{4-95}$$

$$c_D = 0, \quad x_D \to \infty, \quad t_D \geqslant 0 \tag{4-96}$$

对式(4-93)～式(4-96)组成的模型进行求解，即可获得扩散段 CO_2 的浓度分布。对式(4-93)进行拉普拉斯变换，就有

$$\frac{1}{Pe}\frac{d^2 \bar{c}_D}{dx_D^2} - \frac{d\bar{c}_D}{dx_D} = s\bar{c}_D \tag{4-97}$$

式中，$\bar{c}_D$ 为 c_D 拉普拉斯变换后的量；s 为拉普拉斯变换的复变量。则式(4-97)为一个二阶常微分方程，特征方程为

$$\frac{1}{Pe}r^2 - r - s = 0 \tag{4-98}$$

该特征方程的根为

$$r_1 = \frac{1 - \sqrt{1 + \dfrac{4s}{Pe}}}{\dfrac{2}{Pe}}, \quad r_2 = \frac{1 + \sqrt{1 + \dfrac{4s}{Pe}}}{\dfrac{2}{Pe}} \tag{4-99}$$

因此式(4-97)的解为

$$\bar{c}_D = A(s)\exp\left[\frac{x_D\left(1 - \sqrt{1 + \dfrac{4s}{Pe}}\right)}{\dfrac{2}{Pe}}\right] + B(s)\exp\left[\frac{x_D\left(1 + \sqrt{1 + \dfrac{4s}{Pe}}\right)}{\dfrac{2}{Pe}}\right] \tag{4-100}$$

将外边界条件，即 $c_D=1$，$x_D \to \infty$，$t_D \geqslant 0$ 代入式(4-100)可知

$$\overline{c}_{\mathrm{D}}=A(s)\exp\left[\dfrac{x_{\mathrm{D}}\left(1-\sqrt{1+\dfrac{4s}{Pe}}\right)}{\dfrac{2}{Pe}}\right]\qquad(4\text{-}101)$$

将内边界条件 $c_{\mathrm{D}}=1$, $x_{\mathrm{D}}=x_{\mathrm{fD}}$, $t_{\mathrm{D}}\geqslant0$, $\overline{c}_{\mathrm{D}}=1/s$, $\overline{x}_{\mathrm{D}}=\overline{x}_{\mathrm{fD}}$ 代入式 (4-100) 可得

$$A(s)=\frac{1}{s}\qquad(4\text{-}102)$$

因而就有

$$\overline{c}_{\mathrm{D}}=\frac{1}{s}\exp\left[\dfrac{x_{\mathrm{D}}\left(1-\sqrt{1+\dfrac{4s}{Pe}}\right)}{\dfrac{2}{Pe}}\right]\qquad(4\text{-}103)$$

对式 (4-103) 进行拉普拉斯反演可得

$$c_{\mathrm{D}}(x_{\mathrm{D}},t_{\mathrm{D}})=\exp\left(\dfrac{x_{\mathrm{D}}Pe}{2}\right)\left[\dfrac{1}{s}\exp\left(-\dfrac{x_{\mathrm{D}}}{\sqrt{\dfrac{1}{Pe}}}\sqrt{\dfrac{Pe}{4}+s}\right)\right]\qquad(4\text{-}104)$$

根据拉普拉斯交换的积分定理, 若 $L[f(t)]=F(s)$, 则有

$$L\left[\int_0^t f(t)\mathrm{d}t\right]=\frac{1}{s}F(s),\quad \mathrm{e}^{-xt}f(t)=\overline{f}(p+s)\qquad(4\text{-}105)$$

令 $a=x_{\mathrm{D}}\big/\sqrt{1/Pe}$, $b=\sqrt{1/(4Pe)}$, 则有

$$\exp\left(-a\sqrt{b^2+s}\right)=\frac{a}{2\sqrt{\pi t^3}}\exp\left(-\frac{a^2}{4t}\right)\exp\left(-b^2t\right)\qquad(4\text{-}106)$$

通过拉普拉斯变换可知,

$$L^{-1}\left[\frac{1}{s}\exp\left(-\frac{x_D}{\sqrt{\frac{Pe}{1}}}\sqrt{\frac{Pe}{4}+s}\right)\right]=\int_0^t\frac{a}{2\sqrt{\pi t^3}}\exp\left(-\frac{a^2}{4t}\right)\exp(-b^2t)\mathrm{d}t$$

$$=\exp(ab)\int_0^t\frac{a+2bt}{4\sqrt{\pi t^3}}\exp\left(-\frac{a-2bt}{4t}\right)\mathrm{d}t+\exp(ab)\int_0^t\frac{a-2bt}{4\sqrt{\pi t^3}}\exp\left[-\frac{(a+2bt)^2}{4t}\right]\mathrm{d}t$$

$$(4\text{-}107)$$

令 $H=(a-2bt)\big/\left(2\sqrt{t}\right)$，$Y=(a+2bt)\big/\left(2\sqrt{t}\right)$，$\mathrm{d}H=\left[-(a+2bt)\big/\left(4t\sqrt{t}\right)\right]\mathrm{d}t$，$\mathrm{d}Y=\left[-(a-2bt)\big/\left(4t\sqrt{t}\right)\right]\mathrm{d}t$，有

$$L^{-1}=\frac{\exp(-ab)}{2}\frac{2}{\sqrt{\pi}}\int_0^{\frac{a-2bt}{2\sqrt{t}}}\exp(-H^2)\mathrm{d}H-\frac{\exp(ab)}{2}\frac{2}{\sqrt{\pi}}\int_0^{\frac{a+2bt}{2\sqrt{t}}}\exp(-Y^2)\mathrm{d}Y$$

$$(4\text{-}108)$$

余误差函数为 $\mathrm{erfc}(z)=1-\mathrm{erf}(z)=\dfrac{2}{\sqrt{\pi}}\displaystyle\int_z^x e^{-a^2}\mathrm{d}a$，则

$$L^{-1}=e^{-ab}\big/2\cdot\mathrm{erfc}(H)+e^{ab}\big/2\cdot\mathrm{erfc}(Y) \tag{4-109}$$

把式(4-109)代入式(4-108)有

$$c_D(x_D,t_D)=e^{\frac{x_D Pe}{2}}\left[\frac{e^{-ab}}{2}\mathrm{erfc}(H)+\frac{e^{ab}}{2}\mathrm{erfc}(Y)\right] \tag{4-110}$$

将 $a=x_D\big/\sqrt{1/Pe}$，$b=\sqrt{1/(4Pe)}$，$H=(a-2bt)\big/\left(2\sqrt{t}\right)$，$Y=(a+2bt)\big/\left(2\sqrt{t}\right)$ 代入式(4-110)，即可获得扩散段 CO_2 的浓度分布：

$$c_D(x_D,t_D)=\frac{1}{2}\mathrm{erfc}\left(\frac{x_D-t_D}{2\sqrt{\frac{t_D}{Pe}}}\right)+\frac{1}{2}e^{x_D Pe}\mathrm{erfc}\left(\frac{x_D+t_D}{2\sqrt{\frac{t_D}{Pe}}}\right) \tag{4-111}$$

2. 油气非混相段求解

不考虑毛细管力、重力，以及 CO_2 溶解于油后油相特性的变化和 CO_2 相压缩性，可以采用经典的 Buckley-Leverett 方程进行求解。

等饱和度移动方程为

$$x - x_0 = \frac{f_g'}{\phi A} \int_0^t q(t) \mathrm{d}t \tag{4-112}$$

式中，f_g 为含气率；f_g' 为其导数；A 为模型横截面积；q 为瞬时产量；x 为前缘位置；x_0 为前缘初始位置。

气相前缘位置为

$$x_{f1} - x_0 = \frac{f_{gf}'}{\phi A} \int_0^t q(t) \mathrm{d}t \tag{4-113}$$

式中，x_{f1} 为气相前缘位置，其中下标 f 表示前缘；f_{gf}' 为气相前缘位置的含气率导数。

令 $Q_{c1} = \int_0^t q(t) \mathrm{d}t$，则有

$$x_{f1} - x_0 = \frac{f_{gf}'}{\phi A} Q_{c1} \tag{4-114}$$

且 $x_0 = 0$，$f_g' = \dfrac{\mathrm{d}f_g}{\mathrm{d}S_g} \bigg/ S_{gf}$（其中 S_{gf} 为气相前缘饱和度），于是

$$x_{f1} = \frac{Q_{c1}}{\phi A} \cdot \frac{\mathrm{d}f_g}{\mathrm{d}S_g} \bigg/ S_{gf} \tag{4-115}$$

导数项由相对渗透率曲线求出，即可求出有关 Q_{c1} 和相前缘位置 x_{f1} 等。

在求解出气相前缘位置后，可由式(4-116)和式(4-117)求解出油气两相区油相溶解 CO_2 的量：

$$\bar{S}_o = \frac{1}{x_{f1}} \int_0^{x_{f1}} S_o(x) \mathrm{d}x \tag{4-116}$$

$$Q_{c2} = R_s A \phi x_{f1} \bar{S}_o \tag{4-117}$$

式中，S_o 为含油饱和度；$\bar{S}_o$ 为平均含气饱和度；R_s 为原始溶解气油比。

3. 注入 CO_2 物质平衡分配模型

注入油藏中的 CO_2 量 Q_{ct} 可以概括为：第一部分 Q_{c1} 以气相方式赋存在油藏中，第二部分 Q_{c2} 以溶解方式赋存在与气相相伴随的原油中，第三部分 Q_{c3}

以扩散方式赋存在前段原油中，第四部分Q_{c4}由采出端产出。并且满足如下物质平衡方程：

$$Q_{ct} = Q_{c1} + Q_{c2} + Q_{c3} + Q_{c4} \tag{4-118}$$

式中，Q_{c1}为非混相段以气相存在的CO_2量；Q_{c2}为非混相段以溶解状态存在的量；Q_{c3}为扩散段CO_2量；Q_{c4}为采出端采出CO_2量。

可以用如下计算方法对CO_2的各个分配量进行计算。

(1)给定时刻t和累积注入量Q_{ct}。

(2)假定Q_{c1}，由气相方程计算出相前缘。

(3)计算出气相段剩余油平均饱和度和溶解量Q_{c2}。

(4)由扩散方程CO_2浓度分布计算出Q_{c3}，此时长度为$L - x_f$。

(5)对各个部分求和，与Q_{ct}比较，如差别较大，调整Q_{c1}，执行上述过程直到满足误差要求为止。

4.5.2 开发指标计算

1. 相前缘运动速度与相突破时间

根据气驱 Buckley-Leverett 方程可知，气相前缘运移速度为

$$v_t = \frac{q(t)}{\phi A} f'(S_{gf}) \tag{4-119}$$

并在此基础上，进一步推导可获得气相突破时间：

$$t_{gb} = \frac{E}{2 f'^2(S_{gf})} + \frac{1}{f'(S_{gf})} \tag{4-120}$$

式中，$E = k_{ro}(S_{gc}) \int_{S_{gc}}^{S_{gf}} f'(S_g)/(k_{ro} + \mu_{og} k_{rg}) dS_g - f'(S_{gf})$，$\mu_{og}$为油气黏度比。

2. 组分前缘运动速度与见气时间

与水驱不同的是，CO_2突破存在两个前缘，组分前缘运动速度和突破时间对CO_2驱具有十分重要的意义，对于组分浓度c_D为某一常数时，有

$$\frac{\partial c_D}{\partial x_D} dx_D + \frac{\partial c_D}{\partial t_D} dt_D = 0 \tag{4-121}$$

进而得到

$$v_{xf2} = -\frac{v}{\phi}\frac{\dfrac{\partial c_D}{\partial t_D}}{\dfrac{\partial c_D}{\partial x_D}} \tag{4-122}$$

对式(4-121)和式(4-122)进行数值求解即可以获得组分前缘运动速度和相应的突破时间。

3. 相突破前气油比和采出端产气量

相突破前,采出端属于单相流动,此时的瞬时产油量为

$$q_o = \frac{q_o^0}{\sqrt{1 + Et_g}} \tag{4-123}$$

式中,q_o^0为采出端初速采油速度;t_g为无因次时间,$t_g = q_o^0 t/(LA\phi)$。

根据扩散段CO_2浓度方程可获得出口端CO_2的摩尔浓度,由此即可获得相突破前气油比GOR的计算公式:

$$GOR = 22.4 c_D c_J + R_s \tag{4-124}$$

式中,R_s为原始溶解油气比。

根据瞬时产量公式,即可获得出口端在相突破前的产气量计算方法:

$$q_g = q_o GOR \tag{4-125}$$

4. 相突破后气油比和采出端产气量

在相突破以后,采出端属于油气两相流动,此时地下状态流体采出量为

$$q_L = \frac{f'(S_{ge})}{k_{ro}(S_{gc})\displaystyle\int_{S_{gm}}^{S_{ge}}\dfrac{f'(S_{ge})}{k_{ro} + \mu_{og}k_{rg}}dS_g} \tag{4-126}$$

式中,μ_{og}为油气黏度比;k_{ro}为油相相对渗透率;S_{ge}为出口端含气饱和度,下标e表示出口段,g表示气相。则相应的采油量和采气量公式为

$$q_g = q_L f_{ge} q_o^0 B_g \tag{4-127}$$

$$q_o = q_L(1 - f_{ge})q_o^0 B_o \tag{4-128}$$

式中，f_{ge} 为出口端含气率；B_g 为气相体积系数；B_o 为油相体积系数。此时的油气比计算公式为

$$GOR = \frac{f_{ge}B_g}{(1 - f_{ge})B_o} + R_s \tag{4-129}$$

4.5.3　计算实例与认识

根据前述建立的模型和计算方法，建立如下一维模型进行计算：注入气黏度 0.05mPa·s，原油黏度 5.0mPa·s，束缚水饱和度 0.43，束缚气饱和度 0.05，模型横截面积 25m^2，模型长度 100m，模型孔隙度 15%，注入气组分扩散系数 1.0×10^{-5}m^2/s，计算结果见图 4-20～图 4-24 所示。

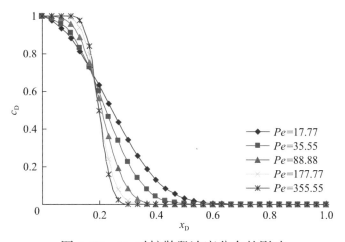

图 4-20　Pe 对扩散段浓度分布的影响

根据开发指标计算方法可以看出，CO_2 驱替效果除与储层的相渗、原油黏度等基础参数有关外，还与 CO_2 注入速度、扩散速度等有关。本章中 Pe 表示注入速度和扩散速度的相对比例，图 4-20～图 4-24 分别是 Pe 对扩散段浓度分布、相和组分突破时间、气油比、波及系数差值、注入量存在形式影响的计算结果，从中可以看出 Pe 越小，扩散段越大，组分突破越早而相突破越晚，相同采出程度下气油比越低，组分波及系数与相波及系数的差值越大，即开发效果相对越好；与之相反，若 Pe 越大，则扩散段较小，相突破越早，气油比较高，即开发效果相对较差。这是因为 Pe 越小，注入速度相对较小，扩散作用相对越强，能够充分发挥 CO_2 的溶解扩散作用，且相对推迟了相的突破时间。

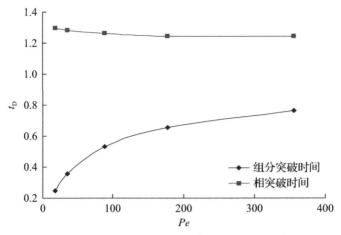

图 4-21　*Pe* 对组分和相突破时间的影响

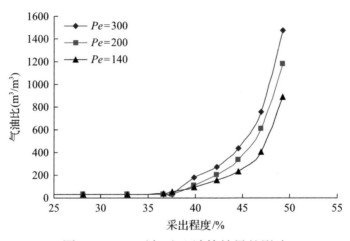

图 4-22　*Pe* 对气油比计算结果的影响

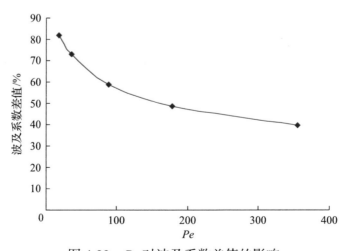

图 4-23　*Pe* 对波及系数差值的影响

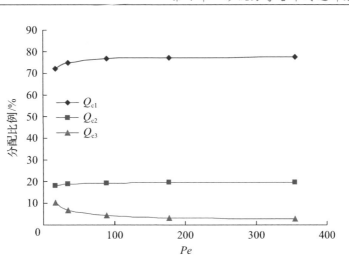

图 4-24 不同 Pe 下组分突破时注入量存在形式的影响

4.5.4 小结

(1)根据总量协调控制、分段求解原则,建立了 CO_2 非混相驱前缘驱替理论,给出了相及组分前缘运动速度、相及组分突破时间、气油比等开发指标计算方法。

(2)佩克莱数对 CO_2 驱替效果存在明显影响,计算结果表明,佩克莱数越小,即注入速度相对越小,扩散作用相对越强时,相突破越晚、相同采出程度下气油比越低,即开发效果越好,因而建议在 CO_2 驱替实施时采用低速注入的技术政策。

第 5 章　油田开发优化方面研究与思考

油田开发的根本目标是通过最少的费用最大程度地提高原油采收率，油田开发过程是一个不断认识、不断调整、不断逼近开发目标的典型闭环最优控制过程。因此，运用数学模型研究油田开发优化问题一直是笔者感兴趣和关注的一个领域，并为此做了一些研究与思考。

5.1　优化方法在油田开发决策中应用综述

运用优化方法研究油田开发决策问题可追溯到 1958 年 Aronofsky 和 Lee[32]在 *Journal of Petroleum Technology*（JPT）期刊上发表的题为 "A linear programming model for scheduling crude oil production" 的文献。该文献中运用线性规划方法研究了以生产效益最大化为目标的有限多个均质油藏的生产规划问题。之后，又有几篇文章发表在 *Operations Research*、*Management Science* 与 JPT 等刊物上，但在 1985 年以前，这些文献都属于探索性的，优化方法在油田开发决策中的应用还没有得到足够的重视，因此在油田生产领域的成功应用仍然很少。1985 年以后，由于油田开发的实际迫切需要和优化方法、计算机技术的迅速发展，情况发生了很大变化。美国、苏联和中国等主要产油国的一些科研单位、大专院校及石油公司都积极地使用优化技术解决各种各样的油田开发问题，在建模、求解和应用等方面都有了较大的进展，笔者对具有代表性的成果进行归纳、总结，同时对优化方法解决油田开发决策问题的进一步发展方向进行了初步探讨。

5.1.1　产量分配方面

一个大的油气公司往往由多个油气田或开发区块组成，如何合理分配产量实现最佳经营是决策者经常遇到的问题。运用优化方法研究该问题在美国、苏联和中国都得到了一些尝试。1986 年，Lasdon 等[33]在气藏数值模拟预测气藏开采状态基础上，提出了以下三个目标分别建立优化模型。

（1）使气藏在某一特定时间内（如最后阶段最后一天）达到最大输送能力。

（2）最大限度地缩小每月气藏产出量与实际需求量之间差别。

(3)以上两个目标都考虑，利用加权线性组合办法进行协调。

模型的决策变量(或控制变量)是各井产量、约束条件为产量非负性和最大生产能力，目标函数和约束条件都是决策变量的函数，是通过非线性气体渗流微分方程给出的。方程的求解需要有限差分法，即气藏数值模拟技术。计算一次目标函数就要数值求解一次微分方程。在优化解法方面，使用了罚函数方法把有约束问题转化成一系列无约束问题，并用 BFGS[①]法求解。讨论了作为决策变量隐式函数(微分方程相联系)的目标函数梯度的算法。通过计算实例，对比优化方法得到的方案与一个经验给出的方案，表明优化技术的有效性。

类似地，葛家理和赵立彦[34]建立了一个成组气田开发优化配产的非线性混合整数规划模型，以单位产气量成本最小为优化目标，用直接方法求解。葛家理教授还建立了一个具有递阶结构的全国石油产量分配优化模型。第一级总目标是总成本最低，决策变量是各大油区分配产油量，约束条件是全国年配产量等于各大油区分类构成产量之和。第二级由五个子系统组成，分别为老区递减部分产量、老区措施部分产量、老区调整方案部分产量、老区扩边部分产量和新区投产部分产量，各子系统之子目标是各自成本最低，约束条件为分配的各油区产量等于各子系统的构成产量，运用分解协调算法求解递阶结构优化问题。

5.1.2　生产管理与规划方面

生产管理与规划问题是最常规的决策问题，是以各种措施(如钻井等)作为控制变量来实现经营者某种目标的优化问题，美国、苏联和中国在这一方面都做了大量工作，比较有代表性的有：

(1)Mcfakland 等[35]建立了一个油田开发规划的优化控制模型，追求的目标是现金流净现值最大，决策变量是各阶段的钻井数、采油速度和生产年限等(目标函数与油价、产量和费用直接相关，而产量和费用又与钻井数有关。因此，最根本的决策变量是钻井数)。产量与钻井数之间关系由储罐模型，即零维模型给出。所谓储罐模型就是忽略油藏非均质性，由物质平衡方程给出的模型。优化模型解法仍然使用 Mcfakland 等[35]所用的罚函数法。

(2)Wackowski 等[36]运用决策树分析方法研究 CO_2 与水交替注入问题，追

---

① BFGS(Broyden-Fletcher-Goldfarb-Shanno)法是一种拟牛顿法，指用 BFGS 矩阵作为拟牛顿法中的对称正定迭代矩阵的方法，此法是 1970 年前后由柏萝登(Broyden)、弗莱彻(Fletcher)、戈德法布(Goldfarb)以及生纳(Shanno)所研究，简称 BFGS 法。

求的目标是规划期 20 年内净现值最大,决策变量为 CO_2 段塞尺寸、水气比例、压缩能力规模、注入区的扩展速度和顺序等,决策树是在影响图分析的基础上形成的,使用油藏数值模型器进行各种方案结果预测。

(3) Babaev[37]以单位产量费用最小为目标函数,建立了一个多层气田或油田优化分层钻井井数和各层之间钻井井数随时间变化的线性规划模型。

(4) 华罗庚先生与大庆油田合作,建立了一个油田开发规划优选的线性规划模型,追求的目标是整个规划期内各项稳产措施的投资及生产费用最少。约束条件较多,有产油量约束、措施工作量约束和电能增量约束等。由于模型由上百个决策变量组成,在求解方面使用了分解的单纯形算法。

(5) 齐与峰和朱国金[38]运用最优控制理论研究稳产规划问题,建立了一套注水开发油田稳产规划自适应模型。决策变量(或控制变量)是 11 项油水井稳产措施(如压裂、堵水等),目标泛函是净收益最大,根据油田客观实际给出了一套约束条件。以累积产油量、累积产水量和地层压力作为状态指标,使用广义卡尔曼滤波和递推最小二乘法处理油田动态数据,建立一套多步递阶预测模型作为系统的状态方程,使用以极大值原理为基础的基于目标泛函梯度的迭代算法求解最优控制模型。

此外,哈尔滨工业大学冯英俊和张杰分别运用动态规划方法和目标规划方法[39,40],黑龙江大学韩志刚教授团队通过递阶结构模型使用分解协调算法[41],中国人民大学计小宇教授研究团队等运用不确定优化算法研究大庆油田开发规划问题[42],后面专门论述。

5.1.3 油田开发政策和方案研究方面

Amit[43]于 1986 年建立了一个最优化控制模型来研究包含一次采油和二次采油两个阶段的某些开发政策问题,目标函数为整个开发阶段的累计净现值最大,控制变量为钻井策略、井口装置策略、一次采油转向二次采油时间、二次采油阶段的采油速度和持续时间。通过对最优控制问题解存在的必要条件推导和分析,得到了实现最佳开发效果所需要的定性的决策及其影响因素。这是运用优化模型方法研究油田开发政策的一个范例。

齐与峰等[44,45]建立了一个结合油田地质、渗流力学、国家指令计划及地面建设与工艺要求的油田总体开发设计最优控制模型,目标泛函是最少费用,由地面基建、生产消耗与管理等费用组成。控制变量为井距、注水压力、生产流压和采注井数比。约束条件由控制变量约束和状态方程约束构成,如产量要求等。本节讨论了解的存在性和唯一性,由变分原理给出了一套基于梯度的迭代算法，通过实例计算说明所建最优控制模型的有效性。

5.1.4　井位优化方面

根据地质条件，油层发育情况实施优化布井是实现少投入、多产出的一个重要方面，美国学者对此做了较多的研究。Rosenwald 和 Green[46]建立了一个从气藏可能的井位中选择一定井数条件下的井位优化模型。目标函数是产量曲线与要求的逐年产量曲线差距达到最小。每个可能的井位设置一个开关变量（取 0 表示不布井，1 表示布井），井的最大允许压降作为模型的约束条件。通过气藏数值模拟获得可能井位布井下的一系列势函数，然后利用势叠加原理找出井产量与开关变量的关系。开关变量的优化求解使用了分支定界混合整数规划法，计算实例表明这种优化井位方法是有效的。

Beckner 和 Song[47]将钻井顺序和布局看成为一个"旅行商问题（travelling salesman problem）"，目标函数是净收益最大，钻井顺序和井位作为决策变量，使用模拟退火算法（simulated annealing）求解，通过油藏数值模拟预测不同决策的产量，考虑了油层非均质性的变化和钻井费用变化对决策的影响。

类似地，Bitterncourt 和 Home[48]于 1997 年提出了遗传算法（GA）与复合型算法相结合的混合遗传算法（hybrid genetic algorithm），给出了一个海上油田的计算实例。

5.1.5　三次采油过程控制方面

与注水相比，三次采油技术在实施过程中更为复杂，更有必要使用优化手段优选工艺参数。这一方面美国开展了一些卓有成效的工作，我国也进行了尝试。

1. 循环注蒸汽过程的优化

循环注蒸汽（蒸汽吞吐）是开采稠油的一种有效方法，每个周期都包含一个较短时间以规定条件向井中注入蒸汽和一个较长时间的采油。Gottifried[49]对该过程建立了一个非线性规划模型，决策变量是各周期长度及每个周期的蒸汽注入量，目标函数是累积净现值最大，净现值是循环注蒸汽增加油量的收入扣除蒸汽费用，是决策变量的函数，约束条件是总生产时间不超过某一固定值或注入蒸汽总量小于某一固定值。在求解方面，使用了外罚函数方法，并认为这种方法解此问题比动态规划法和庞特里亚金极大化原理（Pontryagin maximal principle）法具有更多的优点。

齐与峰[50]建立了一个表征蒸汽注入最佳过程的最优控制模型。该模型以描述流体和热能运动的微分方程为状态方程，以净收益最大为目标，控制变量为注入、采出液随时间变化函数和注入蒸汽干度。运用变分原理和最优控制理论讨论了模型的基于目标泛函梯度的迭代解法。

2. 化学剂注入浓度控制方面

化学驱提高原油采收率方法需要向油层注入一定量的化学剂。由于化学剂昂贵的费用，决定了化学剂用量的优化是化学驱采油方法的一个重要课题。Ramirez 等[51]将分布参数系统的最优控制理论应用于稀油 EOR 过程的最佳可行注入方案研究。优化的准则是以最少的注入花费，获取最大的原油采出量，目标函数是注入化学剂费用减去采出原油价值。控制变量为注入化学剂浓度随时间变化函数，系统的状态方程是流体的饱和度和化学组分浓度变化微分方程，是最优控制模型的约束条件。运用变分原理和庞特里亚金极大值原理推出了得到最优控制的必要条件。在此基础上提出了一套基于目标泛函梯度的迭代解法。以表面活性剂驱油作为具体实例进行计算，状态方程考虑了物质交换的对流和扩散机理，还考虑了表面活性剂在固相基质上吸附和表面活性剂在各液相间的分配。实例计算表明所建模型是可行的，数学优化方法在这一领域具有很好的应用前景。

5.1.6 油田战略规划方面

油田战略规划属于全局性长远期规划，涉及经营与投资方向，其成功与否关系到石油公司的生死存亡。美国在此方面开展了一些研究，而我国相关研究较少。ARCO 油气勘探开发公司依据 Forrester[52]的系统动力学思想，针对影响因素众多、关系错综复杂、难以用传统的数学规划方法进行研究的长期战略规划问题和业务活动建立了一个计算机模型。首先假设各种决策，如勘探、钻井、开采设备投资的时机和社会经济环境如油气价格等，然后运用模型对不同环境下的各种决策方案进行模拟预测。根据预测结果，决策者依据一组决策规则，如一定花费下当年净现值收获最大，或最大限度提高就业机会等选择最满意决策。从本质上讲，这种优化过程不属于自动化过程，主要是由决策者以人机对话方式对所假定的决策方案进行优选。我国在地区综合经济发展战略等方面使用过系统动力学方法，在油田开发方面还没有见到成熟的工作，今后应加强这一方面研究，尤其在碳控方面应该有很大的应用前景。

此外，Burness 等[53]运用一个线性规划模型进行多种勘探与开发项目的投资的分配，Nesvold 等[54]也利用线性规划模型研究海上油田平台安装，钻进计划等开采策略问题。

5.1.7　优化方法在油田开发决策中应用的进一步讨论

综上所述，目前一些常用的优化方法，如线性规划、动态规划、最优控制、模拟退火与遗传算法都已在油田开发决策中得到了不同程度的应用，可以说油田开发是优化方法应用的一个广阔领域。但应注意的是，与其他系统相比，油田开发系统是一个更复杂的系统。这是因为：第一，它不仅是一项技术活动，也是一项经济活动，受到政治、军事等因素的影响，是一个典型的多目标决策问题；第二，油层深埋地下，人们对它的认识是间接的，再加上油层复杂的非均质性，因此人们对它的认识又是不完全的，具有较强的随机性和模糊性；第三，石油属于枯竭性资源，开采过程中投资较大，风险高，且具有动态特性，不能重复实验；第四，油田开发涉及开发地质、油藏工程、采油工程与地面工程等众多专业，这些专业相互影响、相互制约。以上特点决定了油田开发决策绝不是一个简单的过程，必须根据油田开发所固有的特性开展研究从定性到定量、从专家经验到计算机模拟的综合集成方法。

1. 建立模型方面

油田开发决策优化问题不单单是技术问题，优化模型也不是一成不变的。不同的经济管理模式将决定具有不同类型的目标函数。因此不能简单地生搬硬套国外的模型，也不能照抄国内过去已有的工作。随着我国经济体制的两个根本性转变，尤其是国内油田上市和海外油气提高采收率作业管理，油田开发经营方针也必须做出相应的调整。该形势下如何建立决策模型中的目标函数，确立决策准则应该是进一步值得研究的重点课题。

2. 预测模型方面

预测是决策管理的前提，优化必须在科学预测的基础上进行，因此在发展油田开发决策模型过程中应该加强预测技术的研究。一般情况下，油田挖潜对象越来越差，常规措施效果逐步变差，油层是一个典型的变结构系统，因此完全从生产历史数据建模外推可能会出现较大偏差。同时也有一些新措施尚未经历过矿场试验和生产实践，仅仅有一些数值模拟或室内实验数据，所有这些都给传统的基于数据的预测方法(如常用的回归分析)带来诸多困难。因此有必要建立一套以油层渗流力学机理研究为基础，以实际生产或矿场试验数据为依据，同时结合数值模拟计算和油田开发专家经验的综合集成预测技术。

3. 优化算法方面

油田开发方面现已使用的优化方法在系统工程称之为"硬优化"方法，其总体特征是追求数学上的严格化、结构化和求解过程的自动化，往往忽视行业专家的经验，这样的方法对油田开发这样既有工程问题，又有经济问题，对油层的认识又具有模糊性的复杂人工-天然系统可能存在一些困难。对于这类系统，应该注意采用近年来发展起来的"软优化"方法，将追求最优解转变为满意解，结合实际问题使用一些"启发式"算法，充分借用油田开发专家的经验，在决策过程中注意人机结合的半自动化方式，注重从定性到定量的多种方法的综合集成。

5.2 运筹学方法在大庆油田开发中的应用

大庆油田自 1960 年投入开发以来，始终遵循的开发总方针：以最少的投入，实现最高的原油采收率。开发初期坚持注好水、注够水，维持地层压力水平，保证原油长期高产稳产，最大限度地满足国民经济发展的需要。进入高含水阶段后，又坚持控水挖潜，加大三次采油步伐和低渗透率油田建产力度，减缓递减。围绕着开发总方针，大庆油田制定了一系列油田开发规划方案、油田开发设计方案以及层段配产配注方案来指导油田开发生产。一般情况下，这些方案是从许多可能的方案中挑选出来的符合上述方针的最佳方案，所以从这意义上讲，这些方案的制定属于优化问题，应该充分利用运筹学方法。正是因为运筹学方法在大庆油田开发中的巨大应用前景，著名数学家华罗庚教授生前多次来大庆推广优选法和统筹法，大庆油田开发战线上的科技人员也积极探讨运用运筹学方法研究本领域的问题。可以说运筹学思想、运筹学方法已经在大庆油田开发工作中生根、开花、结果。本节对已有的一些研究成果进行介绍，对其进一步发展方向进行初步探讨。

5.2.1 "六分四清"阶段中应用的数学规划模型

大庆油田 1970 年以后由于分层开采技术的不断提高,大力开展分层注水、分层采油、分层测试、分层改造、分层研究、分层管理工作，实现了分层采油量清、分层注水清、分层出水量清、分层压力清，即"六分四清"。这套工艺技术在认识和改造多层非均质方面表现出巨大的优势。为了更好地运用这套技术，大庆油田开展了以下两个数学规划模型研究。

1. 关于单井最大产能的数学规划模型

对于多层油藏，单井产油量可以写为

$$Q_0 = \sum_{i=j}^{m} J_i (p_i - p_{ci}) \tag{5-1}$$

式中，m 为油井层段数；J_i 为层段采油指数；p_i 为 i 层段地层压力；p_{ci} 为 i 层段工作流压。m_i、J_i、p_i 均为已知量，并且满足

$$p_{cj} \leqslant p_{ci} \leqslant p_i \tag{5-2}$$

式中，p_{cj} 为井 j 的井底流压（大气压），通过统计得到

$$p_{cj} = p_{0j} + 2p_{tj} + 40 f_j \tag{5-3}$$

式中，p_{0j} 为因井而异的常数；p_{tj} 为油井 j 油压；f_j 为油井 j 含水率。

需要优化的量是 p_{ci} 和哪些高含水层需要堵掉。显然 p_{ci} 取最小值 p_{cj} 即可增加油量，而高含水层堵掉（堵水）是否会增加产量要通过计算堵水前后产量加以判断。用这样的方法可以判断要不要堵死高含水层和堵死哪几个高含水层以确定最大产能的合理工作制度。采用迭代法计算产能，计算过程如下。

给定全井流压初值 $p_c^{(0)}$（可是某一次实测值），计算：

$$Q_1^{(1)} = \sum_{i=1}^{m} J_{1i} \left(p_i - p_c^{(0)} \right) \tag{5-4}$$

$$Q_0^{(1)} = \sum_{i=1}^{m} J_{oi} \left(p_i - p_c^{(0)} \right) \tag{5-5}$$

$$f_w^{(1)} = 1 - Q_o^{(1)} / Q_1^{(1)} \tag{5-6}$$

式中，J_{1i} 为 i 层段采油指数。

如果 $p_c^{(0)}$ 与 $f_w^{(1)}$ 适合于井筒条件[式(5-3)]，则 $Q_o^{(1)}$ 就是油井最大产油量，$p_c^{(0)}$ 就是全井流压，如果不适合，则将 $f_w^{(1)}$ 代入式(5-3)求出 $p_c^{(1)}$ 当作初始值，再按上述方法计算，直到合适为止。

2. 关于合理配产的数学规划模型

含水上升率是反映油田注水开发效果的一项重量要指标，含水上升率越小，稳产条件越好，越有可能获得较高的阶段采收率和最终采收率。因此，在开发规划工作中要求在一定采油速度下含水上升率尽可能小一些，根据油田开发理论，全区含水上升率为

$$\xi_B = \cfrac{\cfrac{\displaystyle\sum_{i=1}^{N}\cfrac{f_i + b_i J_i \Delta p_i}{1 - f_i - b_i J_i \Delta p_i} J_i \Delta p_i}{\displaystyle\sum_{i=1}^{N}\cfrac{J_i \Delta p_i}{1 - f_i - b_i J_i \Delta p_i}} - \cfrac{\displaystyle\sum_{i=1}^{N}\cfrac{f_i}{1 - f_i} J_i \Delta p_i}{\displaystyle\sum_{i=1}^{N}\cfrac{1}{1 - f_i} J_i \Delta p_i}}{\cfrac{t}{\displaystyle\sum_{i=1}^{N} V_i}\displaystyle\sum_{i=1}^{N} J_i \Delta p_i} \tag{5-7}$$

式中，t 为生产时间；N 为全区总层段数；V_i 为层段石油地质储量；$\Delta p_i = p_i - p_{ci}$，为层段工作压差；$b_i = \delta_i t / V_i$，其中 δ_i 为层段含水上升率。

根据"井井增产"要求，若用 $\bar{q}_j$ 表示目前单井采油量，则

$$J_k \left(p_k - p_{ck} \right) + \sum_{i \neq k, i \in J} J_i \left(p_i - p_{ci} \right) \geqslant \bar{q}_j, \quad j = 1, 2, \cdots, N \tag{5-8}$$

整理式(5-8)，有

$$p_{ck} \leqslant p_k - \cfrac{q_i - \displaystyle\sum_{i \neq k, i \in J} J_i \left(p_i - p_{ci} \right)}{J_k} \tag{5-9}$$

各生产层段满足井筒关系，则有

$$p_{ck} \geqslant p_{cj} \tag{5-10}$$

此处井底流压 p_{cj} 满足经验公式(5-3)。

综上所述，所谓合理配产的数学规划问题可归结为求一组全区流压 p_{ci}（$i = 2, 3, \cdots, N$），满足条件式(5-9)和式(5-10)，并使全区含水上升率[式(5-7)]达到最小值。上述规划问题可使用坐标轮换算法求解。

运用上述两个模型，对大庆油田萨中地区中区两个试验区的最大生产潜力与合理配产方案进行了计算(选用了 1971 年三季度的分层测试结果)，所得

结论对该区的油层堵水政策，合理分配各层产量，为确定合理的工作制度提供了科学依据。

5.2.2 "七五"开发规划的线性规划模型

考虑线性规划解法的成熟性，大庆喇萨杏油田采用线性规划模型编制"七五"期间油田开发规划(5 年)。

1. 决策变量

各种原油增产措施的工作量就是决策变量，在"七五"开发规划中重要的增产措施有老自喷井下电泵、老自喷井下抽油机、电泵换型、抽油机换电泵、抽油机换型、油井压裂、钻新井 7 种。考虑到不同地区开发年限后，决策变量用 $X(i,k,l)$ 表示。其中 i 为措施投产的年次，k 为开发区(采油厂)序号，l 为投产措施序号。

2. 目标函数

该模型的目标函数为最小费用和。如用 $C(i,k,t,l)$ 表示单井第 k 个开发区第 i 年投产的第 l 种措施在第 t 年生产时的钻井投资加生产费用，则目标函数为

$$\min Z = \sum_{i=1}^{5} \sum_{k=1}^{N} \sum_{l=1}^{N(k)} \sum_{t=1}^{5} Q(i,k,t,l) \cdot X(i,k,l) \tag{5-11}$$

式中，$N(k)$ 为措施的种类。

3. 约束条件

1)全油田产油量约束方程

全油田产油量约束方程为

$$\sum_{i=1}^{5} \sum_{k=1}^{N} \sum_{l=1}^{N(k)} \sum_{t=1}^{5} Q(i,k,t,l) \cdot X(i,k,l) \geqslant Q_1(t) - \sum_{l=1}^{N(k)} Q_2(k,t) \tag{5-12}$$

式中，$Q(i,k,t,l)$ 为第 k 个开发区第 i 年投产的第 l 种措施在第 t 生产年的增油量；$Q_1(t)$ 为全油田年末产油任务；$Q_2(k,t)$ 为第 k 开发区老井本年预测产油。

2)全油田产水量约束方程

全油田产水量约束方程为

$$\sum_{k=1}^{N}\sum_{l=1}^{N(k)}\sum_{t=1}^{t}W(i,k,t,l)\cdot X(i,k,l)\leqslant w_1(t)-\sum_{k=1}^{n}w_2(k,t) \tag{5-13}$$

式中，$W(i,k,t,l)$ 为第 k 个开发区第 i 年投产的第 l 种措施在第 t 年生产时产水量；$w_1(t)$ 为第 t 规划年全油田产水量上限；$w_2(k,t)$ 为第 k 个开发区在第 t 年预测的老井产水量。

3）耗电增量约束

耗电增量约束方程为

$$\sum_{k=1}^{N}\sum_{l=1}^{N(k)}\sum_{t=1}^{t}E(i,k,t,l)\cdot X(i,k,l)-\sum_{k=1}^{N}\sum_{l=1}^{N(k)}\sum_{t=1}^{t-1}E(i,k,t-1,l)\cdot X(i,k,l)\leqslant E_A(t)$$
$$\tag{5-14}$$

式中，$E(i,k,t,l)$ 表示第 k 个开发区第 i 年投产的第 l 种措施在第 t 年生产时单元年耗电；$E_A(t)$ 为第 t 规划年全油田允许的供电增量。

4）措施约束

措施工作量约束是多方面的，如钻井工作量约束，转抽工作量约束等，限于篇幅，这里不再叙述。

上述线性规划模型由于变量较多，采用了分解单纯形法求解，优化出的方案已在喇萨杏油田"七五"开发规划中采用。

5.2.3 "八五"开发规划的动态规划模型

考虑到油田开发长期规划（5 年）是一个多阶段的决策过程，以及油田状态具有明显的动态特征，大庆喇萨杏油田"八五"开发规划选用了动态规划优化模型，阶段数 N=5。

1. 决策变量与状态变量

大庆喇萨杏油田"八五"期间主要增产措施与"七五"期间相同。每年各采油厂（共 6 个采油厂）采取的老井措施（"七五"期间规划模型中的前 6 种）和钻新井井数定义为决策变量，第 k 年的决策分别用以下两个决策矩阵表示：

$$\boldsymbol{U}_{(k),x(k)}=\begin{bmatrix} U_{k,1,1} & \cdots & U_{k,1,6} \\ \vdots & \ddots & \vdots \\ U_{k,6,1} & \cdots & U_{k,6,6} \end{bmatrix} \tag{5-15}$$

式中，元素 $U_{k,i,j}$ 为第 k 阶段初始状态为 $x(t)$ 时第 i 采油厂采取第 j 种措施井数。

$$V_{(k),x(k)} = \begin{bmatrix} V_{k,1,1} & \cdots & V_{k,1,h} \\ \vdots & \ddots & \vdots \\ V_{k,6,1} & \cdots & V_{k,6,h} \end{bmatrix} \qquad (5\text{-}16)$$

式中，元素 $V_{k,i,j}$ 为第 k 阶段初始状态为 $x(k)$ 时第 i 采油厂钻第 j 种类型井数。

第 k 阶段状态定义为大庆喇萨杏油田第 1 年到第 k 年老井增产措施井数与钻新井井数，用式(5-17)表示：

$$X(k) = \begin{bmatrix} U(k) \\ \bar{V}(k) \end{bmatrix} \qquad (5\text{-}17)$$

2. 决策变量约束条件

1) 产油量约束

规划期内，设第 k 年增产油量由老井措施第 k 年增产油量 $\Delta D(k)$，已钻新井第 k 年产油量 $\Delta \bar{D}(k)$ 和拟钻新井第 k 年产油量 $\Delta \tilde{D}(k)$ 组成，第 k 年无措施条件下产油量与生产目标之差为 ΔQ_k，则可以写出第 k 年产油量约束方程为

$$\Delta D(k) + \Delta \bar{D}(k) + \Delta \tilde{D}(k) \geqslant \Delta Q_k \qquad (5\text{-}18)$$

2) 含水率约束

设 $F(k,i)$ 为第 k 年第 i 采油厂年均含水率控制上限值，$f(k,i)$ 为第 k 年第 i 采油厂的年均含水率上升值，则 $f(k,i)$ 应满足

$$f(k,i) \leqslant F(k,i) \qquad (5\text{-}19)$$

式中，$F(k,i)$ 由决策者给定；$f(k,i)$ 为措施函数。

3) 电力约束

对应于增产油量约束(见产油约束)，电力约束也由三部分组成，在规划期内第 k 年耗电量约束方程为

$$\Delta E(k) + \Delta \bar{E}(k) + \Delta \tilde{E}(k) \geqslant \Delta E_k \qquad (5\text{-}20)$$

4) 投资约束

规划期内第 k 年投资 $s(k)$ 应低于相应年的投资上限 $S(k)$，即

$$s(k) \leqslant S(k) \tag{5-21}$$

3. 状态转移方程

由状态变量和决策变量的定义，则有下述状态转移方程：

$$\begin{bmatrix} \bar{U}_{k-1} \\ \bar{V}_{k-1} \end{bmatrix} = \begin{bmatrix} \bar{U}_k \\ \bar{V}_k \end{bmatrix} - \begin{bmatrix} U_k \\ V_k \end{bmatrix} \tag{5-22}$$

4. 最优指标函数

以规划期内生产总费用最小为目标，则有目标函数为

$$\min \sum_{k=1}^{N} C_k (U_k, V_k) \tag{5-23}$$

上述动态规划优选模型维数较高，因此选用了分解算法与疏密格子点结合的算法求解。

5.2.4　产液结构调整优化模型

"九五"以后，大庆喇萨杏油田进入高含水后期开采阶段，液油比急剧增长，产液量大幅度上升，维持油田稳产的措施工作量和费用明显加大。为此，油田采取了优化不同类型油层，不同含水井的产液结构，以实现稳油控水的开发策略，并建立了相应的产液结构调整优化数学模型。这个模型由三个子模型组成：

1. 产量分配规划子模型

考虑到"九五"期间原油产量由老井产油 O_1、新井采油 O_2 和聚合物驱产油 O_3 三部分组成，合理地分配 5 年内 O_1、O_2 和 O_3，追求总费用最低的目标函数为

$$\min \sum_{k=1}^{5} \sum_{i=1}^{3} C_i(k) \cdot O_i(k) \tag{5-24}$$

产油量约束条件为

$$\sum_{i=1}^{3} Q_i(k) \leqslant O(k) \tag{5-25}$$

产水量约束条件为

$$\sum_{i=1}^{3} W_i(k) \leqslant W(k) \tag{5-26}$$

投资约束条件为

$$\sum_{i=1}^{3} f_i \leqslant f_0(k) \tag{5-27}$$

产油量上下限约束条件为

$$O_{di}(k) < O_i(k) < O_{ui}(k) \tag{5-28}$$

产水量上限约束条件为

$$W_i(k) < W_{ui}(k) \tag{5-29}$$

式中，$f_0(k)$ 为最大投资；$O_{ui}(k)$ 为最大产油量；$W_{ui}(k)$ 为最大产水量。

2. 老井开发规划子模型

老井产油量进一步细化由 6 个开发区产油量组成，同样其目标函数为

$$\min \sum_{k=1}^{5} \sum_{j=1}^{6} F_j(k) \tag{5-30}$$

式中，$F_j(k) = \sum_{h=1}^{4} \left\{ \sum_{i=1}^{5} \left[C_{j,h,i}(k) \cdot U_{j,h,i}(k) \right] + C_{j,h}(k) \cdot O_{j,h}(k) \right\}$。

约束条件为

$$\sum_{i=1}^{6} O_{j,h}(k) = O_1(k) \tag{5-31}$$

产油量上下限约束条件为

$$\overline{O}_{j,h}(k) \leqslant O_{j,h} \leqslant \overline{O}_{j,h} \tag{5-32}$$

式中，$j=1,2,\cdots,6$，为各采油厂序号；$\overline{O}_{j,h}(k)$ 为第 k 年第 j 采油厂第 h 类井产油量。

措施量约束条件为

$$\underline{U}_{j,h,i}(k) \leqslant U_{jhi} \leqslant \bar{U}_{j,h,i} \qquad (5\text{-}33)$$

类似地，可以写出新井开发规划子模型和聚合物驱油子模型，限于篇幅，这里不再叙述。

由于上述规划模型涉及的变量有 700 多个，因此应视为一个大系统，利用分解-协调方法求解，产能分配模型为第一层模型，老井、新井和聚合物驱油子模型为第二层模型。第二层模型的求解采用了线性规划和动态规划相结合的方法。

除上述模型外，大庆油田"十五"期间开展运用目标规划方法进行喇萨杏油田开发规划研究，将油田开发规划视为一个多目标规划问题。三个规划目标分别为：产油量达到下达指标、含水不超过规定上限、生产费用越低越好。决策变量为井数和措施工作量。达成函数设置优先级，反映产油、含水和费用目标。引进偏差变量和目标软约束，更加灵活。求解思路上仍是大系统分解协调-窜式调优算法。

5.2.5 参数不确定下的多目标规划模型

"十二五"以后，大庆油田对以往多次规划优化模型研究进行解剖，认识到这些模型量化给油田开发规划编制提供了一些的指导，但也具有一定局限性并限制了其进一步应用。一是模型过于数学化，缺少开发专家的创造作用；二是模型与大量的油藏工程研究成果联系不紧密，对决策者的战略构想反映不够；三是在一些参数不确定条件下，开发规划方案没有系统性地研究完成产量的风险性，方案的风险没有进一步评估；四是仅局限于喇萨杏油田，没有考虑外围油田和三次采油，整体性不够。

借鉴已有油田开发优化方法，结合国外软系统工程思想、国内钱学森先生的复杂系统理论及最新的运筹学进展，形成了油田开发规划"三结合"原则，进行不确定条件下多目标开发规划优化模型研究。

1. 基本思路与模型框架

1) "三结合"原则

(1)定性与定量相结合。油层地质-物理数据、生产动态数据、投资、成本数据是定量的，而专家的经验、领导的洞察力则是定性的。因此，开发规划既要反映油田地质特点和开发规律，运用数学模型等手段开展定量分析，又要结合专家与领导的知识。

(2)"决策人"与"分析人"相结合。"分析人"主要指油田开发规划编制人员，研究的是开发指标变化规律和预测、经济分析与评价等客观方面，以研究油区状态空间为主，而"决策人"主要指油田开发规划领导，则要从国家、企业、社会等宏观角度综合考虑。

(3)人机相结合。油田开发规划实质上是一个庞大的系统，需要大量的统计、模拟与优化计算，要由计算机承担。但对油田开发趋势关键参数的变化特征分析与掌握，还必须依靠专家的知识和智慧。

2)模型框架

根据"三结合"原则，模型框架可以表述为三层结构。底层模块为油藏工程人员的油田开发指标预测、油田开发模式等知识库。中层模块为优化系统，包括数学模型、算法和计算机程序。上层模块为编制规划的分析人员与领导人员的规划设想或产油量、成本与可采储量等设定目标(图 5-1)。

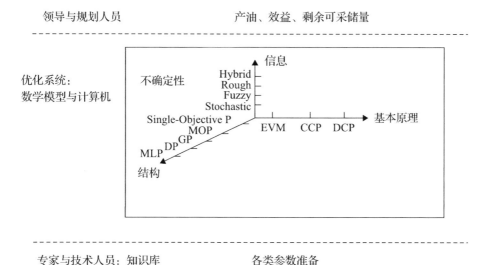

图 5-1 不确定条件下多目标开发规划模型框架图

EVM 表示期望值模型；CCP 表示机会约束规划；DCP 表示相关机会规划；Single-Objective P 表示单目标规划；MOP 表示多目标规划；GP 表示遗传规划；DP 表示动态规划；MLP 表示机器学习规划；Hybrid 表示混合；Rough 表示粗糙；Fuzzy 表示模糊；Stochastic 表示随机

2. 优化数学模型与解法

按照大系统的分解-协调思想，大庆油田优化模型分解为长垣水驱、外围油田和三次采油三个子模型，分别建模优化。上层总模型通过子模型优化结果汇总评价，协调相关参数并反馈给三个子模型继续优化，循环该过程直到满意为止。

1）长垣水驱子模型

优化目标分别为完成产量目标概率最大化、期望成本最小化和增加可采储量最大化。

$$\max \prod_{t=1}^{T} p_r \left\{ \sum_{j=1}^{J} \sum_{i=1}^{I} \sum_{k=1}^{t} r_{ijk} a_{ijkt} x_{ijk} + Q_{LJo}(t) \prod_{k=1}^{t} \left[1 - D_{\xi}(k) \right] + Q_s(t) \geqslant Q_o(t) \right\}$$

$$\min E \left(\sum_{t=1}^{T} \sum_{j=1}^{J} \sum_{i=1}^{I} \sum_{k=1}^{t} r_{ijk} c_{ijkt} x_{ijk} + \sum_{t=1}^{T} \sum_{j=1}^{J} \sum_{i=5}^{I} c_{wij} \sum_{k=1}^{t} x_{ijk} + \sum_{t=1}^{T} \sum_{j=1}^{J} \sum_{i=1}^{I} c_{wij} x_{ijt} \right)$$

$$\max \sum_{t=1}^{T} \sum_{j=1}^{J} \sum_{i=1}^{I} s_{ijt} x_{ijt} \qquad (5\text{-}34)$$

约束条件为

$$\Delta Q_{cs}(t) \leqslant \sum_{j=1}^{J} \sum_{i=1}^{I} r_{ijt} a_{ijkt} x_{ijt} \leqslant \Delta \bar{Q}_{cs}(t)$$

$$\underline{x}_i(t) \leqslant \sum_{j=1}^{J} x_{ijt} \leqslant \bar{x}_i(t)$$

$$\sum_{t=1}^{T} \sum_{j=1}^{J} x_{ijt} \leqslant \bar{x}_i(t)$$

$$x_{ijt} \in Z$$

式中，x_{ijt} 为决策变量，表示第 j 类油层第 i 种增产措施在第 t 年的工作量；$Q_o(t)$ 为规划第 t 年目标产量，万 t；$Q_{LJo}(t)$ 为未措施老井初始产量，万 t；$Q_s(t)$ 为规划第 t 年水驱后效产量，万 t；$D_{\xi}(k)$ 为规划第 k 年的老井自然递减率（随机变量）；r_{ijk} 为措施增油效果（随机变量），万 t/口；a_{ijkt} 为第 k 年投产的第 j 类油层第 i 种措施在第 t 年的单井增油系数；c_{ijkt} 为第 k 年投产的第 j 类油层第 i 种措施在第 t 年的单井成本费用系数（与油、液、水相关费用）；c_{wij} 为第 j 类油层第 i 种措施与井有关的费用系数；s_{ijt} 为第 j 类油层第 i 种增产措施在第 t 年投产的新井单井年增加可采储量，万 t；$\underline{x}_i(t)$ 为第 t 年第 i 种措施工作量下限值，口；$\bar{x}_i(t)$ 为第 t 年第 i 种措施工作量上限值，口；$\Delta \bar{Q}_{cs}(t)$ 为第 t 年老井措施增油上限，万 t；$\Delta Q_{cs}(t)$ 为第 t 年老井措施增油下限，万 t。

外围油田优化子模型与上述模型类似，聚合物驱或三元复合驱子模型以已划分好的固定区块是否投入作为控制变量，属 0-1 型规划，注入模式、开发指标变化和成本由油藏工程人员提供在知识库中，限于篇幅，不再赘述。

2）求解策略

模型中的不确定参数如递减率和措施增油量等视为随机变量且服从均匀分布，应用蒙特卡罗模拟方法对随机变量进行抽样开展随机模拟。应用基于精英选择策略的非支配快速排序遗传算法，给出不确定性多目标模型的帕累托解集。

5.2.6　应用前景与体会

油田开发工作者普遍认为，油田开发是一项复杂的系统工程。其表现如下。

（1）油田开发的多目标性。油田既要以较高的原油采收率，实现较好的经济效益，又要最大限度地满足国民经济对石油产量的需求，这些目标有时存在矛盾性。

（2）油藏深埋地下，并且具有复杂的非均质性。人们对它的认识是间接和不完全的。

（3）石油属不可再生资源。开采过程中投资大，风险高，因此不允许犯不可改正的战略性错误。

（4）油田开发涉及开发地质、油藏工程、钻井工程、采油工程、测试和地面工程等众多专业。这些专业相互影响，相互制约，从而成为一个庞大的复杂系统。

上述特点决定了油田开发过程中的各种决策单单靠人的经验或长官意志是不行的，必须使用管理科学的理论与方法，因此是运筹学应用的一个主战场。

综上所述，运筹学方法已经在油田开发中得到了一定的应用。但随着油田开发过程的不断深入，石油剩余可采储量逐渐减少，资源劣质化，计划经济向市场经济模式的转变，尤其是石油公司的上市，出现了许多更新更难的决策问题，因此更加需要积极使用运筹学中的最新成果。笔者认为，在运筹学应用方面，除前述几类问题需要进一步加强外，还应该着重考虑如下两个方面：第一，随着社会主义市场经济的不断完善，原油产量需求、原油价格和原油生产成本受市场的影响越来越大，不确定程度进一步加大，而这些指标则是影响油田开发决策的关键性指标，再考虑到人们对油层认识的不确定性，因此，在各种规划、决策问题中应充分地考虑到不确定性影响，充分运用不确定性数学规划方法。第二，大庆油田的勘探开发走完了 60 年的历程。

在勘探方面，新发现的石油资源丰度低、储量小、产量低，而投资却很高，很难保证经济效益；在开发方面，开采对象越来越差，成本大幅度上升，需要使用和发展化学驱、微生物驱等新的提高采收率方法，而这些新方法的投资更大、技术成熟度更低、风险更高。因此，建立油区长期性的整体发展战略运筹学模型，将会对投资方向、重大项目的建设等重大决策具有重大而深远的意义。显然，这个问题的解决运用传统的、高度数学化的运筹学方法是不行的，是否应该形成和使用定性定量相结合、人机相结合等综合集成方法，充分应用运筹学最新成就，是一个值得运筹学工作者和油田开发规划人员探讨和研究的问题。

5.3　大庆油田分类井产油量分配比例优化数学模型

大庆喇萨杏油田是特大型的世界性油田，开发规划与开发决策不可能具体到数万口井中的每一口井。因此对井进行分类研究认识与管理，进行生产规划是根本的做法。分类井结构调整从本质上讲是一个优化问题，其目标是追求一定产油量要求下如何分配各类井间产油比例和产液比例以达到综合含水率最低。

由甲型、乙型水驱特征曲线，笔者推出含水率变化微分方程（参见第3章）：

$$\frac{\mathrm{d}f_{\mathrm{w}}}{\mathrm{d}t} = \frac{q_{\mathrm{o}}}{Nb}\left(1 - f_{\mathrm{w}}\right)f_{\mathrm{w}} \tag{5-35}$$

式中，q_{o} 为分类井产油量；f_{w} 为含水率。由式（5-35）可得

$$\frac{\mathrm{d}f_{\mathrm{w}}}{\left(1 - f_{\mathrm{w}}\right)f_{\mathrm{w}}} = \frac{q_{\mathrm{o}}}{Nb}\mathrm{d}t \tag{5-36}$$

如果不考虑年内采油量变化，对式（5-36）积分并整理，有

$$\mathrm{WOR} = \mathrm{WOR}_{0}\mathrm{e}^{\frac{q_{\mathrm{o}}}{Nb}} \tag{5-37}$$

式中，WOR、WOR_0 分别为年末水油比和年初水油比；b 为有关系数。由此可推出区块综合水油比：

$$\mathrm{WOR}_t = \sum_{i=1}^{n} r_i \mathrm{WOR}_i \tag{5-38}$$

式中，r_i 为各类井产油比例。

含水率最低等价于水油比最低。因此优化问题的目标函数可以写为

$$\min_{r_i} \mathrm{WOR}_t = \mathrm{WOR}_o \sum_{i=1}^{n} r_i \mathrm{e}^{\frac{q_{oi}}{N_i b}} \tag{5-39}$$

式中，N_i 为第 i 类井的动用地质储量。

优化或决策的变量就是各类井产油比例 r_i，且满足约束条件：

$$\sum_{i=1}^{n} r_i = 1 \tag{5-40}$$

为求解上述模型，令

$$F = \sum_{i=1}^{n} r_i \mathrm{e}^{\frac{Q_o r_i}{N_i b}} + \lambda \left(\sum_{i=1}^{n} r_i - 1 \right) \tag{5-41}$$

式中，Q_o 为全区年产油量，进一步有

$$\frac{\partial F}{\partial r_i} = \mathrm{e}^{\frac{Q_o r_i}{N_i b}} + r_i \mathrm{e}^{\frac{Q_o r_i}{N_i b}} \cdot \frac{Q_o}{N_i b} + \lambda = 0, \quad i = 1, 2, \cdots, n \tag{5-42}$$

式 (5-41) 和式 (5-42) 与式 (5-40) 联立，得解

$$r_i = \frac{N_i}{\sum_{i=1}^{n} N_i}, \quad i = 1, 2, \cdots, n \tag{5-43}$$

$$\lambda = -\left[\mathrm{e}^{\frac{Q_o}{\sum_{i=1}^{n} N_i b}} + \frac{Q_o}{\sum_{i=1}^{n} N_i b} \mathrm{e}^{\frac{Q_o}{\sum_{i=1}^{n} N_i b}} \right] \tag{5-44}$$

显然，$r_i = \dfrac{N_i}{\sum_{i=1}^{n} N_i}$ 即为上述优化模型最优解，即各类井产油比例为各自的

储量比例。

由上述模型最优解可知，在含水率比较接近情况下，对于一定产油量，各类储层比例等于储量比例时，综合含水率最低。此时产液比例等于产油比例，各类井油水比、采油速度、递减率和含水率上升保持相同变化趋势。根据上述各类井产量比例的优化原则和动用地质储量计算结果，可以认识到，由于含水率相对较低，二次加密井和高台子井目前可以保持相对高的产液速度，待含水率达到基础井含水率一致后，产量可按表 3-1 中地质储量比例分配。应注意的是，由于逐年有部分井转为三次采油，所以这个比例应相应调整。

数学模型分析计算表明，在含水率相近情况下，各类井产量按照地质储量比例分配可实现含水率上升速度最慢，有利于稳油控水。

5.4 最优产量规模相关的技术与经济指标数学模型

石油 SEC 储量[①]既是表明上市企业长期发展前景的关键性指标，也是计算企业投资的当期折耗与利润的关键性指标，因此是石油企业经营管理与优化决策的重要依据。2014 年以后油价断崖式下跌给油田生产经营带来了前所未有的巨大冲击，虽然各油田积极采取措施降本增效，但是仍然面临着产量规模缩减、成本上升、亏损严重的严峻形势。而从根本上搞清储量、产量与成本、效益关系，是做好油价波动时期油田生产决策的重要理论基础。为此，笔者在荆克尧、苏映红等同事的帮助下，开展了产量与 SEC 储量吨油操作成本、折耗、单位完全成本、利润、现金流等技术与经济指标之间数学定量关系研究，希望能为油田开发经营决策提供科学依据。

5.4.1 产量与成本的数学关系

原油生产的完全成本由操作成本、折耗和期间费用构成。期间费用与产量无关，每年的期间费用总值基本保持不变，受产量影响的主要是操作成本与油气资产折耗。

1. 产量与吨油操作成本关系

吨油操作成本由相对固定成本(含人工成本)与相对可变成本构成，即

$$C_{op} = \frac{\overline{C}_s}{q} + c_0(q) \tag{5-45}$$

① SEC 储量是指按照美国证券交易委员会(SEC)的标准评估的油气储量。

式中，C_{op} 为吨油操作成本；$\overline{C}_s$ 为操作成本中与产量规模无关的固定部分，大部分为人工成本；$c_0(q)$ 为操作成本中与产量规模相关的可变部分，即不含人工的吨油操作成本；q 为产量规模。

令吨油操作成本导数为零，有

$$\frac{\partial C_{op}}{\partial q} = \frac{\overline{C}_s}{q^2} + c_0'(q) = 0 \tag{5-46}$$

如果该方程有解，该解即为最小吨油操作成本对应的产量规模。

下面证明该方程的解是存在的。$\dfrac{\overline{C}_s}{q^2}$ 随着 q 的增大不断呈下降趋势，并以 0 值为渐近线。而对于 $c_0'(q)$，随着开发对象越来越差，增加的产量成本越来越高，符合"级差地租"理论，$c_0'(q)$ 是大于 0 的。所以，存在某个产量值满足上述方程，而存在最优产量规模使吨油操作成本最低，产量过高或过低都会增加吨油成本。

采用某石油公司 2016 年底数据测算。按不含人工的吨油操作成本将区块排序，投产对象越来越差，区块生产符合"级差地租"理论，如不考虑人工费用，吨油操作成本随产量增加呈上升趋势，如图 5-2 所示。

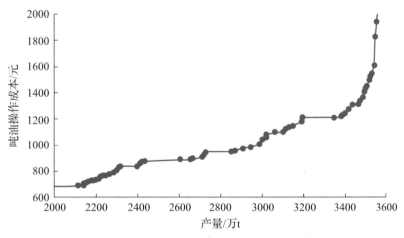

图 5-2　吨油操作成本(不含人工)与产量的关系

若考虑人工费用和固定成本，起初吨油操作成本由于产量规模对人工成本的摊薄作用逐渐降低，在接近最大产量时，随着"级差地租"效应-可变操作成本的急速上升又逐渐升高，从而出现了吨油操作成本的最低点(图 5-3)，与之相应的产量规模约为 3300 万 t,可称为最低操作成本下的最优产量规模。

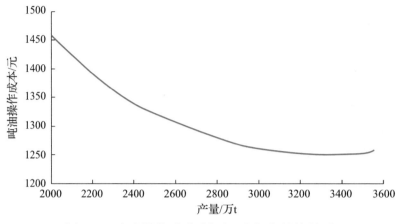

图 5-3　吨油操作成本(含人工)与产量的关系

2. 产量与折耗关系

油气资产折耗与产量规模的关系复杂，不是简单的线性关系。根据折耗的计算公式，油气资产折耗由上年底油气资产净值、当期产量和上年底的 SEC 储量决定[式(5-47)]。

$$C_{zt} = M \cdot \frac{q}{N_s} \tag{5-47}$$

式中，C_{zt} 为折耗；M 为上一年底原油净资产；N_s 为上一年底 SEC 储量。

一般情况下，SEC 储量由指数递减方程求出，并且有

$$N_s = \frac{q - q_m}{D} \tag{5-48}$$

式中，D 为递减率；q_m 为经济极限产量。

由式(5-48)可知，当产量规模发生变化，SEC 储量也会随之改变，所以折耗不会简单地随产量规模的缩减而下降，而是由产量与 SEC 储量的相对变化率决定。所以，产量对折耗影响体现在其本身直接和对 SEC 储量的间接的双重作用。

将折耗对产量求导得

$$\frac{\partial C_{zt}}{\partial q} = M \cdot \left(\frac{N_s - N_s' \cdot q}{N_s^2} \right) = \frac{-M \cdot D \cdot q_m}{(q - q_m)^2} < 0 \tag{5-49}$$

由折耗的导数小于零可知，随产量规模增加，折耗不断降低。

SEC 储量不仅与当期产量有关，还受油价、递减率和成本影响。当产量规模缩减，会使当年末 SEC 储量的评估结果大幅下降，而储量的降低幅度大于产量降低幅度，从而导致下一年折耗率上升，当油气资产净值不变情况下折耗额上升。

吨油折耗等于上游油气资产净值与上年末 SEC 储量相除［式(5-50)］。所以上一年末的油气资产净值与 SEC 储量决定了下一年的吨油折耗。当油气资产净值不变时，产量对吨油折耗的影响就主要体现在对 SEC 储量的影响。

$$C_{zt} = M \cdot \frac{M}{N_s} \tag{5-50}$$

$$\frac{\partial C_{zt}}{\partial q} = -\frac{-M \cdot D}{\left(q - q_m\right)^2} < 0 \tag{5-51}$$

同样，在净资产 M 保持不变的情况下，产量规模缩减会导致吨油折耗上升。根据公式(5-50)，对吨油折耗求导，有

$$\frac{dC_z}{C_z} = \frac{2dM}{M} \tag{5-52}$$

式(5-52)表明，资产减值对吨油折耗变化与 SEC 储量具有同等重要的作用。因此，改变当前折耗快速上升导致的高成本状况有两种途径：一是保持一定的产量规模、降低操作成本或减缓产量递减率，从而增加 SEC 储量；二是在条件允许情况下适时进行资产减值。在 SEC 储量降低情况下资产减值是生产成本稳定的重要途径。

运用上述公式，计算出某石油公司 2017 年折耗、吨油折耗与产量规模关系见表 5-1。

表 5-1　2017 年折耗、吨油折耗与产量规模关系

产量规模/万 t	折耗/亿元	吨油折耗/元
3300	461	1501
3400	445	1409
3500	432	1328

测算结果显示，产量规模越大，折耗和吨油折耗水平越低，说明在低油价情况下保持一定产量规模的重要性。

3. 产量与单位完全成本关系

单位完全成本由吨油操作成本、折耗和期间费用构成，可以表示为

$$C = C_{ot}(q) + \frac{M}{N_s} + \frac{C_f}{q} \tag{5-53}$$

式中，$C_{ot}(q)$ 为操作成本中的人工成本与期间费用的和；C 为单位完全成本；C_f 为完全成本中的固定成本。

将单位完全成本对产量求导，可得

$$\frac{\partial C}{\partial q} = C'_{ot}(q) - \frac{M \cdot D}{(q-q_m)^2} - \frac{C_f}{q^2} \tag{5-54}$$

令 $\frac{\partial C}{\partial q} = 0$，有 $C'_{ot}(q) = \frac{M \cdot D}{(q-q_m)^2} + \frac{C_f}{q^2}$，该方程对 q 有唯一解，说明存在使单位完全成本最低的产量规模。

与单位操作成本一样，单位完全成本起初由于产量对期间费用等固定成本的摊薄作用而逐渐降低，在接近最大产能时，由于操作成本的急剧上升而又逐渐升高，因此也存在单位完全成本最低目标下的最优产量规模。

采用某油公司 2016 年底数据测算，结果如图 5-4 所示。单位完全成本达到最低的产量规模，其略高于吨油操作成本最低的产量规模，为 3400 万～3500 万 t。

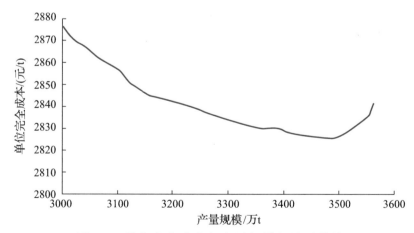

图 5-4　单位完全成本与产量规模的关系曲线

5.4.2 产量与效益的数学关系

1. 产量与利润关系

利润是税后销售收入与完全成本的差值。设利润为 B，其计算公式可以表示为

$$B = pq(1-\text{tax}) - c_0(q)q - M\frac{q}{N_s} - C_f \tag{5-55}$$

式中，B 为利润；tax 为税金及附加；c_0 为吨油成本；q 为产量；M 为净资产；N_s 为上一年底 SEC 储量。将利润对产量求导，可得

$$\frac{\partial B}{\partial q} = p(1-\text{tax}) - \left[c_0(q) + c_0'(q)\cdot q\right] + \frac{M \cdot D \cdot q_m}{(q - q_m)^2} \tag{5-56}$$

容易看出，随着产量 q 的增加，$c_0(q) + c_0'(q)\cdot q$ 逐渐增加，$\dfrac{M \cdot D \cdot q_m}{(q - q_m)^2}$ 逐渐下降，在产量较低情况下，$\dfrac{\partial B}{\partial q}$ 呈下降趋势，但仍为正值，说明利润是增加趋势。但随着产量进一步增大，将会出现 $\dfrac{\partial B}{\partial q} = 0$ 或小于 0 的情况，利润不再增加反而下降。因此，存在一个产量 q，使 $\dfrac{\partial B}{\partial q} = 0$，利润达到最大值。此时产量 q 可称为利润最大化目标下的产量规模。

2. 产量与经营现金流关系

经营现金流是税后收入与操作成本及期间费用的差值，用公式表示如下：

$$C_F = p \cdot q \cdot (1-\text{tax}) - c_0(q) \cdot q - C_f \tag{5-57}$$

式中，C_F 为经营现金流。令经营现金流导数为零，可得

$$\frac{\partial C_F}{\partial q} = p \cdot (1-\text{tax}) - \left[c_0(q) + c_0'(q) \cdot q\right] \tag{5-58}$$

该式与上述对应的利润公式相比，仅差一个折耗费用影响。同样的道理，存在一个最佳产量值，使现金流达到最大值，可称为现金流最大目标下的产量规模。

同时也可看出，一定产量规模下现金流大于利润。可以出现利润亏损，但仍有现金流入的情况。

分析表明，由于产量增长对现金流的影响小于利润变化率的影响。利润最大值对应的产量规模一般小于现金流最大值对应的产量规模。

5.4.3　小结

(1)保持合理的产量规模,对增加 SEC 可采储量的间接效应大于其对折耗直接影响,有利于降低折耗。在低油价情况下,不宜过度降低产量。

(2)SEC 储量不仅是企业长期健康发展的关键指标,也是降低折耗率减少折耗的关键指标。因此不断增加 SEC 储量是企业当前与长远发展的资源基础。

(3)存在操作成本(含人工)最低、完全操作成本最低、利润最大与现金流最大四种最优产量规模。一般情况下,操作成本最低,产量规模最低,利润最大产量规模最大。

(4)产量、SEC 储量、成本、利润和现金流是相互制约、相互影响的指标体系,石油公司应该在预测评价基础上进行综合优化,达到油气藏高效经营管理的目标。

5.5　新建产能开发区块排队优选方法

一个油区或大型油田多种油藏类型、不同品质的区块并存,其开发过程是一个新储量不断投入动用的过程。油藏地质条件简单、地面条件好的储量优先动用,这些油藏建产容易、产量高、采收率高、开发成本较低、经济效益较好。随着开发的不断深入、勘探的不断发现和开发技术的不断进步,油藏地质条件复杂,地质条件差的储量依次得到动用,其特点是采收率较低,开发成本较高。

不同油藏地质特点的储量动用组合,使整个油田开发区的储量结构发生变化。油田开发的主要技术经济指标,如采收率、储采比、开发成本、操作成本以及盈亏平衡油价等也发生结构性变化,这些指标是衡量油田开发经营水平与效果的重要表征,其预测对判断开发决策对油区未来生产经营走向的影响并做出正确的开发决策有重要的参考意义,因此,形成科学、快速、有效的预测方法至关重要。

笔者在中国石化石油勘探开发研究院孟欣博士的协助下,运用系统分析的观点,通过建立数学模型,对关键性的技术与经济指标随不同油藏地质特点储量的动用组合变化的一般规律进行了定量研究，以期为油田开发关键指标预测提供有效工具，为开发决策提供参考。

5.5.1　数学模型的建立

油田开发是一个典型的开放式系统。不同特征的地质储量投入动用可视为系统的输入或控制，各项技术与经济指标视为系统的状态及系统的输出。以动用地质储量为自变量，输入及其引起的状态的变化都可视为动用地质储量的函数。整个系统的状态及其表征指标为总量，由输入增量和原来的存量所决定。

1. 产量与可采储量方程

产量与可采储量方程如下：

$$Q(N) = Q(N_0) + \int_{N_0}^{N} v(x)\mathrm{d}x \tag{5-59}$$

$$N_{\mathrm{R}}(N) = N_{\mathrm{R}}(N_0) + \int_{N_0}^{N} r_{\mathrm{F}}(x)\mathrm{d}x \tag{5-60}$$

式中，N 为地质储量；$v(x)$、$r_{\mathrm{F}}(x)$ 为新动用地质储量对应的采油速度和采收率；$Q(N_0)$、$N_{\mathrm{R}}(N_0)$ 分别为原有的产量与可采储量。

2. 储采比方程

由可采储量守恒原则，即新投入地质储量对应的可采储量等于整体可采储量增加，有

$$\frac{\mathrm{d}\left[R_{\mathrm{rp}}(N) \cdot Q(N)\right]}{\mathrm{d}N} = r_{\mathrm{rp}}(N)v(N) \tag{5-61}$$

式中，$r_{\mathrm{rp}}(N)$ 为新动用储量储采比；$R_{\mathrm{rp}}(N)$ 为整体储采比。进一步写成常微分方程标准的初值形式，有

$$\begin{cases} \dfrac{\mathrm{d}R_{\mathrm{rp}}(N)}{\mathrm{d}N} + \dfrac{v(N)}{Q(N)} R_{\mathrm{rp}}(N) = \dfrac{r_{\mathrm{rp}}(N)v(N)}{Q(N)} \\ R_{\mathrm{rp}}(N)\big|_{N=N_0} = R_{\mathrm{rp}}(N_0) \end{cases} \tag{5-62}$$

解此方程，得到储采比随地质储量变化规律：

$$R_{rp}(N) = \frac{Q(N_0)}{Q(N)} R_{rp}(N_0) + \frac{1}{Q(N)} \int_{N_0}^{N} r_{rp}(x)v(x)\mathrm{d}x \tag{5-63}$$

3. 采收率方程

同理，按照可采储量守恒原理，有

$$\frac{\mathrm{d}\left[N \cdot R_F(N)\right]}{\mathrm{d}N} = r_F(N) \tag{5-64}$$

式中，$r_F(N)$ 为新动用储量采收率。写成常微分方程初值问题的标准形式，有

$$\begin{cases} \dfrac{\mathrm{d}R_F(N)}{\mathrm{d}N} + \dfrac{R_F(N)}{N} = \dfrac{r_F(N)}{N} \\ R_F(N)\big|_{N=N_0} = R_F(N_0) \end{cases} \tag{5-65}$$

式中，$R_F(N_0)$ 为原采收率。此方程解为

$$R_F(N) = \frac{N_0}{N} R_F(N_0) + \frac{1}{N} \int_{N_0}^{N} r_F(x)\mathrm{d}x \tag{5-66}$$

4. 开发成本方程

由投资量守恒原理，即新动用储量的开发投资等于整体投资量的增量，有

$$\frac{\mathrm{d}\left[\bar{C}_D(N) \cdot N_R(N)\right]}{\mathrm{d}N} = C_D(N) \tag{5-67}$$

式中，$C_D(N)$ 为新动用储量开发成本；$\bar{C}_D(N)$ 为开发成本；$N_R(N)$ 为可采储量。

写成常微分方程初值的标准形式，注意到 $r_F(N)$ 和 $N_R(N)$ 关系，有

$$\begin{cases} \dfrac{\mathrm{d}\bar{C}_D(N)}{\mathrm{d}N} + \dfrac{r_F(N)}{N_R(N)} \bar{C}_D(N) = \dfrac{C_D(N)}{N_R(N)} \\ \bar{C}_D(N)\big|_{N=N_0} = \bar{C}_D(N_0) \end{cases} \tag{5-68}$$

式中，$\bar{C}_D(N_0)$ 为原（存量）开发成本。此方程解为

$$\overline{C}_{\mathrm{D}}(N) = \frac{N_{\mathrm{R}}(N_0)}{N_{\mathrm{R}}(N)}\overline{C}_{\mathrm{D}}(N_0) + \frac{1}{N_{\mathrm{R}}(N)}\int_{N_0}^{N} C_{\mathrm{D}}(x)\mathrm{d}x \tag{5-69}$$

5. 操作成本方程

由操作成本守恒，即新动用储量的操作成本等于整体操作成本的增量，有

$$\frac{\mathrm{d}\left[\overline{C}(N)\cdot Q(N)\right]}{\mathrm{d}N} = C(N)v(N) \tag{5-70}$$

写成常微分方程初值问题的标准形式，有

$$\begin{cases} \dfrac{\mathrm{d}\overline{C}(N)}{\mathrm{d}N} + \dfrac{v(N)}{Q(N)}\overline{C}(N) = C(N)v(N) \\ \overline{C}(N)\Big|_{N=N_0} = \overline{C}(N_0) \end{cases} \tag{5-71}$$

此方程解为

$$\overline{C}(N) = \frac{Q(N_0)}{Q(N)}\overline{C}(N_0) + \frac{1}{Q(N)}\int_{N_0}^{N} C(x)v(x)\mathrm{d}x \tag{5-72}$$

式中，$\overline{C}(N)$ 为新投储量单位操作成本；$\overline{C}(N_0)$ 为原有单位操作成本。

6. 盈亏平衡油价方程

油气资产变化主要取决于产能建设投资，可由开发成本表征：

$$M(N) = M(N_0) + \int_{N_0}^{N} r \cdot C_{\mathrm{D}}(N) r_{\mathrm{F}}(N)\mathrm{d}N \tag{5-73}$$

式中，r 为开发成本中形成油气资产的比例。

由盈亏平衡原理，利用前述方程，可以推出盈亏平衡油价方程为

$$P(N) = \overline{C}(N) + \frac{M(N)}{N_{\mathrm{R}}(N)} + \frac{C_{\mathrm{E}} + C_{\mathrm{D}}(1-r)\overline{r}}{Q(N)} + P_{\mathrm{t}} \tag{5-74}$$

式中，$\overline{r}$ 为折旧率；C_{E} 为期间费用；P_{t} 为吨油税率。

5.5.2　以区块为单元开发指标计算与组合优化方法

1. 区块组合开发指标计算方法

在实际应用过程中，一般是以区块作为基本单元投入开发的。上述公式

可以大大简化，并可以概括为如下几个步骤。

(1) 统计存量作为初始状态变量，主要为以下 7 项：地质储量 N_0、产量 $Q(N_0)$、可采储量 $N_R(N_0)$、储量比 $R_{rp}(N_0)$、采收率 $R_F(N_0)$、开发成本 $\bar{C}_D(N_0)$、操作成本 $\bar{C}(N_0)$。

(2) 确定新动用储量（增量）相关指标。假设新投入区块储量分别为 N_1，$N_2,\cdots,N_m$，每个区块 N_i 具有相同的油藏特征和相关参数，$N = N_0 + \sum_{i=1}^{m} N_i$。不同区块对应不同 N 值，分别为 $\{v(N), r_F(N), C_D(N), C(N)\}$，$r_{rp} = r_{Fi}/v_i$。

(3) 设定投产区块组合，即可生成相应的储量 N 为自变量的输入函数，一般具有分段函数特点，前述方程中积分函数可以分段并写成如下求和形式：

$$Q(N) = Q(N_0) + \sum_{i=1}^{m}(v_i N_i) \tag{5-75}$$

$$N_R(N) = N_R(N_0) + \sum_{i=1}^{m}(R_{F,i} N_i) \tag{5-76}$$

$$R_{rp}(N) = \frac{Q(N_0)}{Q(N)}R_{rp}(N_0) + \frac{1}{Q(N)}\sum_{i=1}^{m}(r_{ip,i} v_i) \tag{5-77}$$

$$R_F(N) = \frac{N_0}{N}R_F(N_0) + \frac{1}{N}\sum_{i=1}^{m}(r_{F,i} N_i) \tag{5-78}$$

$$\bar{C}_D(N) = \frac{N_R(N_0)}{N_R(N)}\bar{C}_D(N_0) + \frac{1}{N_R(N)}\sum_{i=1}^{m}(C_{D,i} N_i) \tag{5-79}$$

$$\bar{C}(N) = \frac{Q(N_0)}{Q(N)}\bar{C}(N_0) + \frac{1}{Q(N)}\sum_{i=1}^{m}(C_i v_i N_i) \tag{5-80}$$

(4) 应用前述公式即可对关键的开发技术经济指标进行预测和投入开发区块的优选。

2. 区块组合优化方法

在区块组合开发指标计算预测基础上，可以根据不同组合方案的七个状态指标，采用优劣解距离法(technique for order preference by similarity to an ideal solution, TOPSIS)对方案进行优选。

假设有 M 个油藏或区块具备开发条件，区块组合方案包括小于或等于 M

的所有区块的组合。显然，具有 $C_M^0 + C_M^1 + \cdots + C_M^M = 2^M$ 个方案。每种方案的结果有 N 个目标或属性(本节选择七个)，由前面公式可计算出第 i 个方案第 j 个属性值为 f_{ij}，方案的优选由这些属性值决定。显然这是一个离散的多目标或多属性决策问题，笔者选用了 TOPSIS 方法进行求解。其算法概述如下：

(1)指标归一化。

(2)确定理想点 A^+ 与负理想点 A^-。

$$A^+ = \left\{ f_1^+, \cdots, f_n^+ \right\} \tag{5-81}$$

式中，$f_j^+ = \max \left\{ f_{ij}, i = 1, \cdots, m \right\}$。

$$A^- = \left\{ f_1^-, \cdots, f_n^- \right\} \tag{5-82}$$

式中，$f_j^- = \min \left\{ f_{ij}, i = 1, \cdots, m \right\}$。

(3)计算各方案到理想点与负理想点的距离 D_i 与 d_i。

$$D_i = \sqrt{\sum_{j=1}^{n} \left(f_{ij} - f_j^+ \right)^2}, \quad i = 1, \cdots, m \tag{5-83}$$

$$d_i = \sqrt{\sum_{j=1}^{n} \left(f_{ij} - f_j^- \right)^2}, \quad i = 1, \cdots, m \tag{5-84}$$

(4)计算 $R_i = D_i / (D_i + d_i)$。

(5)R_i 最小者对应的第 i 个方案即为最优方案。

5.5.3 应用算例

考虑到商业秘密，本算例中所用参数由某石油公司实际数据按一定比例进行变换得到，并且油藏类型与区块在区块优选意义上是等同的。

1. 基础参数

某油公司目前累积动用地质储量 38 亿 t，标定可采储量 9.6 亿 t，采收率 25.3%，剩余经济可采储量 1.2 亿 t，采油速度 0.429，储采比 7.4，单位操作成本 1454 元。

下年度可新增开发动用 7 种不同油藏类型，对应的储量技术经济参数如表 5-2 所示。

表 5-2　可新增动用不同油藏类型储量参数特征

油藏类型	动用储量/万 t	采收率/%	采油速度/%	储采比	开发成本/(美元/bbl)	单位操作成本/(元/t)
整装油藏	850	19.4	2.66	7.3	10.4	900
海上油藏	450	14.7	1.73	8.5	10.6	600
断块油藏	2250	14.0	1.43	9.8	13.5	1100
特殊岩性	2600	11.7	1.46	8	16.0	350
普通稠油	550	13.9	1.67	8.3	15.5	1000
热采稠油	1920	16.6	2.16	7.7	18	1100
低渗致密	2850	11.8	1.18	10	19.3	1250
合计或均值	11470	13.8	1.61	8.6	15.8	922

优化决策的目标：动用哪些类型油藏，使油公司技术与经济指标(本节提出的七类指标，等权重)总体上最优。

2. 指标预测与组合优化

将可动用的七种类型油藏进行组合，形成 128 个方案，采用本章给出的数学模型，预测 128 个组合方案的总量开发技术经济指标，并采用 TOPSIS 方法对组合方案进行了优选。限于篇幅，表 5-3 仅列出排名前 3 名和后 3 名的方案。

计算结果表明，除低渗致密油藏外，其他类型油藏都要考虑投入开发，既可保证较高的产油量，又可保证较好的经济效益，可以作为最佳选择方案。

整装、断块和特殊岩性油藏是优先考虑的投产油藏类型。低渗致密油藏品质差，在没有特别产量要求情况下尽量不投入开发，否则影响整个油公司的成本和采收率。低渗致密油藏将是进一步勘探发现的主体油藏类型，因此，必须大力发展低成本开发技术，才能使这类油藏有效投入开发。

水驱普通稠油油藏和海上油藏，由于较好的储量已经投入开发，剩余未开发储量品质相对较差，这些油藏的投入除对产量指标有所贡献外，拉低了其他技术与经济指标。同样这部分储量有效动用必须发展新的技术，创新管理模式。

5.5.4　小结

大型油田或油公司的总体开发指标在理论上可以根据新投入的油藏类

表 5-3　预测技术与经济指标

方案排名	R_i	产量规模/万 t	总量采收率/%	采油速度/%	储采比	总量开发成本/(美元/bbl)	单位操作成本/(元/t)	盈亏平衡油价/(美元/bbl)
1（整装+海上+断块+特殊岩性+普通稠油+热采稠油）	0.308	1728	25.02	0.445	7.66	13.75	1422	63.6
2（整装+海上+断块+特殊岩性+热采稠油）	0.315	1722	25.04	0.444	7.65	13.74	1423	63.6
3（整装+断块+特殊岩性+普稠+热采稠油）	0.329	1723	25.04	0.444	7.65	13.76	1424	63.7
126（存量+海上+低渗）	0.669	1657	25.15	0.432	7.49	13.77	1449	64.8
127（存量+普通稠油+低渗）	0.684	1658	25.15	0.432	7.49	13.80	1450	64.9
128（存量+低渗）	0.693	1652	25.16	0.431	7.47	13.79	1452	65.0

型、地质储量及其特性，用一套常微分方程进行表征，依此推出以区块为基本单元的实用计算公式，对可能投入开发区块组合的开发指标进行预测。在此基础上，可以应用多属性决策方法(如 TOPSIS 法等)对可能投入开发的油藏类型或区块进行优化。

本节给出的对油田开发 7 个关键指标的规律认识及建立的数学模型，可被广泛地应用于开发指标的预测分析中，其中建立的以区块为单元的指标预测与组合优化方法，为年度开发部署提供了快速的关键指标预测与方案优选工具，对开发决策具有一定的应用价值。

第6章 典型油田开发模式的认识

针对油藏地质特点，我国油田开发工作者经过数十年的开发实践和理论创新，形成了一系列油田开发模式和经验性做法，这些模式和做法是宝贵的知识财富。笔者以大庆喇萨杏油田为背景，对大型多层非均质砂岩油田开发模式进行归纳概括；以大庆外围等低渗透油田为背景，对低渗透油田开发模式进行归纳概括；以塔河油田为背景，对缝洞型碳酸盐岩油田开发模式进行归纳概括。

依据我国东部老油田开发生产数据，笔者改进了广义"翁旋回"（即翁文波先生提出的泊松旋回[55]简称"翁旋回"）产量演变模型，提出油田开发阶段划分方法和"老油田"的定义指标。

6.1 大型多层非均质砂岩油田开发模式

油田开发是一项高投资、高回报和高风险的大型系统工程，其目标是最大程度满足国民经济对原油产量需要，最大幅度提高原油采收率，实现石油企业最好的经济效益与社会效益。开发实践表明，不同地质特点、不同储量规模的油藏具有不同的开发规律性和开发模式。只有遵循科学的开发模式，才能实现油田的高水平、高效益、可持续开发。

喇萨杏油田是大庆油田开发的主体，位于松辽盆地中央拗陷长垣背斜构造带上，为大型河流-三角洲沉积体系，属于典型的大型多层非均质砂岩油田（图6-1）。经过60年的理论研究和开发实践，探索出了一套独立自主开发大油田的油藏精细描述、水驱开发和三次采油等系列开发技术，创造了世界油田开发史上长期高产稳产的奇迹。

笔者以大庆喇萨杏油田开发实践为背景，在油藏地质研究、开发方针和开发程序、油藏动态监测和生产动态分析、开发现场试验、开发规划与技术政策、重大工艺技术以及油田生产管理方式7个方面进行了系统概括，凝练出了大型多层非均质砂岩油田开发模式，以期对类似油田的科学开发提供指导和借鉴。

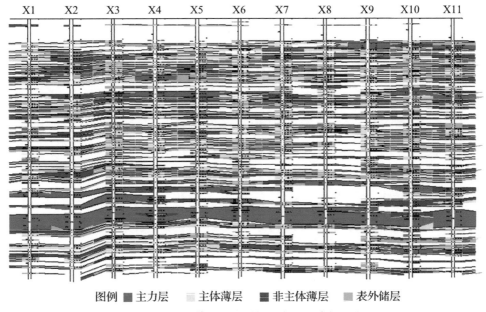

图例 ■主力层　□主体薄层　■非主体薄层　■表外储层

图 6-1　喇萨杏油田某区块油层剖面图

6.1.1　遵循长期高产稳产的开发方针和开发程序

大型多层砂岩油气储量巨大(亿吨级,喇萨杏油田储量大于 40 亿 t),如何规模高效开发,对国民经济、能源安全意义重大,对油田企业可持续发展意义重大。必须坚持油田长期高产稳产,实现较高采收率的开发方针,系统性指导各项开发工作。

(1)利用大型多层砂岩油藏地质特点,首先立足于主力油层部署基础井网开发,然后根据基础井网资料进一步认识并开采非主力油层,实现层系井网接替是长期高产稳产的重要模式。多层砂岩油藏的层间、平面和层内非均质性在注水开发过程中产生层间、平面和层内三大矛盾,利用这些矛盾找出潜力是开发调整始终坚持的哲学思想(矛盾论与实践论)。

(2)早期注水分层开采技术,多次加密技术,层系细分重组技术及注采结构调整、注采系统调整是多层砂岩油藏标志性的水驱调整技术。注重保持多套层系井网间的相对独立性,实现有序开发。

(3)针对油藏地质特点和开发状况,通过理论研究、室内实验和现场试验,筛选 EOR 方法,适时开展化学驱大幅度提高采收率。搞好水驱与转化学驱区块间衔接、层系间衔接、产量接替是长期稳产的技术保证。

每个阶段的油田重大开发调整决策都需要以地质研究为基础,现场试验与油藏工程认识为依据,做到"研究超前,规划超前和工艺技术准备超前",

注重不同开发阶段重大调整对策衔接、技术衔接和工作量衔接。

6.1.2　高度重视开发全过程的油藏地质研究

　　大庆喇萨杏油田储层为典型的大型砂岩油田河流-三角洲相沉积储层,纵向上由几十个甚至上百个小层组成,平面上沉积微相变化剧烈(图 6-2,两口相距 30m 的井可能处于不同相带),岩性、物性特征发生较大变化。储层严重的非均质性对油田开发方案设计、实施和开发效果具有重大影响,是产生各类开发矛盾的主因。因此,科学开发好油田必须加深油藏地质认识,油藏地质研究是油田开发工作的关键环节。

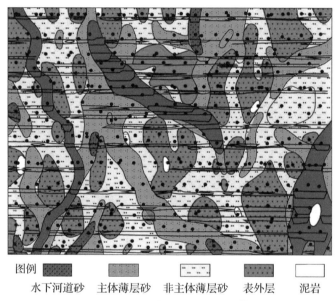

图例　　水下河道砂　　主体薄层砂　　非主体薄层砂　　表外层　　泥岩

图 6-2　坨状三角洲内前缘砂体模型

　　(1)油藏地质认识过程是不断深化的过程。随着开发井数的增多,生产动态数据的积累,为油藏地质深化认识创造了条件,无论从资料方面,还是从"静动结合"等方法方面都极大地丰富了油藏地质研究的内涵。

　　(2)油藏地质认识的重大突破带来油田开发的重大进步。喇萨杏油田经过了小层对比、细分沉积相、精细地质研究(沉积微相与微幅度构造)和多学科集成化油藏研究,保证开发调整有的放矢,为实现采收率 50%以上目标奠定了科学基础。

6.1.3　重视油藏动态监测与生产动态分析

　　(1)油藏监测系统的合理部署和先进实用的监测技术是认识好、开发好大油田的重要手段。地层压力监测、吸水与产液剖面监测、饱和度监测和密闭取心检查井是生产动态监测的主要内容。取全取准第一手资料是实现油藏地质再认识、描述剩余油分布特征和认识生产动态规律的重要依据。

(2)生产动态分析是研究油田开发过程中油水运动规律，深化地质再认识，解释开发指标变化机制，评价措施效果，揭示开发矛盾和预测剩余油挖潜潜力的一个关键环节。开发动态分析不是单纯的数据分析，要突出地质静态与生产动态相结合，要突出从单井到井组、区块乃至全油田的层次性。

(3)多学科集成化油藏研究是实现科学开发大油田的重要方法论。以精细地质研究得到的沉积微相图，海量岩心分析资料等地质信息为基础，建立三维静态地质模型，通过生产数据与测试数据历史拟合建立动态油藏模型，进行剩余油分布认识，开发调整方案优化，以及相关工艺技术的配套，形成有效的油藏管理模式(图6-3)。

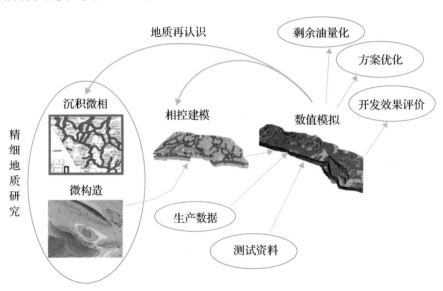

图6-3　多学科集成化油藏研究框架图

6.1.4　发挥现场试验的巨大作用

坚持现场试验先行，遵循"实践—认识—再实践—再认识"的哲学思想，从试验中发现规律、总结规律、运用规律是开发好大型多层砂岩油藏的经验性做法。

(1)确立了早期注水，保持地层压力的开发原则。大庆油田开发初期正是由于开展了利用天然能量、注水时机、不同注水方式(合注、分注、合采、分采)等"十大试验"，突破了国外晚期注水的经验惯例，确立了早期注水保持地层压力的开发原则，指导了大型多层砂岩油田的科学开发，丰富了我国油田注水开发的理论。

(2)确立了接替稳产策略。开展中区西部试验，基本保持原井网、层系和注水方式，充分利用现有工艺，挖掘各类油藏潜力，开辟了接替稳产途径。认识到在开采初期，保证主力油层生产能力，先见效，对产量先贡献。中低渗储层吸水能力低，油井受效需要一个过程，注重分层改造，加强注水，逐步提高生产能力，到中后期发挥主要作用，弥补主力油层因含水率上升而减少的产量，进而实现全区稳产。

(3)小井距油水运动规律。通过 75m 小井距试验区，使上百年开发历程才能体现出的规律性在几年内呈现出来。认识到高黏度原油一半以上可采储量要在高含水阶段采出的特点，以及不同含水阶段开发指标变化规律，为开发好大油田提供了试验与理论依据。

(4)厚油层开采试验。厚油层层内非均质性更加严重，油水密度差产生的重力作用更加突出。通过厚油层开采试验，深化了不同韵律段水淹特征及其作用因素，为厚油层韵律段间调整提供主要依据。

(5)多次加密试验。大型多层砂岩油藏层间非均质性和平面非均质性比较突出。差油层和表外储层是主力油层重要接替对象。但其储层发育、物性等特征，靠原井网、工艺手段难以有效动用，是否需要独立的层系井网，什么样的层系井网，以及相关的工艺技术问题要依靠现场试验回答。

通过多个典型试验，明确了加密调整的对策与厚度界限、物性界限；明确了层系组合原则和井网、开发指标变化特征；明确了主导的工艺技术需求。为落实每一阶段的储量潜力，规划编制和科技攻关指明了方向，并实现了采收率大幅度提高。

(6)三次采油试验。在水驱基础上改变开发方式，进一步大幅度提高采收率，在方向和技术上等方面要取得深入认识，不仅需要室内实验、理论分析，还必须依靠现场试验。为此，在喇萨杏油田开展了一系列"三次采油"提高采收率现场试验，形成了先导性试验定方向，工业化试验形成有效做法和完善技术，积累生产管理经验的现场试验模式。

通过开展聚合物驱，注天然气、CO_2、微生物等先导性试验，明确了聚合物驱的主导地位和主要方向。通过开展聚合物驱多种目的的现场试验，明确了聚合物类型、用量、注入方式，以及层系井网等方面有效做法，明确了开发指标变化特征。通过开展多个三元复合驱现场试验，明确主表面活性剂类型、注入体系、层系井网以及相应的工艺要求。化学驱成为水驱后的主要接替技术，大幅度提高采收率 10～20 个百分点，在技术上走在世界前列。

6.1.5 高度重视开发规划与技术政策研究

油田开发规划是综合性、前瞻性和战略性的工作，贯穿于油田开发不同阶段，是分阶段落实油田开发方针，满足国家对原油需求，科学开发好大油田的顶层设计。编制好油田开发规划必须加强相关基础研究，突出以现场试验、开发生产为基础的规律性总结，突出开发效果评价和潜力评价，突出开发指标预测，突出科学的方案优化方法。

(1) 搞好开发效果评价，明确挖潜对象，落实挖潜潜力。依据生产动态分析、地质大调查、注水大调查分析结果，评价油田开发效果，明确开发中出现的问题和矛盾，明确进一步挖潜对象和挖潜措施，通过现场试验、油藏工程分析、经济评价等工作，定量预测评价挖潜潜力。

(2) 加强开发指标变化规律与预测方法研究。坚持"凡事预则立，不预则废"的理念，优选水驱特征曲线、产量递减曲线等油藏工程方法，并根据实际情况加以改进，结合数值模拟等技术分析开发指标变化趋势，建立定量的预测模型。大庆油田每个五年规划都设立开发指标预测方法研究专题，使开发规划建立在定量预测基础之上。

(3) 重视油田开发技术政策研究。油田开发技术政策是编制油田开发规划和方案设计的技术指南。不同开发阶段都应该以实践为基础，通过大量油藏工程论证得出正确的开发技术政策。大庆油田开发初期，提出了早期注水、分层注水的技术政策，强调注上水、注够水、注好水，地层压力是灵魂，注水保压是油田开发的核心工作，从而实现了油井长期自喷开采和生产上的主动。

随着含水率的上升，实行油井全面转抽，加密调整井网接替的技术政策。进入高含水后期和特高含水期，又提出稳油控水、三次采油接替的技术政策。

(4) 合理的工作量部署安排，年度开发规划与工作量部署是落实长远开发规划的保证。一是完成年度产油量、可采储量和经济效益指标；二是考虑工作量能力、保持工作的平稳安排、生产有序；三是落实重大现场试验和科技攻关工作。

(5) 重视数学规划方法的应用。大型多层砂岩油藏开发规划既要考虑产量、采收率，还要考虑成本与效益，同时多种开采对象并存、多种开采方式并存、多种工艺措施并存。从本质上讲这是一个复杂的数学规划问题。大庆油田积极应用多种数学规划方法解决规划方案的优化问题。如"七五"规划的线性规划方法、"八五"规划的动态规划方法、"九五"规划的大系统方法、

"十五"规划的目标规划法、"十二五"规划的定性定量结合的随机规划方法等。数学模型与专家经验相结合,提高了开发规划的编制水平和科学性(参见第 5 章)。

6.1.6　充分发挥重大工艺技术的关键作用

针对性发展钻完井、采油工程和地面工程技术,满足油田开发与提高采收率对工艺技术需求,实现"地质工程一体化",是实现油田开发方针和目标的根本途径。

(1)分层注水技术。多层砂岩油藏由于层间非均质性比较突出,分层注水、分层采油等技术发挥关键作用。研究形成了以"糖葫芦"派克、同心或偏心集成注水配水管柱为标志的分层注水工艺技术,这些技术不断发展完善,成为"分层开采"的利器,为解决层间矛盾、提高水驱采收率提供了技术保障。

(2)薄差油层射孔技术。一般情况下,多油层砂岩油藏中薄油层占有相当部分的储量比例,是接替稳产的重要对象。研究形成了磁定位测井、水淹层测井,深穿透、复合射孔等选层、完井技术。解放了厚度 0.2~0.5m 的薄储层,复算地质储量和可采储量大幅度提升,为一次加密、二次加密等提供了技术保障。

(3)限流法压裂技术。为提高薄差层和表外储层产能,充分发挥其产量接替作用,研究形成了以射孔控制分层排量,有效压开薄差储层的限流法压裂技术,成为多次加密井的主要完井手段。

(4)调剖堵水技术。多层砂岩油藏层间、平面非均质性普遍比较严重。注水过程中层间窜、平面窜的现象比较突出。为实现层间、平面井点平衡开采,最大程度提高注入水利用率,研究形成了机械封隔器、桥塞油井堵水、化学法油井堵水和注入井调剖技术。针对厚油层层内非均质性,研究形成注入半径较大的深调剖技术。

(5)调整井钻固井技术。多层非均质砂岩油藏注水开发后,地层压力系统发生重大变化,异常超压、欠压层普遍存在,给后期调整井的钻固井带来严重困难。调整井钻前放溢流等压力调整控制、钻井液改进等防喷低漏钻井技术和水泥浆改进、管外封隔器封隔等固井技术,保证了加密井的正常开发生产。

(6)地面工程技术。地面工程作为油田生产系统的重要组成部分,要与油藏工程、采油工程协同配套;相关技术要针对不同开发阶段、开发特征有的放矢地发展与改造。大型多油层砂岩油田一般采取以联合站为核心,与计量站、中转站组成三级布站模式。一是依据不同开发阶段含水率变化、液量变化，对集输系统、集输方式与参数，以及油水处理能力适时调整，以满足油田开发、降低成本的需要。二是根据加密井的井位和产能，对地面系统进行改建。三是针对化学驱特点，进行化学剂配注站、含聚合物污水处理等方面的技术配套。

6.1.7 群策群力的油田开发生产管理模式

针对大型多层砂岩油藏的开发，在实践中形成了大系统、多层级的生产管理模式。管理层级之间上下互动，体现出民主决策与科学决策。

（1）大庆油田开发初期，以恢复油层本来面目为目的，提出"全党搞地质，群众办地质"的口号，经过百万次油层对比，较好地描述了"油砂体"分布特征。油田开发后提出"取全取准 20 项资料 72 个数据"第一手资料。在这些生产管理活动中，基层人员发挥了巨大的主观能动性和创造性。

（2）萨尔图油田"146 开发方案"设计中，采用行列井网还是面积井网直接关系到油田开发水平的战略性决策。为此广大技术人员通过多次讨论、辩论、研究、分析和论证，最后决定应用行列井网更符合油层情况，更有利于开发生产管理，保证了开发方案设计的科学性。

（3）油田开发的每个主要阶段，都开展地质大调查、注水大调查的群众性工作。通过典型解剖，更加深入认清油田开发形势和开发矛盾，进一步落实挖潜潜力，为开发规划和重大技术政策的确立奠定了基础。

（4）形成了单井分析、井组分析、区块分析和全油田分析的生产动态分析模式。注重动态、静态相结合，召开不同形式、层级的动态分析会和开发技术座谈会，集思广益形成"头脑风暴"效应，对油田生产中出现的问题和相关技术决策达成共识。

（5）油田进入特高含水期，应用密井网资料，开展全油田精细地质研究会战。权威专家建立方法与流程，广大地质人员充分参与并发挥主观能动性。根据大型多层砂岩油田的地质特点，在纵向上细分到单砂层，平面上细分到沉积微相，对油层的地质认识更加深入，为水驱加密调整和三次采油打下了坚实的地质基础。

（6）抓住精细地质研究取得的大量成果和信息技术高速发展的契机，借鉴国外大石油公司的经验，结合油田实际，确立多学科集成化油藏研究管理模式。油田决策机关与生产基层单位形成联动机制，研究院专家提供方法、流程和并行计算集群软件，采油厂技术人员通过示范区应用并及时反馈，使多学科集成化油藏研究技术与模式不断成熟，为油田精细挖潜提供了技术保障。

6.1.8　小结

大庆喇萨杏油田开发经验实践表明，开发好大型多层砂岩油田，必须把科学技术的创新发展放在首位，必须搞好油藏地质、油藏工程、钻井、采油和地面工程等多专业之间的有机结合，应该遵循长期高产稳产、大幅度提高采收率的开发方针，坚持开发全过程中的油藏地质研究，重视油藏动态监测与生产动态分析，发挥现场试验的巨大指导作用，重视开发规划与技术政策研究，发挥重大工艺技术的关键作用，积极采纳多学科集成化油藏研究理念和群策群力的油田开发生产管理模式。

6.2　对低渗透砂岩油田开发模式的认识

低渗透油田是相对高渗透油田而言的，但其渗透率界限在国内外尚无统一的划分标准，一般以 $50 \times 10^{-3} \mu m^2$ 作为低渗透油田上限、$10 \times 10^{-3} \mu m^2$ 作为特低渗透油田的上限、$1 \times 10^{-3} \mu m^2$ 作为超低渗油田的上限，得到更多专家的共识。近年来，致密储层概念引起充分重视，但一般将其与超低渗透等同。本节低渗透的含义是包含一般低渗透、特低渗透和超低渗透(致密储层)的广义低渗透。

我国的低渗透油田主要分布于鄂尔多斯、渤海湾和松辽等盆地，资源分布广，开发潜力巨大。但由于其特殊的油藏地质特点、复杂的孔隙结构、渗流特点，导致储量品位低，开发过程中常常呈现注不进、采不出，单井产量低，按照中高渗透油田的传统做法难以实现经济有效开发。通过几辈人的理论探索和矿场实践，形成了区块优选与油藏描述、井网与压裂一体化设计、开发调整与提高采收率等主体开发技术，创立了低渗透油田独有的开发模式，支撑了年新增探明储量的高速增长(占比 70%以上)和年产量的连续攀升(占比 40%以上)，成为继中高渗透老油田之后增储上产的重要支柱。

6.2.1　低渗透油田地质特点与开发难点

与中高渗透油田相比，低渗透油田储层地质和储层物性方面更加复杂，在渗流规律与开发指标变化规律方面明显不同。

(1)低渗透储层成因概括为两个方面。一是低渗透储层埋藏较深，各种成岩作用更加剧烈，孔隙结构更加复杂，储集空间变小。二是近源沉积作用岩石颗粒分选性差，磨圆度低，而远源沉积颗粒粒度小，这两种沉积类型导致储层孔隙小、喉道细、渗透率低。

上述储层成因具有普遍性，是影响储层低渗透率和开发效果差的主要因素。

（2）以蒙脱石、伊利石、高岭石和绿泥石等为代表的黏土矿物更加发育，水敏、速敏、盐敏、酸敏和碱敏现象更加突出，孔隙结构更加复杂，储层非均质性更加强烈。束缚水饱和度常常达到 40% 以上，储层润湿性常常呈现为水湿。

（3）压实作用强烈的又一效应是岩石脆性较大。构造裂缝与成岩裂缝相对发育，各级裂缝的存在加剧了储层微观非均质性，不可逆的压力敏感性更加突出。

（4）孔喉比偏大，常常达到 50 以上。比表面积大，达到 $20m^2/g$。界面和油水毛细管力作用强烈，贾敏效应突出，重力分异不明显。

（5）具有非达西渗流特征。流体与岩石界面作用强烈，流体的流动除了克服黏滞力外，还要克服固液表面的附加阻力，即存在启动压力梯度。室内实验与矿场生产数据均表明，渗透率越低，需要克服的启动压力梯度越大（图6-4）。

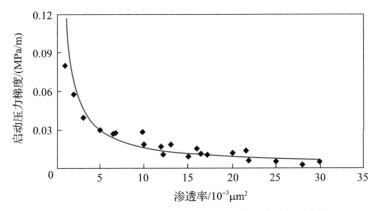

图6-4 某油田启动压力梯度与渗透率关系曲线

（6）尽管一般情况下低渗透储层原油黏度偏低（一般小于 10mPa·s），但渗透性起到主导性作用。单井注采能力低，常常需要大量的压裂改造等措施。采液指数随含水率上升长期呈下降趋势后才回升，经济极限含水率远低于中高渗高产液量油井，常常小于90%，油藏采收率一般低于20%，经济效益偏差。低渗透油田成为难采储量的主体，在已探明未动用储量中占比高达70%以上。

6.2.2 油藏描述方面的主要做法

与中高渗透砂岩油藏相比，低渗透砂岩油藏描述在内容上、方法上都有了更高的要求。

(1)在沉积研究基础上，更加突出成岩作用及其对储层储集特性的描述、表征与评价，更加突出黏土矿物类型及其含量的研究。

(2)更加重视各级裂缝的描述、表征与岩石力学、地应力场的研究。综合运用地球物理、成像核磁、声波测井、岩心分析与力学测试、油藏地质力学以及试井等手段，研究裂缝展布特征、渗流特征及地应力场分布特征。

(3)岩心实验开展储层敏感性研究。尤其是蒙脱石引起水敏、高岭石引起速敏方面的评价。这些储层敏感特性在钻完井、压裂酸化以及保持地层能量等方面对进入油层液体提出更高要求。

(4)更加重视储层物理与渗流力学特性研究，尤其是孔隙结构、界面作用、流体运移规律，注入流体与储层流体物理化学作用、配伍性等方面。充分运用铸体薄片技术、压汞技术(恒速、恒压)研究储层孔隙结构，核磁共振技术与岩心驱替实验方法研究非达西渗流特性与启动压力梯度、毛细管力作用、储层压力敏感性规律和油水相对渗透率曲线特征。

6.2.3 区块优选评价与开发试验

(1)已探明未动用和待探明的低渗透油藏中边际储量占比较大，有必要差中选优，相对优质效益区块优先建产开发。根据技术经济学盈亏平衡原理，计算出一定油价和投资成本下累积产油量(EUR)界限，进而通过产量递减规律得到一定递减情况下的初期产量界限。再利用与初期产量的相关关系确定可布井的厚度或流度或流动系数等参数界限，依此确定出可经济有效开发的区块。

(2)对于复杂的低渗透油田，为深化油藏地质认识，落实产能，在编制开发方案前部署必要的评价井、相应的三维开发地震和试油试采工作量，开展精细油藏评价，作为开发前期工程环节，为全油田编制开发方案提供依据。

(3)对于开发技术政策不明确的大型低渗透油田，开辟针对性的生产试验区，在完成一定产油量任务的同时，进一步认识油田开发规律，摸索有效的开发方法，为油田规模化开发提供指导和示范作用。

6.2.4 井网与压裂一体化设计

低渗透油藏普遍压裂投产，井网和压裂裂缝以及层系之间相互协同、相互制约的关系更加突出。通过大量的开发实践与理论研究，形成了如下规律性认识和有效做法。

(1)低渗透储层注采井距普遍较小。一般小于 300m 才能建立起有效驱动体系，需要的井网密度较大；同时，井控可采储量的经济性要求井网密度又不宜过大。因此，井网密度的技术经济综合论证是油田开发设计的主要内容。一般情况下，井网密度与采收率的关系可由谢尔卡乔夫公式确定。较小井距既有增大驱动压力梯度作用，又有增加水驱控制程度的作用。因此，只要经济上满足，应尽量采用超小井距开发。

(2)采用井网压裂一体化设计。充分发挥长裂缝改造渗流场方面的作用。实行井网压裂一体化或整体压裂，使注入水垂直长裂缝走向流动，实现阻力较大的径向驱动向阻力较小的线性驱动转变。压裂不仅能提高注水产液能力，更重要的是改变驱动方式，体现开发压裂的内涵(参见第 2 章)。

(3)单一天然裂缝发育储层，由于裂缝渗流能力远远大于基质渗流能力，因此注水井排方向与裂缝方向平行，垂直裂缝走向驱替，可以有效扩大注水波及体积，防止水窜(参见第 2 章)。其效果好于井排方向与裂缝方向成一定角度的情况(如某些油田注水井排方向与裂缝方向成 22.5°或 45°，见图 6-5)。

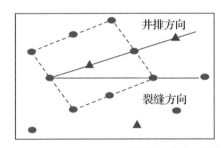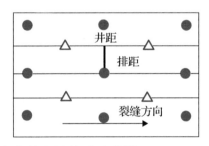

图 6-5　井排方向与裂缝方向的配置关系示意图

(4)由于井网密度的采收率需求和井控储量的经济需求，层系不宜划分过细。解决层间非均质问题的对策：一是利用一套小井距井网，逐层上返开发，起到细分多层系的作用；二是发展长跨距的分层注水与分层采油工艺。

对于一些薄且裂缝发育储层，充分发挥水平井的优势，更多地控制单井地质储量和可采储量、产量，实现"少井高产"。

(5)采取大压差、较高驱替压力梯度的工作制度。近破裂压力注水(尤其对致密、超低渗储层)，在不产生水窜的情况下，可以采用在破裂压力附近注水，形成微裂缝，提高吸水能力。抽油泵下到油层中部，实现低流压采油。

(6)除异常高压低渗透油藏外，可实行早期注水和相对较高注采比注水。异常低压油藏可实行超前注水，防止地层压力下降，产生储层压力敏感性引起的不可逆渗透率下降效应。

(7)严格水质要求。一是与中高渗透层相比，注入水中固悬物含量及其粒径中值、微生物含量等方面的标准更加严格(A级指标，其中要求悬浮物含量不大于1.0mg/L，粒径中值不大于1μm)，防止堵塞。二是实际注入水与地层水要有较好的配伍性，防止结垢。三是对于水敏严重的储层，针对性加入防膨剂。

(8)广泛使用增注技术。一是采用压裂、酸化等手段，改善近井地带渗流条件，提高储层吸水能力。二是利用表面活性剂(活性水)降低毛细管压力和贾敏效应，实现增注。

6.2.5　全过程油层保护与低成本工艺技术

在低渗透油田开发实践中，根据开发效果和经济效益的需要，形成了针对低渗透油田特点的增效钻采技术和简化地面工程技术。

(1)应用钻井过程中钻井液屏蔽暂堵技术，欠平衡钻井技术，防止钻井液进入地层伤害渗透率。

(2)应用无杵堵、深穿透射孔技术，负压射孔技术和清洁压裂液压裂技术等，防止储层伤害。

(3)应用小井眼钻井技术及其配套技术(测试、改造等)，大幅度节约钻井投资。

(4)针对低产液井和低注水量井，应用间歇式捞油为代表的活动采油技术与活动注水技术，减少地面工程设施，大幅地降低投资与成本。

(5)根据低渗透储层低产液量的特点，实行小环流程，软件量油(示功图、电功图和环形空间液面监测技术)和"多合一"的油水分离处理装置，优化简化地面工程。

6.2.6　开发调整与提高采收率技术

低渗透油藏的地质特征决定了其开发调整与提高采收率技术不同于中高渗透油藏。

(1)开发过程中裂缝再认识与井网调整技术。裂缝描述及表征对低渗透油田开发具有举足轻重的作用，但也是世界级难题。受早期资料的限制，尤其对隐裂缝、微裂缝发育特征及其在开发过程中的作用难以把握，必须依靠注水以后的动态反应加深认识，并依此进行井网和工作制度(如注水压力等)调整。

(2)重复压裂技术。压裂是低渗透油藏重要的增产增注措施和开发手段，不仅在开发初期作为完井手段之一，在开发过程中也应适时开展重复压裂。一是重复井不重复层的压裂，即压开以前未压裂的层发挥其作用。二是重复层压裂，使已压开但闭合的裂缝重新开启，或通过转向技术压开新缝。

(3)渗吸法采油技术。对于多组裂缝比较发育的特低渗透油藏，注水开发容易形成水窜，注采井网难以调整与适用。因此，发挥储层的亲水特点，依靠毛细管力作用，通过清水吞吐方式，从基质岩块中将原油置换到裂缝系统并被采出。该方法采油速度较低，产液量与含水率等指标与注水开发油藏具有不同的规律性(参见第 1 章)。该技术可以与其他开发调整措施相配合，进一步改善老油田的开发效果(图 6-6)。

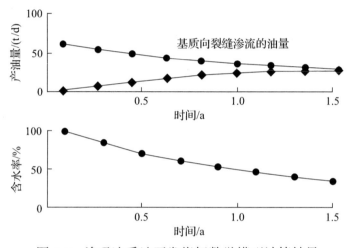

图 6-6　渗吸法采油开发指标数学模型计算结果

(4)注气驱方面。特低渗储层由于渗透率过低，再加上较强的敏感性，吸水难，水驱效果差。而气体具有较低的黏度和较高的流度比，储层不敏感，吸入能力强，因而具有广泛的应用前景。但气窜问题更加突出，提高气体波及体积是注气开发的一项瓶颈技术。注入气体主要是 CH_4、CO_2，也可以考虑烟道气(以 CO_2+N_2 为主)、N_2 和减氧空气。目前，注气开采尚处于现场试验和小规模应用阶段。

(5)化学驱方面。低渗透油藏渗流阻力大，高分子聚合物注入困难，不可及孔隙体积大。小分子表面活性剂有利于流动，但储层比表面能大，吸附消耗量问题突出，同时，较高的孔喉比需要更低的油水界面张力和更高的毛细管数才能克服贾敏效应提高驱替效率。因此，低渗油藏化学驱技术难度大，经济不可行性比较突出。目前虽已开展大量研究和试验，但许多关键技术尚未突破，还不能规模化应用。

6.2.7　致密储层开采技术

近年来，以水平井多段压裂为主要标志的页岩油、致密油开采技术，实现了开发地质与油藏描述、开发理念上的重大变革，成为致密储层或特低渗透储层的有效开发模式，限于篇幅，本节仅作简要概述。

(1)多学科集成的"甜点"预测技术。综合应用地质、地球物理、测井、地球化学等手段，评价油层厚度、孔隙度、渗透率、含油饱和度、裂缝和压力系数等地质"甜点"和岩石可压性等工程"甜点"，确定开采靶区。

(2)水平井多段压裂作为主要开采方式。以提高"甜点"钻遇率、增大改造体积和单井 EUR 为核心，在研究压力与应力干扰基础上，设计合理的水平井方位、长度、井距以及裂缝段间距、缝半长等参数。

(3)对于储量丰度较大的多层致密油藏，根据裂缝缝高、应力遮挡层、储量规模等因素，采用多层水平井网，实现立体开发和产量接替。

(4)运用旋转导向、一趟钻低成本钻井与电驱压裂等技术，最大程度提高开采经济效益实现储量有效利用。

(5)积极运用井工厂作业模式提高生产效率，应用学习曲线技术，降低钻井与压裂成本。

(6)微地震压裂裂缝监测、分布式温度监测(DTS)与分布式声音监测(DAS)产液剖面监测及示踪剂监测是油藏管理的重要手段。

(7)由于致密储层能量补充难等问题，压裂过程中注入油层中大量压裂液不仅起到携砂作用，还可以作为一种驱油能量提高单井 EUR 和采收率，通过压—注—采一体化实现效益开发。

6.2.8　小结

(1)低渗透储层在油藏描述方面，更加突出成岩作用、裂缝特征识别与地应力研究，储层敏感性及渗流物理特性。

(2)低渗透储层需要较小的注采井距，即较大的井网密度才能建立有效的驱动体系。储层压裂是有效开发的重要举措，开发设计中需要考虑整体压裂或开发压裂与井网协同作用。

(3)区块优选评价、开发试验、井网与压裂一体化设计、开发全过程的油层保护技术和降投资成本的采油、地面工程技术是低渗透油田经济有效开发的重要方面。

(4)对于致密储层，在"甜点"预测基础上，采用水平井多段压裂开采模式，大幅度提高单井产量，快速收回投资，实现规模效益开发。

6.3 缝洞型碳酸盐岩油藏开发技术的认识与思考

我国缝洞型碳酸盐岩油藏主要分布在塔里木盆地，其中塔河油田、轮古油田、哈拉哈塘油田、富满油田、顺北油气田等探明石油地质储量已超过 20 亿 t，是油气勘探开发最现实的接替领域。缝洞型油藏地质与开发特征同孔隙型碳酸盐岩油藏、碎屑岩油藏明显不同，国内外没有成熟的开发理论可供借鉴。中国石化开发技术人员通过不断地探索实践，形成了缝洞型碳酸盐岩油藏开发技术系列，支撑了塔河油田和顺北油气田的上产与稳产，建成了年产量 700 万 t 规模的大油田。但仍存在油藏地质认识深度不够，产量递减快（15%以上），采收率低（15%）和已探明未动用储量较大（大于 4.3 亿 t）等问题，开发模式有待于进一步总结提升。

笔者以塔河油田和顺北油气田为例，分析缝洞型油藏地质特征及开发面临的挑战，梳理成功的经验与做法，并对进一步发展方向进行讨论。研究过程中郑松青、顾浩博士给予大量帮助，在此表示感谢。

6.3.1 缝洞型油藏地质特征与开发挑战

中国石化西北油田分公司已开发的碳酸盐岩油藏主要分布在塔河东部裸露剥蚀区、塔河西部浅埋区和顺北深埋区三个区域，由北向南埋深由 5300m 至 8700m 逐渐加深，地层压力由 54MPa 至 88MPa、温度由 120℃ 至 170℃ 逐渐加大，属于典型的超深高温高压缝洞型油气藏。塔河油田、顺北油气田构造位置如图 6-7 所示。

塔里木盆地缝洞型碳酸盐岩油藏经过多期构造运动、多期岩溶作用、多期油气充注，地质条件异常复杂，给油藏描述、油藏工程、钻采工程和高效开发带来极大挑战，具体概括为以下十个油藏地质特点和开发面临的挑战。

(1)缝洞储集体发育规律不明，给缝洞表征带来挑战。塔河油田与顺北油气田分别以岩溶洞穴和走滑断裂伴生缝洞作为主要的储集空间，以断裂-裂缝作为主要的导流通道，优质储集体的发育具有极强的非均质性，已不是传统的"层状"储层。在岩溶系统或断裂带内部，孤立洞、连通洞并存，大洞与小洞并存。缝生洞、缝连洞，形成极其复杂的缝洞网络系统，呈现"不规则层状"和不规则"立体式"复杂储集体(图 6-8)。有效缝洞储集体的空间分布规律尚未明确，针对洞体、断裂带及裂缝的描述和表征难度极大。

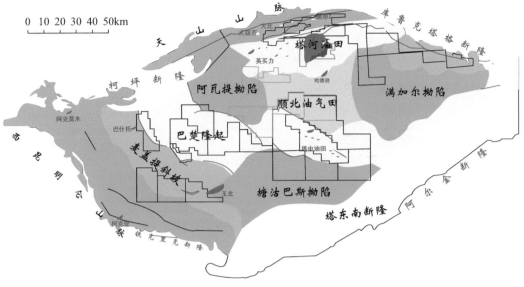

图 6-7　塔河油田、顺北油气田构造位置

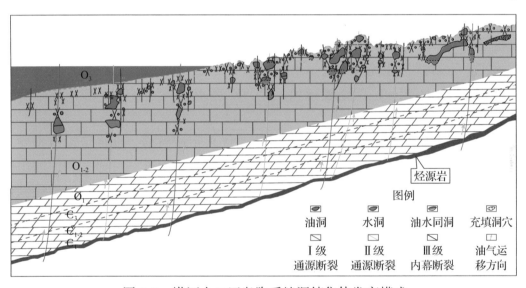

图 6-8　塔河十二区奥陶系缝洞储集体发育模式

（2）油气水分布复杂，给流体识别带来挑战。油气藏经过多期油气充注、多次破坏与改造，决定了油气水分布异常复杂，原油性质多变。塔河奥陶系原油自北向南具有重质油—中质油—轻质油的明显分布，地面原油密度介于 $0.81 \sim 0.98 \mathrm{g/cm^3}$；跃进地区与顺北一区为轻质油、挥发油，地面原油密度介于 $0.78 \sim 0.85 \mathrm{g/cm^3}$，顺北二区、三区则为凝析气藏。含油气缝洞与含水缝洞并存，地球物理方法与地质方法识别难度大，天然水体分布特征与能量不清楚。

（3）未动用储量评价难度大，给规模建产带来挑战。塔河已探明未动用储量 4 亿多吨，主要以小缝洞体、特稠油和盐下油水异常复杂分布等方式赋存，储集体发育地质模式尚未建立，油藏描述与评价技术不过关，井位部署与经济有效动用技术不明朗，难以规模建产。

(4)缝洞型油藏非均质性极强，给地质建模带来挑战。以地质统计规律为基础的传统地质建模技术难以适用于极端非均质性的缝洞油藏。洞体边界与内幕的识别、孔隙度等关键参数的确定主要依靠地球物理技术，地质储量定量计算难度大，还不能为油藏数值模拟提供可靠的地质模型和物性参数。

(5)油气水运动规律缺乏深入认识，给大幅提高采收率带来挑战。塔河注水、注气虽见到一定效果，但储集空间复杂，流体流态复杂，油气水运动规律不清，难以表征剩余油分布。提高采收率机理认识与相关的技术政策需要深入研究，注水提高采收率 3.1 个百分点，注气提高采收率 2.67 个百分点，还算不上大幅度提高采收率技术。

(6)顺北油气富集规律及产能主控因素的认识不深入，给规模建产和补充能量开发带来挑战。顺北地区尤其是二区、三区建产步伐快，挥发性油藏、凝析气藏并存，流体相态、油气水分布、储量及产能等关键因素需进一步研究落实，针对性描述流体组分、相态变化的开发方法尚未明确，开发方案不确定性很大；顺北一区产量递减快，年自然递减率高达 30%，没有建立有效的能量补充方式。

(7)低油价、高成本给井位优选和轨迹优化带来挑战。低油价高成本要求更高的单井最终累积产油量(EUR)，更高的"少井高产"目标。塔河油田西部地区油价 40 美元/bbl 条件下，单井累产需 6 万~8 万 t，单井控制地质储量达 50 万 t，顺北地区单井累产需达 10 万 t 以上(侧钻井 5 万~6 万 t)，对井位优选、轨迹优化提出极高要求。

(8)超深层(8000m 以深)复杂地质条件给顺北钻井工程带来挑战。一是窄泥浆密度窗口与长裸眼钻井对工艺要求极高；二是二叠系易井漏，存在垮塌卡钻风险；三是志留系存在断裂，井漏、出盐水现象同存，堵漏难度极大；四是中下奥陶统硬脆性地层垮塌，影响安全成井；五是小井眼定向钻井效率低，频繁起下钻；六是古生界软硬交错，钻速慢。上述问题导致顺北钻井周期长(平均钻井周期 240d)、成本高。

(9)复杂缝洞分布与地应力分布，给酸压建产带来挑战。由于缝洞预测与钻井难度大，塔河地区近三年洞体钻遇率(直接放空)为 49%；顺北一区虽已达 80%，但漏失量差异巨大，放空厚度小于 5m 的井数约 38%，必须通过多种酸压技术沟通形成有效通道才能动用。对地应力描述、酸液性能和泵压能力等方面提出更高要求。

（10）复杂原油物性给深层井筒举升带来挑战。塔北原油在井筒举升过程中随着温度和压力的降低，黏度加大流动性差，需要大量掺稀油等措施才能举升到地面，严重影响经济效益。同时流体富含 H_2S、CO_2 等腐蚀性气体，流动保障性存在严重问题。

上述油藏地质特点与开发挑战制约了塔河油田与顺北油气田的高效开发，需要发展针对性的油气藏开发技术。

6.3.2　主要开发技术进展

塔河与顺北地区缝洞油藏独特的地质条件，国内外少有经验可供借鉴。20 多年来，中国石化西北分公司与石油勘探开发研究院等部门在开发生产实践中探索和攻关，形成了一系列特色技术，支撑了塔河油田原油 700 万 t 的长期高产稳产。

1. 油藏描述技术

缝洞型油藏的特殊性决定了开发地质研究新内涵，储集空间由各级次断层、裂缝与岩溶作用后生改造形成，"层状"储层的概念拓展到"不规则层状"或"不规则立体"储集体，缝洞单元成为开发基本对象，储层构造地质学、油藏地质力学和岩溶地质学成为油藏描述的主流学科，地球物理技术结合钻井的放空、漏失信息，酸压施工信息和测试信息及生产动态分析技术成为油藏描述主要手段。

1）基于地球物理的体积雕刻技术

针对缝洞型油藏的地质特征，运用物理模拟实验和数值模拟相结合的手段深入认识不同类型缝洞储集体的"串珠""杂乱"等反射特征，广泛应用逆时偏移（RTM）成像技术，探索绕射波成像技术，实现了储集体的辨识与定位，在此基础上形成了缝洞储集体地球物理雕刻技术。一是以波阻抗、振幅能量等属性（尤其是结构张量分析）描述洞体形态、规模和空间展布；二是以相干体+AFE+Likelihood 等技术描述断裂及裂缝发育特征；三是实现缝洞关联与配置关系以及地质模型的立体表征；四是测井结合地球物理正演确立孔隙度与波阻抗关系，进而由地球物理信息确定孔隙度。同时运用试井分析等动态方法校正雕刻体，与传统容积法计算储量相比取得了实质性进步，精度大幅度提高。

2）断控储集体综合评价技术

顺北油田和塔河油田托普台区块岩溶作用相对较弱，断裂体控导控藏，成为评价与开发主要研究对象。目前已经形成断裂几何学、运动学和动力学的断裂三维解析方法。走滑断裂控储能力评价可以简单归纳为三个步骤：一是断裂带走向分段；二是横向分带（核带结构）；三是纵向上依据断裂连接与沟通方式，通源情况进行分类。上述石油地质与开发地质一体化研究为富油气目标评价、优选井位和优化井轨迹提供依据。

3）裸露区岩溶的地质表征描述技术

提出缝洞单元概念，并将其作为油田开发管理基本单元，形成古地貌、古水文、古构造及岩溶分析相结合的风化壳岩溶模式与描述方法。近年来提出岩溶系统概念，进行了从表层型岩溶到暗河型岩溶的成因整体性认识的探索。裸露区岩溶发育模式如图6-9所示。

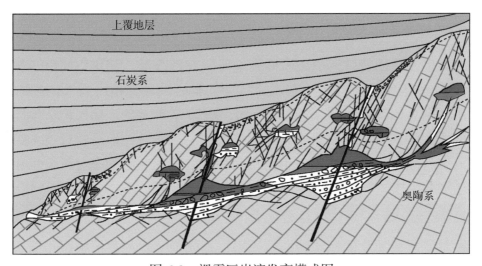

图6-9　裸露区岩溶发育模式图

4）三维地质建模技术

针对塔河碳酸盐岩油藏的三维地质建模尚处于研究探索阶段。以野外露头、密井网解剖为基础，建立包括表层岩溶、古暗河、断控岩溶3类岩溶系统的地质知识库，初步形成不同成因储集体地质模式、发育规律的统计分类建模方法。

针对表层岩溶小尺度溶洞、孔洞建模，采用岩溶相控和地震属性约束的协同序贯指示模拟算法、小尺度裂缝网络建模采用井震结合随机模拟方法。针对暗河岩溶，形成了基于知识库建立古河道几何形态参数，制作三维训练图像，采用多点地质统计学方法模拟暗河发育形态及组构模式。针对断控岩溶储集体，利用分区带目标模拟的方法构建训练图像，在地震预测信息和到断层距离约束下，采用多点地质统计学方法建模。

5) 缝洞型油藏试井分析技术

作为缝洞型油藏精细描述手段之一的试井技术，一是利用传统的试井分析软件进行压力回复曲线分析。由于软件中试井模型基于水平、等厚等假设的单层储层模型，与实际的缝洞型储集体在几何与渗流条件等方面差别较大，只能做一些定性的认识，如沟通几个洞体等。二是建立缝洞的离散体模型，假设缝与洞的连通与展布方式，求解压力恢复曲线并与实测曲线拟合分析油藏特征，由于模型的多解性，目前也主要停留在沟通洞体存在性的判别上。此外，脉冲试井、示踪剂试井和生产数据分析(PDA)等方面也做了大量工作，对深化缝洞型油藏认识起到了一定的作用。

2. 开发建产关键技术

1) 井位优选，轨迹优化

塔河地区主体区以缝洞单元作为开发基本单元，顺北地区以断裂单元(几何分段)作为开发基本单元。由于单井投资巨大，必须实现少井高产，钻井目标必须优选为大的洞体或多个洞体群，井轨迹必须优化以实现单井控制储量目标。为此，西北油田分公司近几年在此方面做了大量努力和尝试，取得一些经验与认识，支撑了开发建产工作。

2) 酸压改造沟通技术

酸压沟通是缝洞型碳酸盐岩油藏开发的关键技术。一是引进了高压井口与高压压裂车组；二是研制了不同速率缓蚀酸；三是水平井分段压裂多靶点沟通技术取得进展；四是探索了转向压裂技术(图 6-10)。酸压技术成为增加单井控制储量的有效手段。

3) 提高采收率技术

塔河老区提高采收率技术可以概括为如下几个方面：一是针对未控洞打新井或老井侧钻技术，增加井控储量；二是生产工作参数优化技术，控制底水上升速度；三是单井注水替油和多井注水驱油，补充储集体能量；四是注水井分级注入颗粒调控流道和生产井人工隔板堵底水技术；五是针对洞顶剩余油的注 N_2 重力驱技术。

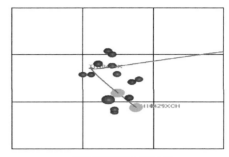

(a) 暂堵前裂缝检测结果　　　　　(b) 暂堵后裂缝检测结果

图 6-10　塔河 TH10429XCH 深部暂堵转向酸压微地震检测

6.3.3　进一步发展开发技术的几点思考

塔河油田和顺北油气田地质特点不同，开发阶段不同，面临的主要矛盾不同，进一步的开发技术发展重点也不同。

1. 顺北油气田开发

顺北油气田于 2016 年发现并投入开发，处于开发初期阶段，主要采取滚动勘探开发模式。目前，顺北一区处于补充能量开发阶段，二区处于建产阶段，三区处于评价阶段。为实现储量的不断动用和高效开发，保证产量不断上升，下一步需在以下方面开展技术攻关。

(1) 基于断裂解析的成藏特征研究。顺北断控岩溶油藏的地质开发特点与难点，决定了油藏评价与开发设计工作应继续深化成藏特征研究。重点突出断裂输导体系、储集体与生油源配置关系研究，储集体内部结构模式研究，油气富集影响因素研究，油气水分布特征研究。

(2) 基于地球物理雕刻的储集相控地质建模技术。首先依据地质模式建立定性模型，然后以该模型为基础进行地球物理正演、试井正演和生产动态正演，通过拟合实现反演，建立更加符合油藏实际的地质模型。

(3) 不同缝洞类型油藏岩石物理与孔隙度、渗透率、含油饱和度等物性参数研究。根据油藏地质特点和开发需要，突出岩石力学研究，对测井系列优化。此外，压缩系数在动态地质储量计算和生产工作制度优化方面起到关键性作用，应该通过动态分析方法加深认识。

(4) 流体相态特征、PVT 与油藏组分数值模拟研究。顺北一区为易挥发油藏，4 号带是凝析气藏，PVT 和相态特征复杂，需要在相态特征及组分数值模拟研究的基础上，认识开发指标变化规律，明确补充能量机理与方法，为合理制定挥发性油藏和凝析气藏的开发技术政策奠定基础。

(5)油藏地质力学与流体流动数值模拟耦合技术。顺北断控油气藏裂缝发育，导流能力受应力影响较大，流体流动受到流场、应力场等综合控制，然后可考虑以 Petrel(Visage 模块)与 Eclipse 为基础，研究集成方法和搭建流程，深入认识生产过程中裂缝导流能力的变化特征。

(6)井位优选与钻井轨迹优化技术。以油藏描述为依据，储量评价为基础，效益评价(不同平衡油价下可采储量)为目标优选目标体，形成实用方法、流程以及信息平台；探索地质力学特征在井轨迹优化方面的作用。

(7)不同缝洞类型油藏地质储量与采收率评价。目前，顺北一号带探明石油地质储量与动态反映的地质储量差异较大，需要进一步完善断控油藏储量计算方法，评估动用储量大小和采收率，为下一步开发技术对策提供依据。

(8)油气藏与举升一体化数值模拟研究。顺北油气田埋藏深，垂直管流段相态变化大，要统一产能方程、物质平衡方程与产量递减方程，开展油藏—井筒—地面一体化数值模拟研究(可以考虑 IPM 数值模拟软件)，实现生产工作制度优化。

2. 塔河老区提高采收率技术

塔河油田于 1997 年发现并投入开发，经历了天然能量开发、注水开发、注气开发，目前处于进一步提高采收率阶段。下一步的工作重点是开展精细油藏描述，深化开发调整和进一步提高采收率、控制递减率，据此需开展以下方面研究工作。

(1)缝洞内幕结构研究。多井静态、动态结合的缝洞地质特征再认识，绘制缝洞型油藏地质表征图件，体现洞间连通性和洞内内幕结构，以及与小尺度缝洞的关系。

(2)岩溶成因系统认识。古地貌、古水系、古构造等学科相结合，对岩溶系统建造过程与改造过程开展研究，对整个岩溶系统取得系统认识。建立体现基于岩溶系统性的储集体发育模式。

(3)基于地震雕刻体的建模-数值模拟一体化技术。静态动态结合，深入识别钻遇洞、缝连洞、孤立洞和裂缝连通情况。

(4)储量动用状况评价技术。评价动用程度差或未动用洞及大洞内部动用差的部位，预测新井 EUR，优化加密和扩边井位。

(5)注水注气机理深化与油水运动规律研究。通过数值模拟，分析渗流速度场、压力场和饱和度场及油藏特征、井位及注入介质、工作制度对其影响，进一步认识注水注气提高采收率机理。

(6)缝、洞、井空间网络模型研究。不同于以网格为基础的传统数值模拟，以地震雕刻成果为基础，直接建立"缝、洞、井空间网络模型"，表征缝洞井连通关系，通过常微分方程组联立求解预测油藏生产动态和压力恢复曲线分析，较好地反映出缝洞型油藏流动特征，是油藏数值模拟的重要补充和油藏工程研究的一种新途径。

(7)开发效果评价及指标变化规律研究。不同于传统的孔隙型油藏，缝洞型油藏多数井见水后暴性水淹(占比 50%左右)关井，含水率结构与油藏废弃含水率界限发生重大变化，如何分析开发指标变化规律和评价采收率需要针对性研究。

(8)数据(大数据)分析技术。塔河缝洞型油田地质条件复杂，以地质建模和数值模拟为核心的模型驱动研究存在较大困难，同时开发 20 多年积累了静态、动态及措施等方面的大量数据，运用大数据分析的手段，可以洞察一些新的规律或知识，对加深油藏认识和搞好开发调整也不失为一种有前景的途径。

(9)监测系统优化研究。油田开发是一个闭环系统，缝洞型油藏的复杂性使地质表征难度大，不确定性强，更需要生产过程中进行针对性的测试，并针对性部署监测系统和发展监测技术，及时加深油藏认识和有效调整，对塔河油田进一步提高采收率具有重要意义。

6.4　水驱油田产量演变模式与开发阶段划分方法

本节所说的油田不是通常地质定义上的狭义油田，而是指一个油田公司所经营的油田群或油区，即广义油田，如大庆油田、胜利油田等，均由数十个油田构成。一个油田开发阶段的划分主要依据其产量演变趋势，一般分为上产期、稳产期和产量递减期，有时将递减后期独立出来。同时也可依据含水率划分开发阶段，含水率小于 60%为中低含水期，含水率大于 60%为高含水期，含水率大于 80%为高含水后期，含水率大于 90%为特高含水期。我国童宪章院士也依据含水率将油田开发划分为四个阶段，但含水率界限与上述存在一定的差异。

开发实践表明，简单的上产、稳产和递减的产量模式划分开发阶段过于理想化，一些油田呈现出多个不同产量规模或采油速度的稳产阶段，而在递减期又以一定产量规模稳产一段时间。这样复杂的产量模式对大型油田具有一定的普遍性，给油田开发阶段划分带来难题。

　　"老油田"也是一个常用的概念，但"老"的界限或内涵尚无定论。按产量为递减后期，按含水率为高含水后期或特高含水期。也有用开发年限来定义的，如开发超过 30 年的油田称为"老油田"。大量生产数据表明，利用开发年限作为"老油田"的标志也不科学，例如长庆、新疆等油田开发 60 年，至今仍呈现产量上升或稳产态势，根本不能算为"老油田"。

　　综上所述，开发阶段划分与"老油田"的定义等一些基本问题尚待深入认识。笔者在刘合院士等专家倡议下，剖析了我国东部几个典型油田及俄罗斯罗马什金油田、美国东得克萨斯油田的产量、含水率、可采储量采出程度、开发年限等几个方面指标及其控制或影响因素，得到一些规律性认识，建立了基于可采储量的产量演变方程，开发阶段划分方法与标准，并提出了定义"老油田"的指标。认识到我国东部老油区均已进入"老油田"开发阶段，但这个阶段仍有 20%左右的可采储量有待采出。如果通过精细勘探不断增加地质储量和加大提高采收率力度，不断增加可采储量，将会改善产量变化趋势，延长油田生命期。在研究过程中，中国工程院刘合院士、中国石油勘探开发研究院高兴军博士，中国石化石油勘探开发研究院徐婷博士和于洪敏博士等提供大量的帮助，在此表示感谢。

6.4.1　几个统计规律的认识

　　依据我国东部老油田开发生产数据和经验做法，结合油藏工程原理，笔者研究并归纳了如下几个统计规律，为油田开发阶段的划分提供依据。

1. 基于可采储量的油田产量演变规律

　　在可采储量标定、开发规划编制等工作中，油田产量预测主要应用 Arps 递减方程、驱替特征曲线等方法，但油田开发战略研究要对整个开发过程的产量演变趋势进行预测。这方面代表性的成果有翁文波先生提出的翁旋回模型[56]，陈元千先生提出的 HCZ 等模型[55]、Hubbert 模型[57]和 Gompertz 模型[58]。

　　翁文波先生在《预测论基础》专著中提出了翁旋回模型[56]，"假设一件事物 Q 在随时间的变化过程中，正比于 t 的 n 次方函数兴起，又随着 t 的负指数函数衰减"。这个过程可用下列函数表示：

$$Q(t) = At^n e^{-t} \tag{6-1}$$

式中，t 为开发时间；$Q(t)$ 为第 t 年产量；A 为相关常数。这是我国建立的第一个预测油气田开发全过程的产量模型。

陈元千先生对其进行了改进，提出了广义翁旋回模型[55]：

$$Q(t) = at^b \mathrm{e}^{-\frac{t}{c}} \tag{6-2}$$

式中，a、b、c 均为相关常数。上述公式在一定程度上体现了油田产量上升—递减的演变过程，得到油田开发工作者高度重视并在开发战略研究中得到广泛应用。

值得注意的是，油田开发是一个极其复杂的过程，主要体现在：一是开发过程中大量调整措施和新区块新层系逐年投入；二是受到经济、政策和技术等多因素影响，开发目标具有动态变化特点。因此产量演变模式不能仅用其随时间变化的公式描述。广义翁旋回模型适用性受限，如大庆油田、胜利油田均属于此种情况。

实际上，油田开发属于开放式系统，产量演变趋势除受油藏地质与渗流物理特性等自然因素的影响外，也受逐年投入地质储量，不断增加可采储量等人工干预的重大影响，并且这种影响贯穿于开发的全过程。油田产量与可采储量是两个相互依存、相互影响和相互制约的开发指标，在产量演变模式中应该考虑可采储量的作用。

受广义翁旋回模型的启示，同时进一步突出可采储量的作用，笔者提出如下产量演变数学模型：

$$Q(t) = A\left[N_r(t)\right]^b \mathrm{e}^{-Dt} \tag{6-3}$$

式中，$N_r(t)$ 为可采储量，是控制产量上升的因素；D 为相关系数，$-D$ 是控制产量递减的参数。在可采储量信息难以准确获取情况下，可采用地质储量替代，仅系数发生变化，如下列公式：

$$Q(t) = A_1\left[N_r(t)\right]^b \mathrm{e}^{-Dt} \tag{6-4}$$

容易看出，在可采储量随时间正比例增长的特殊情况下，产量演变模型即为广义翁旋回。运用式(6-3)或式(6-4)对几个典型油田产量进行拟合，效果明显好于广义翁旋回(表 6-1)。例如大庆油田拟合公式为(以可采储量作为控

· 264 ·

制量，图 6-11）

$$Q(t) = 136.6\left[N_r(t)\right]^{1.7} e^{-0.04t} \tag{6-5}$$

胜利油田拟合公式为（以地质储量作为控制量，图 6-12）

$$Q(t) = 0.00089\left[N_r(t)\right]^{1.31} e^{-0.046t} \tag{6-6}$$

其他油田运用本书方法与广义翁旋回方法得到的产量演变方程对比，见表 6-1。

表 6-1　不同油田本书方法与广义翁旋回方法对比

油田	广义翁旋回方法		本书方法	
	产量演变方程	相关系数	产量演变方程	相关系数
大庆油田	$Q = 46.7t^2 e^{-t/14.5}$	0.976	$Q = 136.6\left[N_r(t)\right]^{1.7} e^{-0.04t}$	0.988
胜利油田	$Q = 74.5t^{1.5} e^{-t/20.1}$	0.913	$Q = 0.00089\left[N_r(t)\right]^{1.31} e^{-0.046t}$	0.978
罗马什金油田	$Q = 15.4t^{3.2} e^{-t/6.0}$	0.949	$Q = 0.7\left[N_r(t)\right]^{1.0} e^{-0.1t}$	0.955
东得克萨斯油田	$Q = 2342t^{0.1} e^{-t/27.4}$	0.897	$Q = 3.1\left[N_r(t)\right]^{0.6} e^{-0.03t}$	0.945
中原油田	$Q = 116.6t^{1.2} e^{-t/9.1}$	0.930	$Q = 0.003\left[N_r(t)\right]^{1.25} e^{-0.08t}$	0.958
江苏油田	$Q = 0.4t^{2.5} e^{-t/11.8}$	0.929	$Q = 0.02\left[N_r(t)\right]^{1.0} e^{-0.04t}$	0.962
江汉油田	$Q = 34.1t^{0.52} e^{-t/39.4}$	0.806	$Q = 0.001\left[N_r(t)\right]^{1.56} e^{-0.05t}$	0.907
河南油田	$Q = 202.9t^{0.18} e^{-t/40.6}$	0.856	$Q = 0.78\left[N_r(t)\right]^{0.72} e^{-0.04t}$	0.925

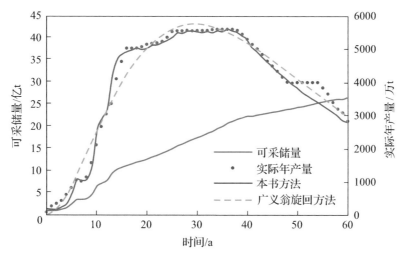

图 6-11　大庆油田产量演变模型与实际年产量匹配对比

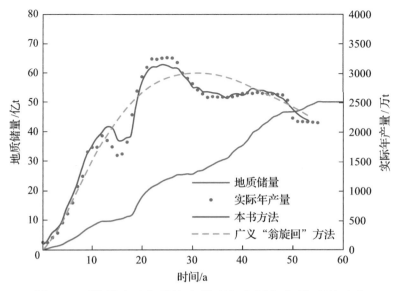

图 6-12　胜利油田产量演变模型与实际年产量匹配对比

2. 产量递减与储采失衡匹配规律

式(6-3)表明，随着开发年限的延长，可采储量增幅变小，指数递减趋势项起主导作用，油田产量出现递减趋势。大量生产数据统计表明，储采平衡系数(即当年增加可采储量与当年产量之比，相当于 SEC 准则下的储量替代系数)小于 1 的"事件"时间点与产量开始出现递减"事件"时间点具有较好的匹配关系(图 6-13)，呈现出明显的统计规律。只有大庆油田在储采平衡系

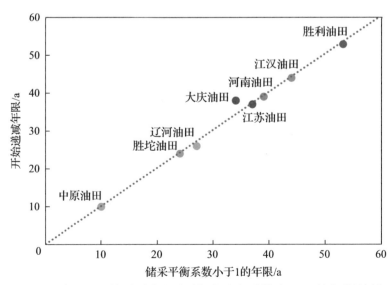

图 6-13　不同油田开始递减年限与储采平衡系数小于 1 的年限统计对比

数小于 1 的情况下又稳产了 4 年，主要是三次采油可采储量采油速度较高的原因。

产量稳产主要是依靠新发现储量的接替和提高采收率措施，不断增加可采储量来维持的，因此储采平衡系数小于 1，即储采失衡作为产量递减期出现的判据也具有一定的油藏工程依据。

3. 含水率与可采储量采出程度匹配规律

含水率与可采储量采出程度是表征水驱油田开发阶段的重要指标。一些学者将含水率大于 90%作为开发后期，也有学者将该阶段的标志定为可采储量采出程度大于 80%，但含水率与可采储量采出程度之间定量关系还有待进一步研究。

基于相渗的含水率-可采储量采出程度关系。相对渗透率曲线是认识油田开发规律的重要基础之一，可以在理论上研究含水率与可采储量采出程度的关系。

由分流方程：

$$f_{\mathrm{w}} = \cfrac{1}{1+\cfrac{k_{\mathrm{ro}}\left(S_{\mathrm{w}}\right)}{k_{\mathrm{rw}}\left(S_{\mathrm{w}}\right)} \cdot \cfrac{\mu_{\mathrm{w}}}{\mu_{\mathrm{o}}}} \tag{6-7}$$

式中，f_{w} 为含水率；S_{w} 为含水饱和度；$k_{\mathrm{ro}}\left(S_{\mathrm{w}}\right)$、$k_{\mathrm{rw}}\left(S_{\mathrm{w}}\right)$ 分别为油相、水相相对渗透率；μ_{o}、μ_{w} 分别为油相、水相黏度。相对渗透率与 S_{w} 统计关系：

$$\frac{k_{\mathrm{ro}}\left(S_{\mathrm{w}}\right)}{k_{\mathrm{rw}}\left(S_{\mathrm{w}}\right)} = c\mathrm{e}^{-dS_{\mathrm{w}}} \tag{6-8}$$

地质储量采出程度：

$$R_{\mathrm{t}} = \frac{S_{\mathrm{w}} - S_{\mathrm{wi}}}{1 - S_{\mathrm{w}}} \tag{6-9}$$

式中，S_{wi} 为束缚水饱和度。可以推出

$$R_{\mathrm{t}} = a + b\ln\left(\frac{f_{\mathrm{w}}}{1 - f_{\mathrm{w}}}\right) \tag{6-10}$$

按照惯例，以含水率 98%时采出程度为采收率 R_{E}，引入水油比概念，则得到可采储量采出程度：

$$\frac{R_t}{R_E} = 1 - \frac{b}{R_E} \ln\left(\frac{49}{\text{WOR}}\right) \tag{6-11}$$

式中，WOR 为水油比。

由不同类型油藏大量相渗曲线统计发现(图 6-14)，系数 $w = \dfrac{b}{R_E}$ 分布区间为(0.12，0.16)，比较集中，均值为 0.15。式(6-11)起到"归一化"作用，使该值适于多种类型油藏，比水驱特征曲线呈现出更好的规律性。含水率 90% 对应可采储量采出程度集中分布在(74%，80%)，均值为 76%；含水率 95% 对应可采储量采出程度区间为(85%，89%)，均值为 87%。

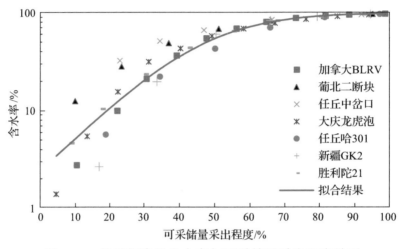

图 6-14　基于相渗的含水率与可采储量采出程度关系

基于生产数据的含水率-可采储量采出程度关系。油田群或广义油田一般由多个狭义油田或油藏组成，不仅地质条件不同，发现与投产时间也相差较大，无疑使含水率与可采储量采出程度的关系进一步复杂化。

假设油田群由 n 个狭义的油田(或油藏)组成，由式(6-11)可推出。

油田群综合可采储量采出程度为

$$\frac{\overline{R_t}}{\overline{R_E}} = 1 - w \frac{\displaystyle\sum_{i=1}^{n} r_{Ni} R_{Ei} \ln\frac{49}{\text{WOR}_i}}{\displaystyle\sum_{i=1}^{n} r_{Ni} R_{Ei}} \tag{6-12}$$

式中，$\overline{R_t}$ 为平均采出程度；$\overline{R_E}$ 为平均地质储量采出程度；r_{Ni} 为第 i 狭义油田地质储量比例；WOR 为水油比；R_E 为地质储量采出程度。

油田群综合水油比为

$$\overline{\text{WOR}} = \sum_{i=1}^{n} r_{oi} \times \text{WOR}_i \qquad (6\text{-}13)$$

式中，$\overline{\text{WOR}}$ 为平均水油比；r_{oi} 为第 i 狭义油田产油量比例。

　　显而易见，各狭义的油田（或油藏）水油比分布、储量比例和产油量比例决定了油田群的可采储量采出程度和水油比的关系，但这个关系还不能用解析式表达。通过式(6-12)、式(6-13)，利用蒙特卡罗随机模拟方法，以储量比例、产量比例和水油比作为随机数，可以得到不同组合情形下油田群的可采储量采出程度和水油比的关系。模拟计算结果表明，含水率 90%情况下可采储量采出程度集中分布在(75%，80%)，均值为 78%，表明即使对于油田群，由于"归一化"作用，到特高含水阶段平均的可采储量采出程度与平均含水率的关系也呈现出较好的规律性。

　　对大庆、胜利等 9 个油田进行统计，可以看出各油田的曲线在含水率90%情况下可采储量采出程度集中分布在(74%，84%)，均值为 79.6%，尤其是大庆油田、胜利油田和中原油田更加贴近均值。罗马什金油田由于后期调整加大，特别是低含水油藏的投入和多种提高采收率措施，含水率或水油比结构发生变化，开发效果变好(图 6-15)。

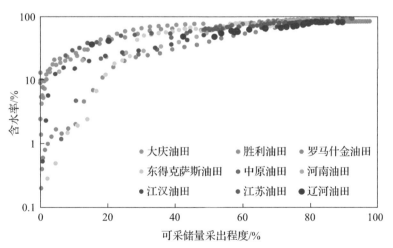

图 6-15　不同油田含水率与可采储量采出程度关系统计

6.4.2　产量演变模式与开发阶段划分方法

　　油田开发是一个不断认识与调整的过程，同时不同类型油田又具有不同的做法，进一步增加开发阶段划分难度，在稳产阶段既可能有多台阶产量生产，在递减阶段也可能有一定时期相对稳产的情形，因此，开发阶段分界点的确定需要深入研究。

1. 开发阶段分界点确定方法

稳产阶段起始点确定方法——dQ/dt 曲线零值法。油田稳产期与每年产量时间导数(实质上是差分)零值线的一段相对稳定区间相对应。其起点即为稳产阶段的起始点。大量油田生产数据表明该方法的实用性(如大庆油田，图 6-16)。

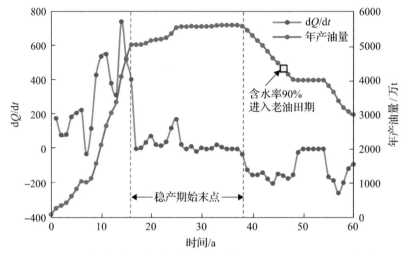

图 6-16　大庆油田产量导数和年产油量随开发时间的变化

递减阶段起始特征点确定方法。根据前面给出的产量递减与储采失衡匹配规律，可以将储采失衡起始年限点，即储采平衡系数小于 1 起始点为递减阶段起始点。例如胜利油田的递减出现期为开发 53 年后(图 6-17)。

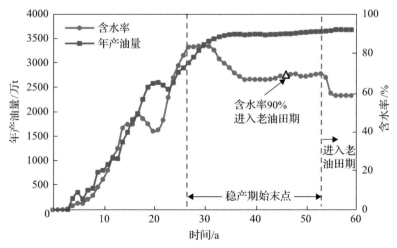

图 6-17　胜利油田年产油量和含水率随开采时间的变化关系

2. 产量演变的几种典型模式

依据前述研究结果，统计大量油田产量数据发现，产量演变模式有上产—稳产—递减型和上产—递减型。其中稳产阶段又有峰值稳产和台阶稳产两种类型，产量递减阶段有快速递减和台阶递减两种类型。进一步概括为以下 5 种模式。

产量上升—峰值稳产—台阶递减模式，以大庆油田和罗马什金油田为代表。如大庆油田 5000 万～5600 万 t 稳产，之后进入 4000 万 t 和目前 3000 万 t 台阶递减阶段。罗马什金油田以 8800 万 t 稳产 7 年，进入递减阶段 17 年后又以 1800 万 t 稳产至今（图 6-18）。

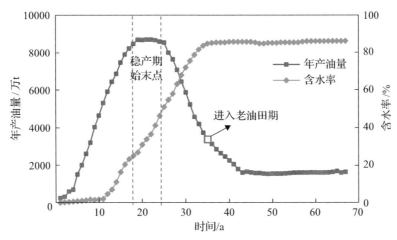

图 6-18　罗马什金油田年产油量和含水率随开采时间的变化

产量上升—台阶稳产—台阶递减模式，以胜利油田为代表。胜利油田稳产阶段的两个台阶，分别为 3300 万 t 与 2700 万 t，进入递减阶段后以台阶 2300 万 t 稳产至今（图 6-17）。

产量上升—台阶稳产—快速递减模式，以河南油田、江汉油田为代表。河南油田稳产期以 220 万～250 万 t、170 万 t 和 230 万 t 三个台阶稳产，之后进入快速递减阶段。江汉油田稳产期以 100 万 t、80 万 t 和 90 万 t 稳产三个台阶后进入快速递减阶段（图 6-19）。

产量上升—峰值稳产—快速递减模式，以江苏油田为代表。江苏油田从峰值 170 万 t 稳产后进入快速递减阶段。这样的油田难以持续发现可供开发的储量，缺乏大规模提高采收率措施（图 6-20）。

产量上升—持续递减模式，以中原油田、美国东得克萨斯油田为代表。中原油田上产到峰值 730 万 t 后，没有规模化地质储量探明与投入开发，难以稳产，直接进入长期递减阶段（图 6-21）。

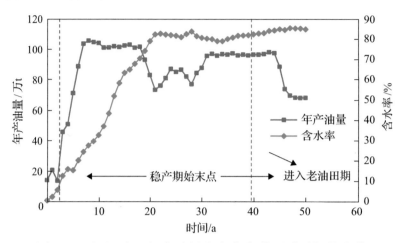

图 6-19 江汉油田年产油量和含水率随开采时间的变化

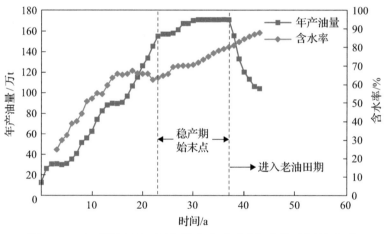

图 6-20 江苏油田年产油量和含水率随开采时间的变化

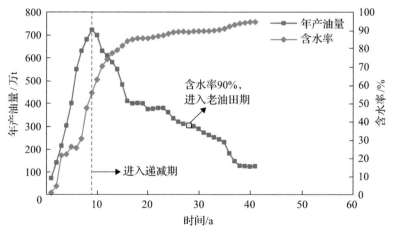

图 6-21 中原油田年产油量和含水率随开采时间的变化

3. "老油田"内涵及判据

"老油田"或开发后期是一个相对模糊的概念。结合前面研究成果,综合考虑产量与含水率因素,可以对老油田内涵及其判据提出如下认识:产量递减期起始点作为"老油田"的判据不合适,例如中原油田、东得克萨斯油田过早进入递减期,可采储量主体在该阶段采出;仅以含水率 90%作为"老油田"判据也不合理,例如胜利油田在第二台阶稳产含水率已达到 90%;以开采年限作为"老油田"判据更不合理,东部油田统计资料表明,在达到一定可采储量采出程度情况下,开采年限过于分散,规律较差(图 6-22)。根据前述分析结果,用含水率 90%(或可采储量采出程度 80%,两者具有较好的匹配性)与递减期起始点"双标准"作为"老油田"判据更为科学。标准一,含水率 90%出现在递减期,则以其为判据(此时可采储量采出程度分布在 80%左右),如含水率未达到 90%,但可采储量采出程度 80%出现在递减期(此时含水率接近 90%),同样以此点作为判据。标准二,含水率 90%或可采储量采出程度 80%匹配点出现在递减期之前,则以递减期起始点作为划分"老油田"的判据。

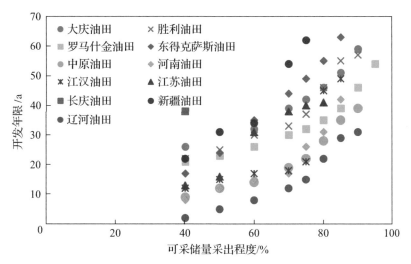

图 6-22　不同油田可采储量采出程度与开发年限的关系

按照上述判据,确定出我国东部几个油田、国外的罗马什金油田和东得克萨斯油田进入"老油田"阶段(表 6-2)。

6.4.3　典型油田解析

运用本节方法对我国东部一些油田的开发阶段进行划分,并确定老油田

表 6-2　几个典型老油田出现时间

油田	储采平衡系数小于 1 年限/a	含水率 90%或可采储量采出程度 80%对应年限/a	进入老油田时	
			年限/a	可采储量采出程度/%
大庆油田	34	46	46	80.4
胜利油田	53	46	53	82.4
罗马什金油田	25	35	35	80.5
东得克萨斯油田	4	59	59	82.7
中原油田	10	28	28	78.8
河南油田	39	31	39	79.0
江汉油田	44	45	45	80.6
江苏油田	37	41	41	81.0

起始点。研究结果表明,几个典型油田均已进入老油田开发阶段,但不同的盆地类型和油田类型,不同的油藏地质特点和开发做法,产量上升、稳产和递减阶段年限不同,阶段可采储量采出程度不同,进入老油田的途径有所不同(表 6-3),但老油田期可采储量采出程度集中在 20%左右。限于篇幅,下面仅举几个典型案例。

表 6-3　不同油田各生产阶段年限及可采储量采出程度对比

油田	上升期		稳产期		递减期:阶段可采储量采出程度/%	老油田期:阶段可采储量采出程度/%
	年限/a	阶段可采储量采出程度/%	年限/a	阶段可采储量采出程度/%		
大庆油田	16	15.4	22	53.6	31.0	19.6
胜利油田	27	56.0	26	26.4	17.6	17.6
罗马什金油田	19	35.5	6	14.4	50.1	19.5
东得克萨斯油田	3	8.0	0	0.0	92.0	17.3
中原油田	9	43.3	0	0.0	56.7	21.2
河南油田	3	12.4	36	68.2	19.4	19.4
江汉油田	7	19.2	37	60.1	20.7	19.4
江苏油田	23	51.0	14	17.7	31.3	19.0

1. 大庆油田

大庆油区早期发现的喇萨杏老油田，储量占比近 70%，在大庆油田产量贡献中占主导地位。依据长期高产稳产和最大程度提高采收率的开发方针，分区块有序动用，接替稳产。同时伴随着层系细分、井网加密、分层注水和三次采油稳产增储措施与技术的广泛应用，加强外围油田勘探、评价和动用，可采储量持续增加，保证了年产 5000 万 t 以上生产 27 年，成为大型多层砂岩油田开发的典范。

油田建设上产期 16 年，期间可采储量采出程度 15%。5000 万～5600 万 t 稳产期 23 年，期间可采储量采出程度 56%。之后 4 年逐渐递减到 5000 万 t，开发 46 年后进入老油田递减阶段，之后又以 4000 万 t 和 3000 万 t 相对稳产至今（图 6-16）。

2. 胜利油田

胜利油田为断陷盆地复杂油藏群，油藏类型多样，包括复杂断块、整装、低渗透、稠油、古潜山碳酸盐岩和海域油藏等。主力油藏储量发现呈阶段性特点，上产阶段长达 27 年，期间可采储量采出程度高达 53%。峰值产量 3300 万 t，采油速度高达 3.3%，稳产 5 年后，进入第 2 个台阶产量 2700 万～2800 万 t 稳产。开发 53 年后总体进入产量递减阶段，同时也进入老油田序列。由于探明地质储量仍然逐年有较大发现，可采储量不断增加，目前仍以 2300 多万吨相对稳产（图 6-17）。

3. 中原油田

主力油田储量早期发现，建设上产期 10 年，期间可采储量采出程度 43%。峰值产量 730 万 t，峰值采油速度高达 2.8%，之后没有大规模储量投入，可采储量增加幅度过小，储采严重失衡，难以实现稳产，随即进入持续递减期（图 6-21）。

按照含水率超过 90% 进入递减期的判据，中原油田开发 28 年后进入老油田序列。

4. 罗马什金油田

油田建设上产期 19 年，峰值产量 8800 万 t 稳产，采油速度高达 3.5%，稳产 7 年后进入递减阶段，开发 35 年后进入老油田序列（含水率 88%，可采储量采出程度 80%）。老油田期后又以 1800 万 t、采油速度 0.7%稳产 30 年。该阶段采油速度低，自然递减率低，因此投入的新储量、提高采收率措施可以弥补产量递减，实现稳产（图 6-18）。

6.4.4　小结

本节在广义翁旋回模型基础上进一步强调了可采储量的重要作用，建立油田产量演变新方程，明确了产量递减期与储采失衡的统计对应关系，研究了含水率与可采储量采出程度对应关系，为油田开发阶段的划分与老油田的定义提供了定量的油藏工程依据。

（1）由于地质条件、开发方式等诸多因素不同，油田不同开发阶段年限长度不同，稳产与递减阶段均具有相对性特点，稳产阶段有可能呈现多个台阶产量模式，递减阶段也有可能呈现低采油速度下的相对稳产情形。

（2）储采平衡系数是决定油田进入递减期的关键因素，其值小于 1 可以作为递减期标志点。含水率与可采储量采出程度具有良好的统计学意义上的匹配性，含水率 90%条件下可采储量采出程度集中在 80%附近。

（3）利用递减期起始点与含水率 90%（或可采储量采出程度 80%）"双标准"作为老油田定义的重要判据更为合理，老油田期可采储量占比集中在 20%左右。

（4）油田开发全过程产量演变模式可以概括为产量上升—峰值稳产—台阶递减模式、产量上升—台阶稳产—台阶递减模式、产量上升—台阶稳产—快速递减模式、产量上升—峰值稳产—快速递减模式、产量上升—持续递减模式五种形式。

第7章 油田开发方法论方面的思考

除支撑开发生产的一些针对性油藏工程研究之外，笔者多年来还对一些宏观层面的方法论或哲学层面的油藏工程、油气田开发工程问题进行了思考。例如多学科集成化油藏研究方法已经付诸实践，并见到良好效果。限于篇幅，本章列举笔者诸多思考中的几方面内容与读者进行交流。

7.1 油藏工程方法演变趋势的思考

油气藏工程方法是指开发机理研究、开发指标预测、开发方案优化设计、开发调整挖潜与提高采收率，以及利用开发动态数据反演油气藏特征的系列方法，是决定油田开发水平的关键因素，是油田开发研究人员必备的知识和技能。其理论基础与技术手段为基于质量守恒、动量守恒和能量守恒定律等物理学原理建立起来的油藏渗流力学及其数值模拟方法；基于生产动态数据的数理统计等数学方法，以及计算机技术、油藏物理实验和现场试验。

实践表明，油藏工程方法发展的推动力可以归结为两个方面：一是开发对象的演变，生产实践的需要和开发技术的发展；二是数学、物理、化学、计算机等学科技术的发展。有鉴于此，笔者对油藏工程研究方法现状进行概括与简要剖析，对其进一步发展趋势提出几点看法。

7.1.1 油藏工程方法现状简要剖析

1. 物质平衡方程

Schilthuis[59]建立了物质平衡方程，主要用于开发机理认识、开发指标预测、驱动能量的研究以及地质储量与可采储量计算。其优点是物理意义明确、简单明了，缺点是未考虑油藏的非均质性，同时假设各种平衡瞬间达到，属于零维模型或储罐模型。

Mattar 和 McNeil[60]将圆形封闭边界拟稳态条件下油气井流压与平均地层压力的关系引入到物质平衡方程中，建立所谓的流动物质平衡方程，可以实现在不需关井测地层压力情况下进行物质平衡计算。

如今数值模拟方法发展迅速，物质平衡方程由于其应用简便、机理明确，仍然具有较强大的生命力，仍然是油藏工程师常用的工具。

2. Arps 产量递减方程

1945 年，Arps[61]根据油田生产数据进行统计，建立了指数递减、调和递减和双曲线递减方程。这些方程属于经验性的，简单易用，在产量预测、可采储量计算等方面得到充分应用。笔者运用相对渗透率曲线和物质平衡方程，推导出了这三类递减方程(参见第 3 章)。

3. 水驱特征曲线

1959 年，Максимов[62]运用水驱特征曲线，即累积产水量的对数与累积产油量呈直线关系，预测可采储量和措施效果。我国童宪章先生将水驱特征曲线归纳为甲型、乙型、丙型、丁型四种类型，制作童氏图版，用于评价水驱效果，并提出"7.5 法则"计算动态地质储量(美国含油率曲线，也称递减曲线，类似于童宪章定义的乙型水驱特征曲线)。

陈元千[63-65,57]对这些曲线进行了理论推导。笔者建立了运用水驱特征曲线斜率和相渗曲线特征系数相结合计算地质储量方法，对大庆喇萨杏油田的十多个区块进行了动态地质储量的计算；将水驱特征曲线转换为常微分方程的形式，使开发指标预测更加灵活(参见第 3 章)。

4. 水驱前缘驱替方程及其应用

1979 年麦斯盖特(Muskat)出版了第一本渗流力学方面的专著——《采油物理原理》[17]。1941 年，Buckley 和 Leverett[66]假设油水两相，忽略重力和毛细管压力的情况下，推导出水驱前缘运动方程，加深了水驱油机理的认识。以此为基础，Welge[67]推导出末端含水饱和度和含水率关系，奠定了非稳定流方法测定相渗曲线的原理，Johnson 等[68]对其进行进一步完善，建立了测定相对渗透率曲线的 JBN 方法[69]。

以 Buckley-Leverett 前缘驱替方程为基础形成了预测水驱动态的流管法，近年来又与压力方程有限差分方法相结合形成了流线数值模拟技术。

5. 试井分析(不稳定试井分析)

20 世纪 50 年代，以 Horner[69]压力恢复曲线分析为代表的试井方法成为油藏工程研究的重要方面，主要用于计算流动系数，推算原始地层压力和井的完善程度。之后，考虑泄流区几何形状与井位配置的 MBH 方法、压降与脉冲试井等方法出现，尤其是以 Ramey[70]与 Gringarten 等[71]图版为代表的现代试井方法的快速发展,以及考虑复杂油藏条件的数值试井技术,成为油藏工程最活跃的分支之一。近年来,智能优化技术的引入,智能试井方法引起高度重视。

6. 现代递减分析与生产数据分析(PDA)

现代产量递减分析是 20 世纪 80 年代以后在单相非稳定流解析解(van Everdinger 和 Hurst[72])基础上发展而来的,具有代表性的有 Fetkovich[73]、Blasingame 等方法。其主要特点是根据边界条件将产量递减曲线划分为不稳定流动段和边界控制流动段。该类方法具有较强的理论依据,同时简单明了,深得现场人员的欢迎,是除试井和数值模拟技术之外发展最为活跃的油藏工程技术分支。该技术主要进行产量预测和计算地质储量、可采储量,还可以求相关地层参数,与试井分析在理论基础和方法方面都有许多类似之处。由于其由单相渗流方程导出,更经常用于气藏开发领域。

7. 油藏数值模拟技术

20 世纪 50 年代,Bruce 等[74]对一维气体单相数学模型,运用数值方法和计算机进行求解,拉开了油藏数值模拟技术研究的序幕,使数值模拟技术成为最重要的现代油气藏工程方法。之后,随着油田开发对象的复杂化和开采方式的多样化,尤其是计算机技术的快速发展,数值模拟成为油藏工程师的日常工具和油藏工程方法研究的主流技术。其作用:一是加深开发机理方面的认识;二是通过生产历史拟合实现对油藏特征再认识;三是预测开发指标和开发方案优化。其主要优势是可以充分考虑油藏的非均质性,考虑混相驱、化学驱等驱替过程中较复杂的物理化学作用,考虑各种调整措施,较好地模拟实际开发全过程。

8. 数学优化方法的应用

20 世纪 50 年代,Aronofsky 和 Lee[32]将线性规划方法用于原油生产计划。之后石油公司与高校等研究部门开始重视,多种优化方法,如非线性规划、动态规划、目标规划以及最优控制等,用于产量分配、井位布置、措施工作量优化等多个方面,逐渐成为油气藏工程的热点之一,但在实用方面还有较大的发展完善空间(参见第 5 章)。

7.1.2 油气藏工程方法发展趋势

笔者认为,油气藏工程方法的发展趋势仍与其发展历史一样,受到开发生产需求和相关学科技术发展的重大影响，可概括为如下几个方面：

1. 油气藏数值模拟技术

油气藏数值模拟技术仍为油气藏工程研究方法的主流。随着非常规油气的投入开发，以及提高采收率新技术的涌现和计算机技术的不断进步，朝着如下几个方向发展。

1) 多场耦合

流体场(压力场、饱和度场等)、应力场、温度场和化学场等耦合联立求解，代表着油藏数值模拟的一个方向。虽然目前开展了一些研究，但主要还局限于弱耦合方面，即先按照传统方法求解流体场，然后再调用应力场数值模拟软件，求解应力场的循环过程，今后将不断向强耦合方向发展，即流体场、应力场联立求解。

2) 多尺度耦合

从分子尺度、孔隙尺度、岩心尺度到油藏尺度的耦合是数值模拟发展的又一方向。页岩油气、天然气水合物等资源的开采，微观作用更加复杂，难以像常规水驱黑油油藏那样机理简单明确，通过室内实验提供参数，而要用到微观数值模拟技术才能进一步加深机理认识，获得宏观油藏数值模拟所需要的参数。

3) 油藏、井筒和地面管网耦合

油藏、井筒和地面管网是一个不可分割的整体，它们相互作用、相互制约。油田开发已不仅仅是地下决定地面，而是两者兼顾，统筹优化。非常规的压注采一体化不仅需要流固多场耦合，也需要泵、井和油藏耦合。以上耦合方式既是数值模拟技术的发展，也是一种广义的节点分析，是实现地下地面整体优化的重要手段。该理念已引起多数石油公司和研究部门的高度重视，并研发了一些软件(如 IPM、IAM)，但还有必要进一步发展完善，进一步加强油藏工程师、采油和地面工程师的掌握和应用力度。

2. 数字岩心与微观流动模拟技术

1) 数字岩心建模

针对非常规油气等复杂对象的开发，X-CT、FIB-SEM 等扫描设备的快速发展和计算机图像处理技术的不断进步，数字岩心技术应运而生。这项技术主要划分为三个方面：一是数字岩心的构建，即真实岩心的数字表征；二是为了计算简化而建立在数字岩心之上的孔隙网络模型；三是微观流动计算，可以深化开采机理的认识和计算渗透率 k、孔隙度 ϕ、毛细管压力曲线、相对渗透率曲线的流体力学参数等问题。该技术具有快速、廉价和可重复的特点，在一些情况下可以获得岩心测试得不到的结果。

数字岩心或数字岩心物理技术，作为一种新的手段，目前虽然还不能替代实验，但随着油田开发对象的复杂化，尤其是信息技术的发展，有望成为油藏工程研究的重要手段之一。

2) 油气藏分子动力学模拟

提高采收率、页岩油气和天然气水合物的开采过程中，物理化学作用更为复杂，需要从分子层面深入认识流体之间以及流体与岩石之间的作用(如页岩气的吸附等)。一些学者已在此方面已进行一些探索性工作，随着计算机能力的提高，分子动力学将会在油气藏工程研究中发挥更大的作用。

3) 格子玻尔兹曼方法等介观渗流模拟方法

格子玻尔兹曼方法(lattice Boltzmann method, LBM)是研究岩心尺度渗流模拟技术方法，属于介观渗流模拟方法，常常建立在数字岩心或孔隙网格模型基础上，实现开发机理模拟(如黏性指进等)和相渗曲线、孔隙度、渗透率的计算。

3. 基于渗流力学的解析解或半解析解方法

解析方法或半解析方法简单易算，物理意义明确，即使在开采对象和过程越来越复杂情况下，仍具有较强的生命力。例如页岩气水平井多段压裂的"三线性""五线性"非稳定流模型，用来评价产能、压裂改造体积(stimulated reservoir volume, SRV)和开发指标预测、压力恢复曲线的流动期划分，以及考虑吸附作用的页岩气物质平衡方程等。尽管处理复杂问题的数值模拟成为主流技术，解析(半解析)方法仍占有一席之地。

4. 大数据方法

油藏动态监测仪器的发展，开发历史与开发井数的增多，油藏类型的多样化，尤其是针对非常规油气的开发，传统的油藏工程方法难以适用等问题，大数据技术的应用前景日渐突出，康菲、壳牌等石油公司主要在页岩油开发方面进行了大量的探索。

1)油气田开发具备了大数据 5 个(5V)特点

一是规模性(volume)，油藏描述数据，生产动态分析数据爆炸性增长，达到 TB 级；二是多样性(variety)，试井数据、分析化验数据、生产数据、措施数据等众多维度的数据；三是高速性(velocity)，如井下永久性监测，示功图、电功图等实时监测和实时控制；四是准确性(veracity)，各种高精度测试仪器设备的发展，使准确性越来越高；五是价值性(value)，各种数据用于优化策略部署，是油气储、产、效的提高和油气资产价值提升的基础。

2)数据驱动与物理驱动相结合的方法

笔者认为，油田开发有其自身的特殊性，不同于互联网公司，更应注重大数据驱动和物理驱动(即专业驱动)相结合的方法。数据分析方法与传统的油藏工程方法相结合，与油藏工程师的经验相结合，将会产生"1+1＞2"的协同效应，是大数据技术在油藏工程中应用的必然趋势。

7.1.3   小结

(1)油气藏工程方法随着油气田开发的不断深入，将继续快速发展，尤其是新的开采对象日趋复杂化，信息、材料等学科以及实验技术的进步，将对其起到重大推动作用。

(2)油气藏数值模拟仍为油气藏工程的主流方法快速发展，分子动力学、LBM 等微介观流动模拟方法的应用逐步深入，且其与油气藏模拟的融合成为一种趋势。

(3)基于渗流力学的解析、半解析方法，由于其机理明确，简单易行，在油气藏工程中仍占有一席之地。大数据技术将会起到越来越大的作用。

7.2   油田开发哲学思想的解析

怎样看待油田开发活动在国民经济乃至人类社会发展中的作用与地位；油田开发是否具有可遵循的一般性的规律；面对不同油藏地质特点和不同的技术条件和政治经济环境，制定什么样的油田开发方针和开发策略；应该采用什么样的方法论。所有这些都属于高于技术层面的，即油田开发工程哲学方面的基本问题，是编制油田开发规划和开发方案的哲学依据，直接关系到油田开发的成功与否，是开发决策者与技术领导必须思考的问题。

关于油田开发工程哲学，许多学者给予关注和探讨，但还没有形成一个学科，其与马克思主义哲学、自然辩证法、西方的科技哲学及近年来出现的工程哲学之间的关系还需进一步研究。因此，笔者依据多年的油田开发工作体会，就油田开发工作中哲学方面的一些问题提出几点思考。

7.2.1　关于油田开发观

油田开发哲学不同于具体的油田开发技术，其核心问题是油田开发观和油田开发方法论。笔者认为油田开发观包括经济观、政治观、技术观、工程观、环保观和资源观。

1. 经济观与政治观

油田开发首先是一项经济活动，在国家发展战略与国民经济中具有极其重要的地位。石油不仅具有商品属性，还具有金融属性(如石油美元)，石油公司都要以经济效益为核心。同时石油还是一种战略物资，"谁控制石油，谁就控制了所有国家。"因此石油又成为国家与政府层面极为关注的战略问题和政治问题。在我国保障能源战略安全，保障民生成为油田开发决策方面必须考虑的政治问题。

油气田开发，尤其是大型、特大型油气田的开发一定要具有全球性视野，政治经济的高度、系统的思维和学科集成的手段，要有工程哲学的思考，制定开发方针与开发策略，指导整体开发工作。例如大庆油田开发初期，决策层提出了大庆油田的开发方针就是落实国家的需要，长期高产稳产，最大幅度地提高采收率。依据这一方针，实现了 27 年 5000 万 t 以上的高产纪录，为国民经济建设、国防建设作出了重大贡献。

2. 技术观与工程观

油田开发的对象是油藏，油藏深埋地下，见不到，摸不着，不能计量与称量，再加上储层非均质性严重，需要高精的技术才能较好地认识。油田开发高投资、高成本、高收益、高风险，需要科学的决策技术和开采技术。所以，在油田开发过程中要积极地发展实用技术和创新发展变革性技术。油田开发又是典型的系统工程，涉及油藏地质学、油藏地球物理、油藏工程、钻采工程、工程经济分析等数十个学科与技术，这些学科相互关联，要求具有较强的组织性。应该用工程的思想将这些学科或技术集成起来。为此，近年来，西方国家提出多学科油藏集成管理理念，形成团队合作工作模式，从接力赛向篮球赛的转变。大庆油田推行的多学科油藏研究也充分体现了油田开发系统工程观的多学科集成化的特点。

3. 安全环保观与资源观

油气生产过程中，钻井、储层改造、采油与集输等方面都存在安全与环保问题。在油田开发总体设计、产能建设项目可研性报告都要有安全环保评价与防范方案，在生产过程中建立安全环保管理体系，在国家和地方政府相关法律法规框架下开展油田开发活动。因此需要协调安全环保与投资成本效益的关系，使用安全环保的开采技术和防范技术。

油气是不可再生资源，最大限度地开采与利用资源，最大程度提高采收率是油田开发的主题。油田开发对象逐渐变差、资源劣质化是不争的事实，非常规油气资源比重逐渐加大，需要依靠科技进步，发展变革性技术使劣质资源、难采储量得以动用，使非常规资源成为常规资源有效开采。

油田开发工程的以上特点，有必要在方法论方面进行思考，研究油田开发的一般规律性。应该从工程哲学的角度审视油田开发工作，指导油田开发工程设计与实施，按规律决策，不犯不可改正的错误。

7.2.2 大庆油田开发的"两论"哲学思想

大庆油田开发初期，提出了以毛泽东同志的《实践论》和《矛盾论》（简称"两论"）哲学思想为油田开发工作的指南，提出了油田开发各项矛盾中，地下矛盾是主要矛盾，提出全党搞地质的口号。

1. 矛盾论

大庆油田储层具有严重的非均质性，决定了油田开发的不平衡性，这种不平衡性就是矛盾。储层的平面非均质、层间非均质和层内非均质引出了平面矛盾、层间矛盾和层间矛盾的概念。油田开发的进程导致了矛盾的运动。不同的开发阶段，各种矛盾中具有主要矛盾，油田开发的主要策略就是抓主要矛盾，矛盾就是潜力。正是学习贯彻矛盾论，形成了大庆特色的生产动态分析方法和开发调整方法。

在开发初期，天然能量严重不足，地层压力是灵魂，注水保持压力是主要矛盾。因此这个阶段的工作是围绕注水进行的，早期注水、分层注水、注上水、注好水、注够水。同时，利用矛盾，解决矛盾实现持续的高产稳产。

开发中后期，特高含水又成为主要矛盾，控水成为开发工作的主题，只有通过控水才能实现挖潜。

三大矛盾的提出，明确了油田开发在不同阶段的主方向，使开发地质研究目标更加明确，开发调整有的放矢，实现了油田开发高水平。

2. 实践论

大庆油田开发始终坚持实践第一的观点，坚持实践—认识—再实践—再认识的技术路线。一是体现了开发试验先行，各个阶段的开发技术政策都是遵循开发试验取得的认识，不唯书本，不唯国外经验。二是体现在地质大调查，每一项重大的规划（如"五千万吨十年稳产规划"）都是在地质静态与动态大调查的基础上进行的。三是体现在注重实践基础上的开发科学规律的认识。例如，通过小井距试验，取得了一半以上可采储量要在高含水阶段采出和油水运动规律、全过程开发指标变化规律的认识；中区西部试验，取得了多层非均质油田依靠分层开采接替稳产规律的科学认识。

正是"两论"哲学思想为指导，大庆油田从大型、多层、非均质油藏地质实际出发，形成了以分层开采技术、多次加密调整技术和三次采油技术为代表的创新性开发技术和开发模式，取得世人瞩目的成就。

7.2.3　油水运动与开发指标变化规律

油层中油水运动规律与开发指标变化规律是可以认识并被掌握的，掌握这些规律是搞好油田开发设计的基础。

1. 渗流力学规律

建立在物质守恒定律、动量守恒定律、能量守恒定律和一些实验基础上，具有严格的物理基础，代表性的规律有达西定律和油、气、水多相广义达西定律，Buckley-Leverett 前缘驱替方程和以多相多组分渗流力学方程。这些规律理论性较强，具有通用性特点，描述了油层中油水运动，并依此计算开发指标，体现油水运动是本质，开发指标是表现。

2. 统计规律

代表性的有产量递减规律、水驱特征规律、采油指数和吸水指数随含水率变化规律、描述井网密度与采收率关系的谢尔卡乔夫公式[75]等，通过生产数据进行统计分析得到，具有经验性特点，但实用性较强。

3. 反馈控制规律

油田开发是一个不断认识与不断调整的过程，遵循着维纳(Winer)的控制论提出的反馈控制机制。维纳的控制论不仅创立了新的学科，更重要的是提出了一种方法论，突破了牛顿力学体系与拉普拉斯决定论的局限性，对油田开发具有重大指导意义，这是由储层具有认识的不确定特性、动态时变特性和技术、政治经济环境的多变特性所决定的。初期油田开发方案的设计与实施，实现对油藏的第一次控制。同时油藏动态监测系统和生产数据的计量，将所得到的信息反馈给开发技术人员进行分析，编制并实施开发调整方案，实现对油藏的又一次控制。此过程循环往复，形成闭环控制，从而保证油田开发既定目标的实现。

7.2.4 国内外油田开发规律性做法

国内外油田开发实践和油藏工程研究表明，油田开发做法具有一定的规律性，针对高含水期油田，可以概况四大规律性做法，这些做法对我国东部老油田开发调整具有很大的指导意义。

1. "强化细化"注采规律

随着油田地质认识的深入和高含水阶段开发呈现的特点，应该进一步强化与细化注水。一是开发层系越分越细(大庆油田一些区块细分到十套层系)；二是井网越来越密(如大庆油田中区西部加密到 100m 左右)；三是改变液流方向，增加水驱控制程度，水油井数比越来越大，如罗马什金油田等；四是分注层数越来越多(大庆油田分注层段 5 段以上达到 50%以上)。

2. 注采系统调整规律

注采系统调整是控制压力场变化的水动力学采油手段，典型的有改变液流方向，不稳定注水和复杂结构井的规模化应用等方面(苏联周期注水或不稳定注水提高采收率 3～10 个百分点，大庆油田工业化区块提高 1 个百分点，具有投资小、成本低和见效快的特点)。

3. 注采结构调整规律

利用储层非均质性和开采速度不平衡性，通过注水量与产液量优化分配，实现含水结构、储采结构和产液结构的调整，达到整体上降低结构含水，降低成本和提高采收率的目的。注采结构调整在大庆油田规模化应用，取得显著技术经济效果。

4. 地下地面整体优化规律

油田生产系统可划为注入系统、油藏、举升和集输 4 个子系统，通过液流、压力流、温度流和资金流相互关联。因此，协同优化成为一种趋势，国际大公司碧辟(bp)、埃克森美孚公司(Exxon Mobil)、道达尔(Total)、壳牌公司(Shell)等高度重视，并且实现了定性到定量的转变，油藏-井筒-管网一体化数值模拟技术逐渐成熟，应用范围不断扩大。

7.2.5　小结

(1)从宏观层面考虑油田开发工程特点，树立系统的开发观，应用科学的方法论确定油田开发方针与策略，是成功开发油田的前提。

(2)大庆油田以《矛盾论》和《实践论》为指导，树立以解决油田开发主要矛盾带动全面油田开发工作的理念，通过实践尤其是现场试验认识油田开发规律，实现长期高产稳产和高水平开发，成为哲学指导工程的典范。

(3)油田开发工程是一项涉及多学科联合攻关的系统工程，具有整体性、长期性和不确定性的特点，要按照反馈-控制规律实时跟踪调整，实现多学科集成化、协同化油藏研究与管理。

7.3　多学科集成化油藏研究模式

多学科集成化研究已经成为一种普遍接受的方法论，在石油勘探开发界也是如此。20 世纪 70 年代，美国就有一些专家呼吁地质、地球物理和油藏工程相结合。一些大的石油公司、院校都提出集成式的油藏管理(简称油藏管理)理念，发表了一些专著和文献，在组织管理上，提出团队合作的模式。但这些都体现在理念层面，在多学科集成化实现方法上尚缺乏系统的论述。

20 世纪 90 年代末，笔者开始思考大庆油田是否应大力推进多学科集成化油藏研究，怎样推进多学科集成化油藏研究，并于 2001 年的油田开发技术座谈会上正式提出工作思路，设立相关的科研攻关课题。经过几年的研究与实践，具有大庆油田特色的多学科集成化油藏研究取得了重要进展和深入认识。本节以此为背景，就油藏模型为核心的多学科集成思想、基于精细地质研究的数值模拟思想和沉积相控地质建模思想等几个方面进行阐述。

7.3.1 以油藏模型为核心的多学科集成思想

1. 油藏模型的组成与特点

油藏深埋地下，除少数井点外，既不可见到，又不可触及，只能依靠推测和研究，通过模型化加以认识和表征。所以说，油藏研究的本质就是建立合理的油藏模型，使其最大限度地接近油藏客观实际。一般情况下，油藏模型由构造模型、储层模型和流体模型三部分组成，并有如下特点。

1) 整体性

即以上三部分是相互联系、不可分割的，构造模型和储层模型是基础，在开发前期对流体模型具有控制作用，对开发后期也具有较大的影响。

2) 动态性

动态性主要表现为开发以后水或其他注入剂的注入及流体的采出，油藏中的原油等流体饱和度发生变化。一定条件下，孔隙度和渗透率等物性参数也可能发生变化。

3) 认识的持续性

在开发初期，由于各种资料的限制，所建立的油藏模型比较粗糙，随着开发的不断深入和各种静动态资料的不断增加，对油藏模型的认识可以不断加深，且每次新认识都不是从头开始，而是在原来的模型上不断地完善，表现出明显的持续性和继承性。

2. 油藏模型的多学科研究方法

油藏模型研究或建立地质模型具有明显的多学科、多手段的特点。不同学科、手段往往各自注重于研究油藏模型的某个方面，因此油藏模型研究常常需要把各个学科或技术得到的某个方面的认识集成起来，得到整体的认识。下面列举了油藏模型研究经常需要的几门学科或技术手段。

1) 地震解释

地震解释是研究构造、断层情况的主要工具，尤其是高分辨率地震技术的发展，使小幅度构造、小断距断层得到有效地识别，刻画出了比较精确的构造模型。进入开发阶段，地震与测井相结合，以测井约束地震反演进行储层横向预测，以岩石物理为桥梁，表征渗流参数并融合到三维地质模型已明显成为一种趋势。

2) 测井与录井

以岩石物理为基础的测井是识别岩性、储层物性和油水识别的常规工具，为构建储层模型提供重要依据。同时，以测井资料为基础的小层对比、断点组合分析还可以进一步完善构造模型。成像测井、核磁共振测井等新技术的出现与发展将会使储层认识得到进一步提高。测井与地震相比具有较高的垂向分辨率，但是仅反映井点附近情况，井间预测能力较差。近年来，岩屑录井技术在油田开发阶段也得到充分的重视，在油水层识别、水淹层分析等方面见到良好的效果。

3) 试油、试采、试井与生产测井

试油与试采是开发以前识别油水层的直接手段，可以预测油层压力，计算产油能力和确定有效储层渗透率下限，为应用测井资料确定有效厚度、油水层判别图版的制作提供依据，是油藏评价阶段建立油藏模型的关键技术之一。试井作为一项重要的油藏工程方法，是确立储层类型(如均质、复合、双重介质等)、求取储层参数、地层压力，以及井筒完善程度、压裂效果评价、储层连通性评价(多井干扰试井)的重要手段。生产测井是在油田开发后，对油井产出剖面、注入井吸水剖面、油层含油饱和度的测试，是油藏井点处开采状态的直接测量，可以为油藏流体动态模型的建立提供依据。

4) 储层地质分析与地质统计学

储层地质分析主要是地层对比、沉积相分析，搞清砂体分布状况及非均质特性。地质统计学是在储层地质分析的基础上发展起来的储层定量表征技术。

5) 油层物理实验分析和研究

从微观角度认识储层和流体特征，包括岩性及矿物组成、物性、孔隙结构、原油组成、含油性、润湿性，以及毛细管压力曲线与相渗曲线。

6) 油藏数值模拟

运用计算数学手段和计算机技术，通过数值求解渗流偏微分方程，模拟开发后油藏流体运动状况，给出油藏内流体饱和度分布及油水井开发指标的变化。

7) 开发动态分析

开发动态是油藏特征的一种反映，不同的油藏特征表现出不同的开发动态特征；反过来，通过油藏开发动态分析，可以对油藏特征进行推测。因此，开发动态分析也是建立或修正油藏模型的一种手段。

8) 油田开发数据库

数据库技术已经成为油藏研究、建立油藏模型的重要支撑。建模离不开数据，对建模所需要的各种数据及建模结果进行有效的管理，有利于提高建模的效率和水平。

总而言之，油藏模型是一个不可分割的整体，单独某一学科都有其片面性，通过多学科集成化，发挥学科间协同作用，会产生"1+1＞2"的效应，是油藏研究方法必然的发展趋势。

7.3.2　基于精细地质研究的数值模拟思想

1. 油藏数值模拟的综合性

综观各种油藏工程方法，油藏数值模拟具有如下先进性：一是与地质认识结合紧密，能够充分考虑储层非均质性；二是力学机理明确；三是给出多种指标预测，能更加全面地反映油藏动态及开发中的各种矛盾；四是能够预测多种措施效果，易于方案优化。因此，油藏数值模拟在油藏研究中具有极其重要的地位。

2. 基于精细地质研究实现多层油藏模拟的可行性

按照惯例，数值模拟的一个重要方面是历史拟合，对于多层油田应该进行分层动态历史拟合。但由于分层动态资料的不足，一些权威专家认为，像大庆油田这样典型的多层砂岩油田广泛地应用油藏数值模拟方法预测剩余油的分布和开发调整优化是不可能的。笔者经过深入思索认为，大庆油田具有较好的细分到单砂层上的沉积微相研究成果，基于精细地质研究的数值模拟是可行的。

1) "动态不足静态弥补"的思想

历史拟合的目的是完善和深入认识油藏模型，是通过生产动态分析加深对油藏模型的理解，但应该认识到，油藏模型的多学科、多手段之间的融合可以协同互补。通过精细的地质研究建立准确的分层储层模型，可以在很大程度上弥补分层资料不足，即分层动态资料不足可以由精细的分层静态地质认识来弥补。

2) 大庆油田的地质工作基础

开发初期的小层对比、细分沉积相和沉积微相研究得到普及，按沉积单元绘制沉积相图 7000 余张。这是在油田专家组统一指导下，经过多次培训，采用实用、科学的方法实现的，体现了沉积学的最新成就，较好地反映了油层实际。以此为依据建立地质模型将会更加准确，是大庆油田开展数值模拟、实现多学科油藏研究的重要基础和出发点。

3) 研究实践证明了可行性

2002 年，大庆油田选择了 7 个开发区块进行多学科油藏研究示范，充分利用精细地质研究成果，使建立的模型计算的开发指标与生产历史较好地拟合，较好地克服了多层油藏的多解性。7 个区块模型的动态表现符合油田实际，使用方法具有推广价值。所以，基于精细地质成果实现多层油藏精细数值模拟是可行的。

7.3.3　沉积相控地质建模思想

1. 国际上地质建模的普遍做法

三维地质建模代表着油藏地质研究的方向，Petrel 等建模软件代表了国际石油公司建模方法的主流。在储层建模上具有相建模功能和属性建模功能，一般做法是单井划分微相段，然后由数学方法(确定性或随机性)生成平面的相模型。虽然对生成的结果可进行人为修正，但本质上是以计算机为核心的建模方法，常常与地质分析存在较大的脱节。

2. 具有大庆特色的沉积微相控制建模

笔者认为，对于相变剧烈的复杂储层，在建模过程中必须考虑沉积微相。沉积微相划分是一个复杂的问题，一些沉积学理论、沉积模式还不能完全依靠现有的数学算法来描述，地质人员不仅需要从单井资料出发，还要依靠沉积空间模式和沉积学系统知识和经验，创造性地画出相带线。为此，大庆油田储层建模的技术路线是：根据地质人员绘制的沉积微相图，数字化相带边界，充分考虑不同相带的差异，分别运用地质统计方法进行属性建模。这与国外的相关做法在方法论上有所不同，是大庆油田的特色沉积相建模方法(大庆长垣后成岩改造作用不强烈，它的沉积微相代表了岩相)。大庆油田的特色建模方法充分利用沉积原理的作用，体现了沉积相与地质统计方法的结合，体现了人的创造性、经验性和知识性的作用，体现了人的智慧与计算机计算能力结合的优势。能够实现大庆特色建模的另一个重要原因是，大庆油田组织多名地质专家坚持多年绘制了大量的分沉积单元的沉积微相分布图，这是其他油田不可比拟的优势。大庆特色沉积相控建模方法所建立的地质模型符合实际，同时体现了历史上大量的精细地质研究成果的继承和应用。

7.3.4 油藏渗流力学数值模拟与其他学科的融合性

以渗流力学原理为基础的油藏模拟几乎涉及油藏研究的所有内容，其他学科只是研究油藏的某一个方面，但从研究对象的角度，可以考察油藏数值模拟与油藏研究的其他学科间对应关系。

1. 地层压力模拟与试井关系

通常，试井被视为渗流力学的一个分支，主要研究反问题，是一种重要的油藏动态监测和评价的手段。通过试井曲线，主要是压力恢复曲线，可以推算油井地层压力(或水井地层压力)，这个压力与油藏模拟中计算的压力经过 Peaceman 校正后是可对比的。此外，试井分析还可以得到油层流动系数、井筒表皮因子等参数，而这些又是油藏数值模拟所关心的。所以，油藏模拟与试井两个学科是可以集成化的。试井是对井及其附近区域在开发某一时刻深入的认识，突出细微性，而油藏模拟针对整个油藏范围和整个开发阶段，重点在整体性。两者结合协同作用，更有利于加深对油藏的认识。

2. 与生产测井的关系

通过基于渗流力学原理的油藏数值模拟，可以随时对各个井的注水剖面和产出剖面进行计算，而注采两个剖面测试又是生产测井的主要内容。注水井通过同位素测吸水剖面、井温剖面和流量计测试等给出分层相对吸水量，产出井通过流量计、找水仪等仪器实测出分层产液量、产油量和含水率等指标。生产测井结果与油藏数值模拟结果有可对比性，可以通过井点实测资料与模拟计算结果拟合对油藏模型进行完善。生产过程中的含油饱和度监测和解释是生产测井的又一重要内容，通过加密井的水淹层测井含油饱和度解释、碳氧比能谱测井及中子寿命测井饱和度解释，可以求出井点的实测饱和度值。这些饱和度实测结果也可与油藏数值模拟计算结果拟合，并修正油藏模型。因此，油藏数值模拟与生产测井这两个看似相对独立的学科，其实是可以集成的。它将发挥数值模拟强大的井点井间计算和预测功能，并与生产测井实测数据相结合的协同作用，更有利于加深对油藏动态等方面的认识。

3. 与开发动态分析的关系

油藏数值模拟可以计算出不同时刻、开发全过程的油水井开发指标。这些指标与油水井实际计量到的开发指标，即开发数据库中的数据是可以对比的。通过数值模拟，可以对这些动态指标进行分析和预测，对传统的动态分析方法，尤其是经验的方法进行验证。同时，油藏数值模拟本身就是一种理论性较强的现代开发动态分析工具。

4. 与地质建模的关系

本质上，二维地质平面图、剖面图都属于地质模型，但目前所说的地质模型主要指以地质统计学为主要工具得到的三维地质模型。形成三维地质模型的过程常常称为地质建模，但当考虑到计算工作量时，地质模型要经过一些"粗化"，转化为油藏数值模拟所需的初始油藏模型。由此可见，地质建模是油藏数值模拟的基础；反过来，在模拟过程中通过开发动态数据的历史拟合，对原有的静态地质模型进一步修正，加深对油藏的认识，并完善地质模型，使其更符合油藏实际。因此，地质建模与油藏数值模拟是不可分割的一个整体。

总之，大庆油田多学科集成化研究思想的产生基于以下几个方面。

(1)大庆油田为典型的多层非均质油田，高含水后期剩余油分布高度分散，开发挖潜难度明显加大，需要剩余油描述和调整方案设计优化有新的思维，这是多学科油藏研究思想产生的需求基础。

(2)多学科集成化解决复杂问题已经成为一种公认的方法论，多学科之间的协同和互补效应是解决复杂问题的有效工具，这是多学科集成化油藏研究的方法论基础。

(3)大庆油田经过几代人的努力，具有比较坚实的油藏地质研究基础和油藏数值模拟基础，保证了多学科集成化油藏研究的实现，这是开展多学科集成化油藏研究的技术基础。

7.3.5　多学科集成化油藏关键技术及应用

1. 多学科集成化油藏研究框架与关键技术

根据大庆油田油藏研究实际情况，设计了多学科集成化油藏研究框架图（见图 6-3）。该框架图反映了各学科之间是相关的、相互促进和不应分割的，突出了油藏研究的整体性，各学科应该有机地构成一个"大学科"。

大庆油田推行的多学科集成化油藏研究可以概括为以下 4 个特点：一是集成化，测井、沉积相、三维地质建模、油藏数值模拟、油藏动态监测等多个学科（或技术）有机集成，协同作用。油藏认识维度从多个独立的一维上升到多维，使油藏的片面认识上升到全面整体认识。二是定量化，体现了地质模型、剩余油分布和方案设计定量表征和定量预测。三是可视化，对于已经数字化的油藏三维数据体，通过计算显示技术很容易把各种油藏属性以不同色调显示出来，通过增强油藏研究人员的视觉感，加深对油藏认识。四是个性化，不同区块、不同层位由于地质条件和开发井网等因素，剩余油分布可能存在较大差别，尤其是进入特高含水阶段后，剩余油分布比较零散，差别进一步加大。因此，要有针对性地设计相应的开发调整方案，考虑特殊性，实现设计个性化。按照这一多学科油藏研究框架，从 2002 年开始，大庆油田油藏研究工作者，包括地质研究人员、开发动态分析人员、开发方案设计人员、信息技术人员及油藏开发管理人员组成联合攻关项目组，在采油一厂至七厂分别确定出一个开发区块作为研究试验基地开展工作，边研究，边应用，实施了将多学科集成化油藏研究理念付诸油田实践的重大实践。

经过几年来的探索攻关，取得了以下几个方面主要进展。

(1)思想观念的转变。研究人员普遍认识到多学科集成化油藏研究是一种必然的发展趋势，是特高含水阶段有效的油藏研究模式，学科间壁垒正在逐渐被打破。

(2)形成了沉积相控地质建模、沉积相控相渗曲线、并行数值模拟技术等关键技术，搭建了多学科集成化油藏研究平台，形成了多学科集成化油藏研究技术规范。

(3)按照多学科集成化油藏研究取得的认识指导现场开发调整，见到明显的控水挖潜效果。根据总体规划部署，油田每年都投入一批新的开发区块实施多学科集成化油藏研究与应用。

(4)培养了一批人才队伍。过去仅在研究院、大专院校进行的地质建模、油藏模拟等工作已经在采油厂普遍开展起来，采油厂地质开发人员的知识结构得到较好的更新和完善。

2. 多学科集成化油藏关键技术在大庆油田的主要应用领域不断拓宽

多学科集成化油藏研究方法在大庆油田的应用领域不断拓宽，主要体现在如下几个方面。

(1)储层的认识进一步深化。主要体现在属性定量化和生产动态校正地质模型两个方面，更加准确地反映了储层本来的面目。

（2）剩余油描述的细化和量化。细化到沉积单元，比较准确地给出每个网格块剩余油饱和度与可动剩余油饱和度数值。

（3）方案设计优化。体现了方案设计基于剩余油的针对性和开发指标预测的定量性方面。

（4）地质储量和可采储量认识的深化。地质储量细化到每个网格块，更好地体现了储层的非均质性，与动态有机结合消除了原静态认识的不确定性。可采储量方面突破了驱替特征曲线直线段的限制，使特高含水阶段可采储量的标定更加合理。

（5）监测井点优化。在数值模拟基础上，可以明确历史拟合不符的复杂井区和剩余油较多的潜力区是井点监测的重点，进一步优化油藏监测系统。

（6）优化钻关时间。通过分层压力预测，优化钻加密井前关井时间，既可以保证钻加密井对地层压力的要求和固井质量，又减少了由于关井对年度产量的影响。

此外，在模拟分层注水、油井堵水、压裂等方案设计方面都做了大量工作，增强了多学科集成化油藏研究解决实际问题的能力。

近年来的研究与应用实践表明，多学科集成化油藏研究是适合多层非均质油田的有效研究范式和手段，是大庆油田油藏研究历史上的一个重要里程碑，正在成为大庆油田特高含水阶段的油藏研究的主导技术。

7.4　建立油藏管理工程学科的思考

20 世纪 90 年代，笔者在攻读系统工程专业博士学位期间对油田开发管理决策方面的问题进行了一些思考，萌生出建立油藏管理工程学科的想法，并大胆地整理发表出来。虽然过去多年，仍觉得这篇文章具有很好的现实意义，为此在本书中又作为专门章节出现，不足之处请同行们批评指正。

7.4.1　发展油藏管理工程学科的必要性

在油田开发实践中，随着科学技术的发展和实际生产需要，逐步形成了油田开发地质与油藏描述、油藏工程、油藏动态监测、采油工程及地面工程等一系列配套学科与技术。这为人们深刻地认识油藏、有效合理地开采石油资源提供了理论与技术保证，成为油田开发过程中必不可少的"硬件"。相比之下，作为油田开发过程中的"软件"——管理决策技术，即如何根据油田地质特征、采油工艺技术、设备、法规财务等情况制定科学的策略，有效地组织和使用"硬件"技术却发展得比较缓慢。虽然国内外许多学者在这方面做了一定的努力，试图将油田开发管理决策科学化和现代化，但由于种种原因，到目前为止还没有得到足够的重视，因而也没有发挥出其应有的作用。用传统的经验性方法对油田开发进行规划和决策，这在科学技术，尤其是软科学技术高速发展的今天，就更显得不适应科学决策的需要。

近半个世纪以来，国外及国内的科技界、企业界十分重视管理决策方法的发展、研究与应用。尤其是 20 世纪 70 年代后以运筹学、控制论为主要手段的系统工程管理，使管理决策从个人习惯和个人经验，发展到一门以系统工程和计算机技术为基础的、强调数学模型和定量分析的管理科学与工程。美国和日本等发达国家的许多重大工程项目及社会经济发展问题、环境保护问题等都积极应用系统工程方法进行决策管理。例如，著名的阿波罗登月和北极星导弹发射等复杂的重大项目都是采用系统工程管理工程方法取得成功的。

在钱学森等著名科学家倡导下，我国在系统工程管理决策领域方面也取得较大进展，某些方面已达到世界先进水平。如利用控制论方法研究人口控制和发展问题，不仅为我国制定计划生育这项基本国策提供了科学定量依据，还创立了人口控制论这门新的学科。

以系统工程方法为研究手段的管理科学与工程在我国已被列为一级学科，在科学技术领域中占有突出的地位。大学的管理学院系和研究所纷纷成立，许多行业积极引进系统工程方法进行管理决策，并得到了事半功倍的好效果。作为国民经济支柱之一的石油工业，系统工程与管理科学的应用就越来越显得十分重要。这是因为油田开发更是一项复杂的系统工程。其表现为：第一，油田开发不仅是一项技术活动，还是一项经济活动，并受到政治、军事等因素的影响，是一个典型的多目标决策问题；第二，油层深埋地下，人们对它的认识是间接的，再加上油层复杂的非均质性，因此人们对它的认识又是不完全的，具有较强的随机性和模糊性；第三，石油属于枯竭性资源，开采过程中投资较大，风险高，且具有动态特性，不能重复实验；第四，油田开发涉及开发地质、油藏工程、采油工程与地面工程等众多专业，这些专业相互影响、相互制约。上述特点决定了油田开发决策管理绝不是一个简单的过程，任何盲目性都有可能带来巨大的损失。因此，在管理由粗放型向集约型转变形势下，为实现油田开发决策的科学化，向管理要效益，十分有必要将系统工程的理论方法、计算机仿真技术、油田地质、油藏工程研究和油田经济管理有机结合在一起，创立、发展和完善一门新的、专门研究油藏开发科学管理决策的管理科学分支——油藏管理工程。

7.4.2　油藏管理工程研究的内容与相关学科

油田开发管理层次性特点，决定了油藏管理工程研究内容的广泛性，它不仅要研究宏观方面管理决策问题(如油田开发规划、油区发展战略规划、油田开发方案和调整方案的优选、提高原油采收率新方法的评价等)，也应研究微观方面操作层次管理问题(如油水井工作制度和工艺措施的优选等)。油藏管理工程研究贯穿于油田开发的始终，不同开发阶段具有不同的内涵。

油藏管理工程是管理科学与石油开发科学的一个交叉分支，它以运筹学、控制论等系统工程理论与方法、计算机技术为基本手段，以油田开发地质学、油藏工程、油田开发技术经济学等学科为基础，以油田开发过程中的各类管理决策问题为研究内容。

这一学科不同于油藏工程。油藏工程是一门研究开发机理、油层渗流特性、油藏动态特征等方面具体的单项技术。如水动力学试井、油藏数值模拟、递减分析与物质平衡方程等。而油藏管理工程则建立在油藏工程基础上，从优化经营角度出发，综合考虑开发地质、技术经济、能源政策等方面问题，在手段上主要依靠系统工程理论、方法和计算机技术。

这一学科也不同于近年来从埃克森公司引进的"油藏管理"，虽然"油藏管理"也强调整体化开发和优化经营，强调在油藏开发历程中最大限度地将物探、钻井、地质、测井、试油试采、采油、井下作业、地面建设、动态监测和其他有关学科协调起来，形成集约化的管理体制，采用经济有效的先进技术，制定和实施正确的油藏开发策略，不断地完善和调整，以取得最佳经济采收率。但其主要是理念与方法论方面的定性阐述，很少见到像运筹学或管理工程那样使用数学模型解决问题。与之相比，"油藏管理工程"更具有工程学科的性质，更强调对具体的管理决策问题建立具体模型求解，更注意工程实用性和可操作性。当然，"油藏管理"中一些内容也属于油藏管理工程研究范畴。

油藏管理工程与相关学科之间关系可用图 7-1 来描述。

依据图 7-1，也可以简单地理解为"油藏管理工程"是在苏联著名学者克磊洛夫[76]提出的《油田开发科学原理》基础上，又进一步强调了系统工程方法和计算机技术的应用。

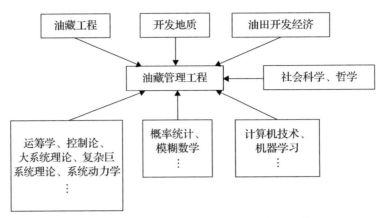

图 7-1　油藏管理工程与相关学科关系网络图

根据管理科学的一般理论与油田开发特点，油藏管理决策模型可划分为三个层次，第一个层次是油区发展战略规划模型（如大庆油田 1996 年编制的长远规划就可由这类模型解决）；第二个层次是开发规划模型、开发总体方案设计模型等；第三个层次是生产操作过程的决策问题（如节点分析问题）。每一层次问题应根据其性质与追求目标建立不同类型模型。

油藏管理工程解决问题的一般步骤可由图 7-2 概括。

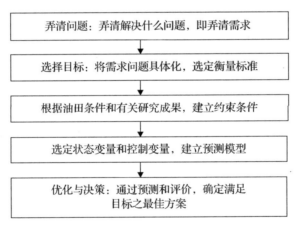

图 7-2　油藏管理工程解决问题的一般步骤

方案实施后，可根据实际信息反馈到以上各阶段，重新获得决策。

7.4.3　已有的研究成果

近年来有关学者积极地将系统工程方法引入到油田开发管理与决策领域。在建模、求解与应用等方面都进行了有益尝试。国外一些成果已发表在 *Operations Research*、*Management Science*、*Automatic* 和 *SPE Journal* 等刊物上，主要运用决策树、线性规划、非线性规划和最优控制等模型研究了气田开发规划、油田天然能量开采后的注水时机、开发层系组合、热力采油和表面活性剂驱油过程最佳控制等问题。国内有关单位对系统工程方法在油田开发方面的运用也已开展了较好的研究工作。尤其是中国石油天然气集团公司石油勘探开发科学研究院齐与峰教授十几年来致力于这方面研究，先后开展了"油田开发总体设计最优控制方法""注水开发油田稳产规划自适应模型""蒸汽注入过程的最优控制"等一系列课题研究，在理论和应用上都取得了一定的成果。中国石油大学(北京)的葛家理教授、大庆石油管理局勘探开发研究院的赵永胜高级工程师在此方面也开展了大量的研究工作。除此之外，西南石油大学、长江大学等石油院校和中国科学院、黑龙江大学、哈尔滨工业大学、中国人民大学等综合院校也开展过这方面的研究，建立了一些线性规划、非线性规划、动态规划以及模糊数学模型以解决开发规划优化问题(参见第 5 章)。其中一些具有代表性的成果，已被整理出版成《油气田开发系统工程专辑》。

以上研究成果虽然还需要在实践中进一步发展和完善，但已对要建立和发展油藏管理工程学科进行了必要的准备，油藏管理工程作为石油工业中一门相对独立的新学科的时机已趋成熟。

7.4.4　油藏管理工程的发展思路

作为一门应用新学科，油藏管理工程必须紧密结合油田开发管理特点，在开发实践中吸取营养，通过应用得到发展和完善。笔者仅对这门学科发展思路在宏观上进行初步阐述和展望。

1. 建立模型方面

前已述及，油藏管理工程不同于油藏工程等具体技术，不能简单地从国外引进，而是与国情、国民经济发展状况密切相关的，不同的经济管理模式将决定具有不同类型的油藏管理工程模型。随着我国石油工业体制的改革，石油公司的上市，海外资源的利用与新能源的发展，油田开发经营方针也必须做出相应的调整，该形势下如何建立决策模型中的目标函数、确立决策准则应该是进一步值得研究的重点课题。

在管理决策模型中，还应进一步加强油田开发技术经济学研究，建立合理有效的经济指标评价体系和评价方法。

2. 预测模型方面

预测是决策管理的基础，因此在发展油藏管理过程中应该加强预测技术的研究，在这方面也应该注重多种方法的集成。一般情况下，油田挖潜对象越来越差，常规措施效果逐步变差。油层是一个典型的变结构系统，因此完全从生产历史数据建模外推可能会出现较大偏差。同时也有一些新措施尚未经过矿场试验和生产实践，仅有一些数值模拟或室内实验数据，所有这些都给传统的基于数据的预测方法(如常用的回归分析)带来困难。因此有必要建立一套以油层渗流力学机理研究为基础的，既要以实际生产或矿场试验数据为依据，又要结合数值模拟计算和油田开发专家经验的综合集成预测技术。

近年来，大数据分析技术发展迅猛，在油田开发指标预测方面的应用前景广阔。

3. 优化方法方面

油田开发方面现已使用的优化方法在系统工程中称之为"硬优化"方法，其总体特征是追求数学上的严格化、结构化和求解过程的自动化，往往忽视行业专家的经验。这样的方法对油田开发这样既有工程问题，又有经济问题，对油层的认识又具有模糊性的复杂人工-天然系统可能存在一些困难，对于这类系统，应该注意采用近年来发展起来的"软优化"方法或智能优化方法，将追求最优解改为满意解，结合实际问题使用一些"启发式"算法，充分借鉴油田开发专家的经验，在决策过程中注意人机结合的半自动化方式。注重从定性到定量的多种方法的综合集成。

为进一步加强决策模型的适应性，对于一种规划决策问题，还应针对其可能情况，建立多种模型进行研究，这些模型组成模型库，通过多种模型的模拟优化计算对比，探讨合理的规划或决策解。这种思想实质上就是钱学森教授 1992 年概括的解决复杂巨系统的综合研讨厅体系。

7.5 分子采油的理念、方法及展望

深化到分子层面的认识与控制成为现代科学技术发展的一种必然趋势。例如，分子生物学的诞生成为生物学革命性发展的标志。分子炼油的理念与实施，因大幅度提高油品的价值而成为石油加工领域追求的目标。此外，分

子设计与控制在新材料科学、医药制造等方面正在产生着巨大的变革作用。因此，以分子动力学为代表的分子模拟技术、量子力学计算技术结合色谱、光谱与质谱分析、核磁共振等为代表的现代实验技术的方法论已经得到学术界、工业界的高度重视。

油气田开发技术的水平依赖于现代科学前沿技术的发展。传统的油田开发理论以流体力学、热力学、物理化学等学科为基础，但这些学科具有唯象方面的特征，适用于岩心到油藏的宏观尺度。随着油气田开采对象日趋复杂，例如在特高含水老油田进一步提高采收率，页岩油气、天然气水合物等非常规资源的开发，遇到许多科学难题和技术挑战，亟须更加有效的开发机理认识和方法，更具针对性、经济高效、绿色环保的驱油剂、压裂液或调堵剂，因此更有必要从分子层面深入认识、进行分子设计和操控，实现变革性的进步。

笔者根据所带领的团队近几年研究实践和体会，提出了分子采油(这里提出的分子采油包括分子采气，是广义分子采油的概念，下同，并不再说明)的理念，并对其内涵、现状和发展趋势进行了分析。认为分子采油目前主要涉及三个方面：一是从分子层面深化认识油气与岩石矿物的相互作用，油气微观赋存方式，驱油剂与岩石、油藏流体的相互作用和有效的采油机理，提出新的更加有效的开采方法；二是以实现驱油机理为目的，从分子层面(含量子化学计算)开展驱油剂、压裂液、调堵剂等油田化学药剂的设计与合成；三是基于分子层面研究认识的采油工程相关材料的研发。本节主要以应用分子动力学模拟在油气藏工程领域取得的部分成果与认识为主线，对前两个方面进行讨论。此项研究中，赵锁奇、张军、韩优、方吉超、刘玄等做了大量工作，在此表示感谢。

7.5.1　油气开采分子动力学研究某些进展

1. 基于分子层次的稠油开发机理研究与降黏剂研发

运用分子动力学模拟方法，深入到分子层次，研究组成稠油分子之间作用，深入认识其致黏机理，研究注入油藏流体与原油、岩石之间的相互作用，针对性设计化学降黏剂，实现靶向降黏。

1) 基于分子层次的稠油致黏机理认识

原油黏度是影响产量和采收率的主要因素，对于稠油更是如此。因此有效降黏已经成为稠油动用和提高采收率的根本举措。导致稠油高黏度的本质是各种复杂大分子间的相互作用，因此，针对性地稠油降黏，必须在分子层面对其致黏机理进行认识和降黏控制，分子动力学模拟理所当然成为认识其致黏机理的有力工具。选用红外光谱、高分辨率质谱等现代分析手段确定分子组成、认识分子结构、建立分子模型，应用最小能量原理优化分子体系模型，麦克斯韦-波尔兹曼方法确定分子初始速率，选择合适的力场即可开展分子动力学模拟。由于黏度是输运参数，可以运用外加扰动力场，模拟非平衡过程，运用统计力学的系综概念进行统计分析即可实现对致黏机理的深化认识。

研究表明，沥青质分子优先通过片状结构的 π-π 堆积作用形成缔合体，缔合体向外依次主要分布胶质、芳香组分和饱和组分。以缔合体为中心，各组分形成胶体结构，轻质组分构成胶体结构的分散介质。通过胶质中杂原子与稠油中石油酸、H_2O 的氢键桥接作用，羧酸基团与 Ca^{2+} 配位作用等，形成以缔合体为基本单元的稠油分子联合体，这种复杂的多层级联合体结构是稠油致黏的本质(图 7-3)。缔合体-联合体致黏理论的提出将传统胶质、沥青质堆积致黏机理深化到分子层次，有效的降黏就是针对性设计降黏剂分子，破坏联合体结构。

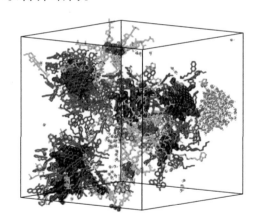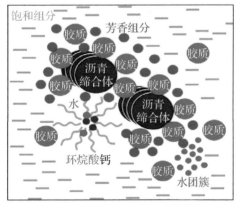

图 7-3　稠油分子缔合体-联合体分子模拟及结构示意图

2) 稠油化学降黏机理

与热采方法依靠升温加大分子热运动，减弱分子间相互作用降黏机理不同，稠油化学降黏机理有分散降黏和乳化降黏两种方式。分散降黏主要是利用高分子表面活性剂与稠油分子间的嵌入作用，从分子层面设计能与目标稠油沥青质形成更强分子间作用力的降黏剂分子(图 7-4)，使其参与沥青质分子聚结堆积，削弱沥青质分子间的 π-π 堆积作用，弱化体系中沥青质缔合结构，从而达到稠油降黏的目的。分子动力学计算表明(图 7-5)，加入降黏剂后，沥青质团簇尺寸变小，聚集程度变低，达到了稠油降黏的效果，并得到实验证实。同时，通过加有表面活性剂的大量地层水与稠油形成水包油乳液，将以分子间相互作用控制的稠油黏度进一步转变为以水外相控制的乳液体系黏度，最终实现稠油大幅度降黏。

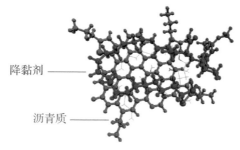

降黏剂 ——

沥青质 ——

图 7-4 沥青质与降黏剂分子间作用

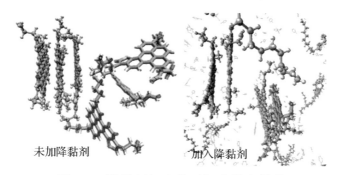

未加降黏剂   加入降黏剂

图 7-5 降黏剂加入前后沥青堆积结构

3) 基于分子动力学的降黏剂优化设计

在分子层面，稠油化学复合驱的本质是油、水和降黏剂分子间的作用，形成适于多孔介质流动的复合体系，这给降黏剂分子设计提供了靶向目标。如水溶性降黏剂，需要使稠油与水易形成水包油乳状液体系，稠油乳滴粒径小且较为稳定，便于水驱携带。另外，水包油乳液形成是一种相界面增加的过程，也是热力学不稳定体系，需要降低油水界面能。因此，降黏剂需要具有较好的水溶性、油水界面张力低和降低稠油缔合体-联合体大小等作用。在分子设计上，以聚丙烯酰胺为骨架，增加强水溶性的羧酸基团、强活性的磺酸基团、拆散沥青质缔合体-联合体的苯环基团和防止沥青质再聚集的烷基侧链，形成了水溶、强活性和高降黏特性的高分子结构。通过分子动力学模拟，以沥青质-沥青质径向分布函数和油水界面能量最低为主要优化指标，进一步优化了氮形态、苯环形态及烷基侧链长度等参数，从而形成了四元共聚高分子降黏剂，如图 7-6 所示。室内合成评价实验结果表明，所设计的水溶性降黏剂在加量为 0.5%～1.0% 时，在孤岛稠油(黏度 3560mPa·s)油水比 3∶7 时，降黏率可达 95%～98%，达到设计要求。

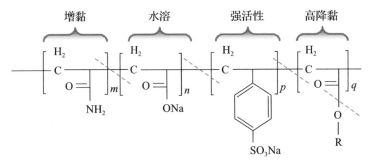

图 7-6　一种水溶性降黏剂分子设计

与水溶性降黏剂作用机理和适用环境不同，油溶性降黏剂更直接地参与稠油分子自组装行为，破坏稠油缔合体-联合体结构并防止其再次生成，这要求降黏剂对稠油分子缔合体-联合体结构具有很强的渗透性。为此在分子设计上，以油溶性碳骨架为基础，增加渗透性强的烷基侧链、能够打开 π-π 堆积的苯环基团和多个氢键作用位点的羟基酰胺基团等。另外，为了增强降黏剂分子的回收再利用性能，同时减少对采出原油的影响，设计了磁性纳米粒子接枝。通过分子动力学计算，优化了纳米粒子类型、硅烷偶联剂结构及共聚单体结构，设计合成了可磁场回收的高效油溶性降黏剂分子(图 7-7)。室内实验结果表明，所设计的油溶性降黏剂加量为 1.6%(有效含量 5%)时，陈平稠油(15632mPa·s，50℃)表观降黏率为 72.2%，降黏剂室内磁场回收率最高可达 76.4%。

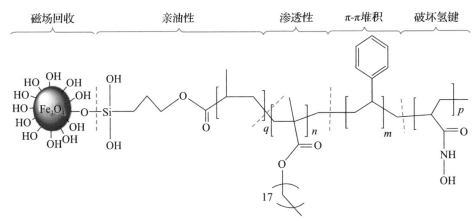

图 7-7　一种油溶性可回收降黏剂分子设计

2. 页岩气微观赋存特征与流动机理研究

页岩气藏不仅纳米级孔隙发育，同时有机干酪根孔隙与无机孔隙并存，有机孔隙直径集中在 5～50nm，无机孔隙直径集中在 50～200nm。固体与流体吸附作用、滑脱作用等更加强烈，传统实验难以认识，为此笔者团队以涪陵页岩气田为背景，开展了分子动力学和蒙特卡罗模拟等分子层面的模拟研究。

1) 确立干酪根孔隙模型与分子模型

根据干酪根沉积来源及热演化程度确定干酪根分子结构的方法和干酪根孔隙的重构方法，克服了传统造孔技术存在异常表面能、真实性较差的缺点，能够生成任意形状、大小的干酪根孔隙。在建立好的干酪根孔隙基础上，形成了纳米孔隙甲烷吸附模拟方法。

应用干酪根成熟度 R_o 与 H/C(原子比)、O/C(原子比)的相关关系，确立重构干酪根分子模型(图 7-8)和典型无机矿物表面(图 7-9)，如二氧化硅、碳酸钙、高岭石、蒙脱石等分子模型。流体主要为 CH_4 和 H_2O。

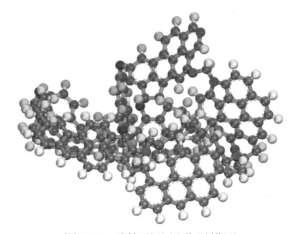

图 7-8　重构干酪根分子模型

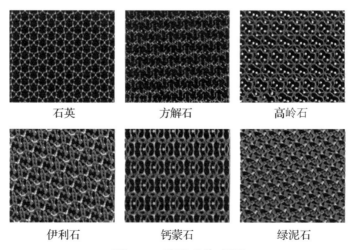

石英　　　　　方解石　　　　　高岭石

伊利石　　　　　钙蒙石　　　　　绿泥石

图 7-9　无机矿物表面

2）CH₄赋存特征与吸附规律

页岩储层内气体的赋存空间呈现典型的多尺度特征，可分为有机孔、无机孔和微裂缝三类。其中有机孔和无机孔是 CH₄ 的主要赋存空间。两类孔隙的壁面组成、吸附性质、空间结构差异极大。因此，对有机孔隙和无机孔隙内的气体赋存和流动问题分别研究，并取得以下认识：

涪陵页岩储层中有机孔隙与无机孔隙的总体积基本相当，但有机孔隙的表面积是无机孔隙的 3.7 倍。CH₄ 在页岩中赋存状态可以划分成吸附区与自由区，吸附气比例约为 5∶1（图 7-10）。吸附气高密度，游离气低密度，密度比值约为 3∶1（图 7-11）。

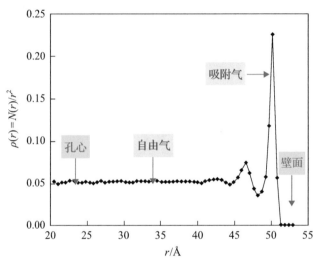

图 7-10　3nm 孔隙中吸附平衡态时甲烷密度分布（380.0MPa，360.0K）

r 为轴距，即到一侧孔隙壁的距离

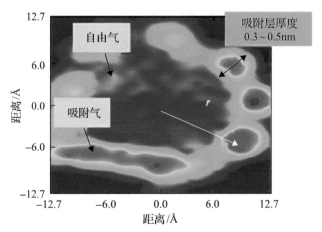

图 7-11　涪陵地层条件下干酪根吸附密度分布

　　低压条件下，有机质及无机矿物表面的甲烷均为单层吸附，吸附等温曲线满足朗缪尔方程。高压情况下，吸附层体积不可忽略，此时实验室测定结果应该进行修正。

　　有机孔表面疏水亲气(图 7-12)，无机孔隙表面亲水疏气(图 7-13)，水分子可吸附在无机孔表面，形成刚性水膜，占据孔隙空间，降低了有效孔隙度；水膜厚度受气体湿度、矿物类型和孔隙直径影响。表明含水越多、孔隙直径越小，水对 CH_4 的竞争吸附效应越明显。

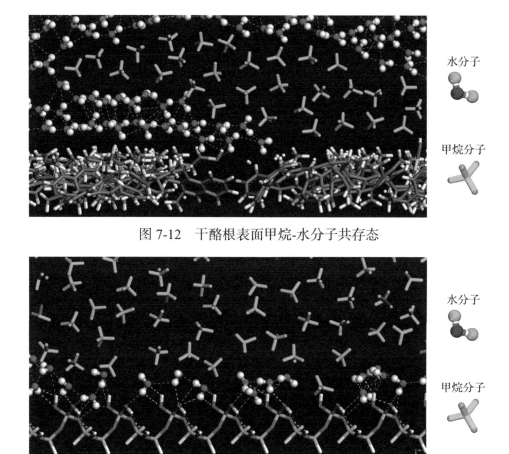

图 7-12　干酪根表面甲烷-水分子共存态

图 7-13　石英表面甲烷-水分子吸附平衡态

3) 页岩气流动规律

　　运用非平衡态分子动力学方法模拟气体流动，外加力场法(EFM)和反弹粒子法(RPM)模拟压差，建立了页岩储层纳米孔隙内气体流动的分子动力学模拟方法，并针对不同类型矿物壁面情形开展模拟研究，结果如图 7-14 和图 7-15 所示。

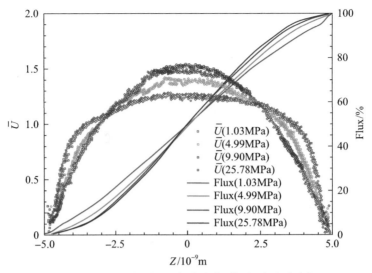

图 7-14　干酪根壁面孔隙中气体流动速度剖面

$\bar{U}$ 为归一化速度；括号内压力为孔隙内压力；Flux 为累积流量

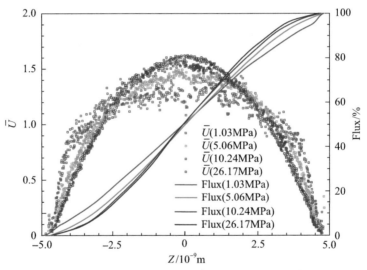

图 7-15　伊利石壁面孔隙中气体流动速度剖面

研究结果表明，涪陵页岩储层的纳米级孔隙内：CH_4 吸附区密度大，流动慢，同时，在壁面存在一定的滑脱效应。CH_4 自由区密度小，黏度小，流动快，与吸附区具有不同的运动特点。提取速度剖面进行统计，表明其已经脱离泊肃叶方程所具有的抛物线形状，认识到对于页岩气储层渗流，泊肃叶方程或达西定律需要进一步修正。

3. 他人研究成果概述

在油气开采方面，还有许多其他方面的研究，发表了一系列文章，应该说极大地充实了分子采油理论与方法。限于篇幅，仅作如下简单概括。

1）表面活性剂驱油方面

运用分子动力学模拟了表面活性剂、油、水和岩石系统中的分子层面的相互作用。表面活性剂有阴离子、阳离子、非离子和两性离子四种类型，原油既有辛烷、十二烷等理想替代物，也有考虑了饱和烃-芳香烃-胶质-沥青质的原油模型，岩石类型主要为石英、长石、菱铁矿和白云石等。

通过径向分布函数研究表征表面活性剂与沥青分子、胶质分子之间相互作用，稠油缔合致黏机理和表面活性剂降黏机理。不同类型表面活性剂和 pH 等因素对表面活性剂的吸附特征、界面能、界面膜厚度和界面张力的影响，润湿性与接触角的变化、剥离岩石吸附油膜的机制，研究了岩石表面粗糙度以及水流动力学条件等方面对剥离油膜的影响。

此外，对纳米颗粒剥离岩石吸附油膜，微乳液剥离油膜等方面也开展了一些研究。

2）聚合物驱油方面

应用分子动力学研究了含盐量、高价离子、水化蒙脱土和表面活性剂等因素对部分水解聚丙烯酰胺（HPAM）的构象和黏度、流体力学半径、回旋半径和特性黏数等参数的影响，开展了聚合物溶液黏弹性特征研究，开展了基于分子层面的耐盐聚合物、交联聚合物模型设计。

3）CO_2-EOR 方面

研究 CO_2 与聚合物分子侧链酯基、醚基等基团的相互作用，聚合物网状结构对 CO_2 流动性的影响，为超临界 CO_2 的增稠剂设计提供依据。研究 CO_2 与页岩岩石、原油之间相互作用，分析 CO_2 在岩石表面形成层膜置换原油以及溶解增加原油膨胀能机理。

总之，运用分子动力学等分子模拟技术在分子层面认识油气开采机理、驱油剂设计等方面已经做了大量工作，但大多数研究中原油组分主要是辛烷、十二烷等"理想油"，与真实原油的多分子复杂混合体差距较大，同时模拟中环境参数如温度、压力等偏离油藏条件。总之，研究成果偏于学术性，还没有达到实用程度，但这些工作为进一步分子采油理念的推出、学科的建立和工业化应用奠定了基础。

4. 存在的问题与挑战

（1）分子建模与分子力场复杂性。原油组成多样性，既有有机、无机、极性、离子等，尺度相差较大(如沥青及其缔合体的尺寸远远大于甲烷分子几个量级)，此外还要考虑岩石矿物等固体，给分子建模带来巨大挑战。

(2)尽管目前 CPU+GPU 等高速计算模式在分子模拟方面得到充分应用，但模拟体系分子个数仍然受限。而确定感兴趣的参数、现象的统计系综需要一定的分子个数做保证。

(3)时间尺度皮秒、纳秒级，空间尺度纳米级，与大尺度的油藏模型耦合存在巨大困难，目前主要提供一些定性的认识。

7.5.2　分子采油领域的几点展望

分子采油(采气)的理念及相应的方法涵盖油气田开发和提高采收率的方方面面。笔者仅就下面几个重要领域进行展望。

1. 化学驱油机理

化学驱油过程实际上是注入的化学剂与储层流体和岩石的分子间相互作用，通过改善储层驱替条件，使更多的原油"动起来"流向井筒，而分子动力学模拟将是实现这一目标的有效手段，在分子层面搭起化学剂、物理化学特性和驱油效率的桥梁，从而使化学驱油剂的设计针对性更强。

2. 改善热采机理

在分子层面深化认识高温条件下稠油分子状态，升温使分子热运动速度加快，甚至超过沥青质大分子中各原子的结合能，再结合加入合适的化学剂，最大程度降低沥青质大分子碳链断裂的活化能，从而实现稠油降黏改质，提高稠油流动性能，这将会对改善稠油开发效果和提高采收率具有重大意义。

3. CO_2 驱机理

开展 CO_2 分子与原油分子间相互作用研究，深化认识 CO_2 在原油中的扩散、溶解和萃取等作用，阐述其降低原油黏度、增加原油弹性能机理，调整混相控制参数，降低最小混相压力，对改善 CO_2 驱油效率具有重大意义。

4. 高含水油藏水驱机理

深入认识油藏开发过程中原油分子色谱分离效应，在外力场作用下原油轻质小分子运动快，优先被采出，大分子重组分在油藏中占比逐渐加大，原油黏度加大，从而影响后续开发策略。从分子层面深入认识这些现象并提出针对性的调整技术，对高含水油藏持续高效水驱具有重要意义。

5. 低矿化度水驱机理

注入比储层水矿化度更低的水，改变水中离子类型及其分布，进而改变储层润湿性，降低残余油饱和度，提高采收率。这一过程运用分子动力学模拟能够加深认识，并为注入水离子分布的设计提供依据。

6. 页岩油气开采机理

页岩气储层富含有机质，其与甲烷分子吸附作用更加强烈，吸附气与游离气共同构成页岩气的主要赋存方式。页岩气吸附-解吸附规律及渗流规律可以应用分子动力学进行研究，为开发技术政策制度和宏观页岩气藏数值模拟提供依据。

7. 天然气水合物开采机理

天然气水合物是 CH_4 等烃类气体充填于冰空间点阵的空穴中，赋存方式比较复杂，但有可能成为一种重要的接替资源。一般认为有前景的开采方法有加温、降压、CO_2 置换，化学剂抑制等，是一些复杂的物理化学过程。运用分子模拟方法对其机理深入认识，优化开采方式与参数，具有重要意义。

8. 驱油剂靶向设计

驱油剂提高采收率的本质是改变其与原油分子、岩石矿物和地层水之间的相互作用朝有利的方向发展。以开采机理为目标，对驱油剂分子组成、功能团类型、分子结构等方面进行优化设计，对其功能进行模拟预测和优化，指导合成工艺，是实现"靶向驱油"的根本途径。

9. 与其他学科技术的关联

分子动力学计算机模拟技术与现代实验技术如分子光谱、核磁共振、X射线衍射等相结合，是建立正确的分子模型和分子力场，以及提高分子动力学模拟结果可信度的重要保证。此外，与 LBM、油藏模拟的多尺度耦合也是一个重要发展方向。

7.5.3　小结

（1）基于分子层面，以分子动力学、蒙特卡罗模拟和粗粒化分子动力学等为标志的分子模拟方法，正在日益成为主要的科学研究手段，给材料制造以及炼油等领域带来了革命性进步。毫不例外，也将会成为油气开采领域的重要工具。分子采油的理念、方法与技术应当引起高度重视。

（2）油气开采对象日趋复杂，需要革命性的开发机理、方法和技术突破，必须采用分子模拟等方法深入分子层面开展研究。随着计算技术快速发展，基于分子模拟技术的分子采油时代即将到来，基于分子模拟技术的理论、方法以及新型驱油材料即将涌现出来，这将极大地丰富分子采油与油气田开发理论，促进开发技术水平的提高。

（3）分子模拟方法与现代实验分析技术的有机结合，将会成为分子采油理论的主要手段，分子采油本质上还需多学科进一步集成。

（4）全原子的分子动力学模拟、粗粒化与耗散粒子动力学模拟以及介观尺度的 LBM、宏观尺度的油气藏数值模拟等，不同尺度模拟方法相结合已经成为发展趋势。

（5）基于分子层面的驱油剂、压裂液、调堵剂等油田化学剂的组成与结构设计，是分子采油技术的一个重要方面。

7.6　油田开发方法论与技术演变的讨论

现代石油工业诞生以来，石油与人们的日常生活息息相关，成为经济发展的血液，成为国家战略性物资。随之而来的是，油田开发成为重要投资领域，技术发展的焦点，从而保证了老油田提高采收率和新类型油田开发建产，实现了目前年产油 40 亿 t 规模。石油工业发展史也是一部技术创新史，笔者根据多年的学习与工作体会，对油田开发技术演变趋势科学工程和工程特性等方面进行了初步剖析。

7.6.1　油田开发技术的第一次飞跃（1859～1950 年）

美国 1859 年第一口井标志着现代石油工业的诞生。在石油的巨额利润驱动下，各石油公司掠夺式开采，井网密度过大，井间干扰问题突出。同时仅靠天然能量开采，石油采收率低于 20%。进入 20 世纪初，科学开发理念走到日程上来，油田开发技术快速发展，至 40 年代末，油田经历了从无序开发到科学开发的改变，以注水开发为主要标志的开发技术飞跃式发展。

（1）油藏地质学、反射地震、测井、岩石物理学等学科，实现了对油藏特征的深化与整体认识，保证了储量计算科学性，为开发设计提供了基础。

（2）地下流体力学应用到油田开发之中，麦斯盖特的《采油物理原理》、克磊洛夫的《油田开发科学原理》、Buckley-Leverett 水驱油前缘驱替理论等奠定了油田开发的科学基础，促进了整体开发理念的形成和注水开发方案的科学性、注水开发的规模化。

（3）旋转钻井、套管射孔完井、储层压裂改造和以抽油机、潜水电泵为代表的举升等技术的发展，为油田开发设计的实施、开发目标的实现提供了技术上的保障。

依靠上述理论与技术，以注水开发规模化、油田开发科学化为标志，实现了油田开发技术第一次飞跃，促成了石油工业的重大进步。原油年产量达到 5 亿 t 以上。

7.6.2　油田开发技术的第二次飞跃（20 世纪 50～90 年代末）

（1）电子计算机技术的出现，催生了油藏数值模拟技术。通过计算机模拟不同开发方案的油藏生产过程，加深了人们对开发机理的认识，实现了开发方案设计的优化。随之一起发展起来的三维地质建模技术，实现了油藏地质特征刻画的量化，其与油藏数值模拟等学科协同，出现了集成化油藏管理的理念与技术，保证了在油田开发生命期内最大限度地提高采收率，实现经济效益的最大化，实现了油藏工程向多学科油藏管理的转变。

（2）电子计算机的高速发展，使油藏地球物理技术飞速发展。三维地震技术、成像测井技术、核磁共振测井和随钻测井（LWD）等技术，成为油藏描述的重要手段，成为多学科集成化油藏研究的重要环节。实现了油藏认知从油藏地质向油藏描述与表征转变。

（3）大型压裂技术与水平井技术。该技术提升与规模化应用，大幅度拓展了开采对象的范围，复杂油藏得到开发动用，可采储量剧增。固定式、自生式、半潜式等钻井采油平台的进步，海洋工程技术以及三维地震、时移地震作用的有效发挥，使海域油田成为产量的重要接替领域。

（4）EOR 技术。为提高采收率的需要，出现了以 CO_2 驱、天然气驱为代表的注气混相驱、非混相驱技术，蒸汽吞吐、蒸汽驱为代表的稠油热采技术，聚合物驱与二元、三元复合驱为代表的化学驱技术，以及微生物采油技术，在驱油机理方面已不同于注水开发的水动力学作用，在油藏中还体现了多种物理、化学等强化采油方面作用，极大地提高了油田采收率，实现了原油产量进一步攀升。

7.6.3　油田开发技术的第三次飞跃（2000 年至今）

（1）计算机能力的摩尔定律式的提升，促进油藏数值模拟技术和油藏地球物理技术的跨越式发展，千万级至亿级网格油藏数值模拟，叠前深度偏移成像、全三维可视化解释与预测等技术使油藏精细描述更加深刻，油田开发优化更加准确，油田开发设计水平大幅度提升。

（2）网络技术，尤其是传感器网络的发展，大数据和人工智能化技术的应用，实现了钻井和采油过程的实时监测和实时控制，钻井非生产时间大幅度降低，采油生产效率大幅度提升。

（3）页岩油气开采技术革命，以"甜点"预测评价技术，井间距、缝间距为核心的优化设计技术，旋转导向为标志的水平井长井段钻井技术，多段压裂完井技术以及人工压裂监测技术为标志，解放了巨大的页岩油气资源，改变了油气能源格局。

（4）深水、超深水油田开发。以四维地震油藏描述与监测技术、半潜式钻井采油平台、浮式生产储卸油装置（floating production storage and offloading，FPSO）及井下生产系统、水下分离系统、水下作业机器人（remotely operated vehicle，ROV）为标志的深水开发技术，深水油气资源充分得到开发和利用。

（5）数字孪生技术的应用。数字世界与真实的开采系统同步演化，对油藏动态特性、油井与地面设备的安全运行及时掌控，大幅度节省维护费用和提高生产效率。

7.6.4　知识驱动的方法论

国际大石油公司，以及近几年中国石油公司，都是基于特定油田地质特点，应用地球物理技术、地质统计学、地质建模技术和油藏数值模拟技术开展各阶段的开发设计。其基础是地质学、地球物理和地下流体力学，属于模型驱动（或物理驱动）的油田开发设计方法论。

实质上，还有一种方法论，就是已开发类型油田的经验与模式，虽然得到大多数油田开发工作者的注意，并在实际工作中得到应用，但还没有在方法论层面引起重视。近年来，人工智能技术的发展，知识管理系统、知识发现和挖掘以及知识图谱等概念、方法的推出，一些典型油田的成功开发经验以及教训应该总结到知识和模式层面，作为不同于模型驱动的又一方法论，指导同类型油田开发。我国一些油田开发，已经形成了一批典型油田开发模式。如以大庆喇萨杏油田为代表的大型砂岩油田开发模式，形成了早期注水、分层注水的开发原则，形成了分层开采、多次加密和三次采油的技术系列；以胜利东辛油田为代表的复杂断块砂岩油藏开发模式，形成了滚动勘探开发，层系细分重组，注采系统完善，大斜度井、水平井与复杂结构井规模化应用技术系列。

随着人工智能技术的发展，已有开发油田经验与教训的知识挖掘与发现将会产生巨大的力量，促进油田开发水平的提高。

7.6.5　油田开发的科学基础

油田开发作为一项工程活动，是建立在大量的科学基础之上的。苏联学者克磊洛夫的著作《油田开发科学原理》[76]，明确了地质学、地下流体力学和工业经济学是油田开发的科学基础。美国学者麦斯盖特[17]的著作《采油物理原理》，为油田开发奠定了热力学、流体力学等学科的基石。近年来，计算数学求解复杂的偏微分方程组，使实用的油气藏数值模拟成为现实。

化学驱提高采收率技术建立在物理化学基础之上，研究注入流体与油藏流体、岩石之间的各种物理化学作用，进而优化注入化学剂体系和注入参数。

CO_2 驱油技术，以热力学相关理论和流体力学相结合，认识 CO_2 在油藏中的作用，实现了 CO_2 驱油潜力科学评价和方案优化。

热力采油以热力学、传热学、非等温渗流力学等学科为基础，成为油田开发的主要开采方式。

微生物采油建立在微生物学原理与方法之上，有效实现了采油菌的筛选、培养、驯化、发酵和代谢产物控制等。

除上述基础科学支撑外，油田开发又与能源科学（原油本身就是重要的能源原料）、环境科学、信息科学和材料科学等应用科学分不开的。限于篇幅此处不再赘述。

7.6.6　油田开发工程特性

石油是重要的战略性物资，关系到国家经济的发展，关系到人们生活水平的提高。油田开发不仅是石油企业主体营业活动，也是政府和社会的关注点，还是国家之间的博弈与合作的重要领域，"谁控制了石油，谁就控制了所有国家"。所以，油田开发不仅含有科学问题、技术问题，还涉及经济与政治问题。不同于一般的科学或技术问题，油田开发在本质上是一项工程，具有工程的特性。

（1）油田开发工程的目标性。较高的产油量和较高的采收率，满足国家对原油的需求、资源的最大利用和企业取得好的经济效益，社会效益是我国油田开发遵循的根本方针，油田开发具有很强的目标性(常常表现为多目标)，不同国家、不同石油公司经营理念与开发目标存在一定差异。

(2)系统性与组织性。油田开发工程是一个庞大的工程，需要整体考虑。在宏观层次上考虑国家需求、社会效益、企业利润等各个方面。在介观层次上考虑油藏工程、采油工程和地面工程之间的协同，不同开发阶段的衔接。在微观层次上考虑各类储层开采矛盾以及平衡。各个层次诸要素之间相互联系、相互制约，协同发展，具有较强的组织性。

(3)多学科集成特性。油田开发从设计、实施、动态监测、动态分析、开发调整与提高采收率，都需要多个学科协同，涉及油藏地质学、三维地质建模、油藏数值模拟、油藏工程、采油工程、测试工程、地面工程和技术经济学等数十个学科；需要实验室分析、理论与现场分析的相互结合，涉及一系列理论与技术的庞大学科链。

(4)控制反馈性。油田开发过程本质上是一个反馈系统。在开发初期人们对油藏地质和开发规律的认识是不完备的。通过开发过程中不断积累各种静动态信息，对油藏系统逐步加深认识，对各种开发方式与做法不断调整，使油田开发产量等指标按照开发目标不断逼近。这个特征贯穿于油田开发的整个生命期。因此油田开发是一个闭环控制系统。

(5)风险性。油田开发的主要对象——油藏，深埋地下，对其认识是间接的，依靠大量推测，存在资源风险。开发过程中油藏系统是一个时变系统，对象的严重非均质性，现在好用的技术以后不一定好用，此地的技术彼地不一定有效，存在技术风险。市场多变，地缘政治多变，存在经济风险和政治风险。风险评价与管控成为油田开发工程的重要组成部分。

7.6.7　油田开发技术未来发展推动力与影响因素

(1)油田开发史表明，油田开发对象的扩展(如页岩油气)、开采方式的重大变化和采收率的大幅度提升是油田开发技术革命的主要标志。经济政治社会的重大要求，开发理念与机理上的重大突破，重大装备的成功应用，信息、生物、材料等新技术的推动是油田开发技术发展的推动力。深层、深水与非常规油气藏的需求，是油田开发技术进一步发展的巨大推动力。

(2)计算能力提升、传感器网络(物联网)、大数据人工智能及知识管理系统方面的高速发展对油田开发技术产生重大推动作用。

(3)材料、生物等技术对纳米驱油剂、生物驱油剂、油层调剖剂，以及各种材料、设备、工具发挥重大推动作用。建立在分子模拟与设计基础上的"分子采油"技术将会对油田开发技术发生巨大的变革产生推动作用。

(4)碳达峰碳中和成为各国政府、石油工业和社会的关注课题，能源结构调整势在必行，新能源的比重日益加大，必然对油气开采业技术发展产生重大影响。与碳达峰碳中和息息相关的 CCUS 成为石油企业的主要领域，CO_2 驱油与封存一体化日益完善。

总之，油田开发技术朝着更高采收率、更低成本、更加绿色方向发展。

7.6.8　小结

(1)油田开发是以地质学、渗流力学、数学、物理学、化学等学科为基础，以精细油藏描述、油藏工程与数值模拟技术、钻井采油技术为主要内涵的复杂系统工程。

(2)油田开发技术的发展依赖于开发对象的不断拓展，开发难题的不断涌现；依赖于以信息、材料等现代科学前沿技术的推动。

(3)以地质学、渗流力学为主导的模型方法、数据挖掘和知识发现为标志的人工智能方法相结合的方法论是油田开发工程未来发展的一个重要方向。

(4)与新能源协调发展，走绿色低碳之路，也是油田开发技术发展的一个重要方面。

参 考 文 献

[1] 沙尔巴托娃ИН, 苏尔古切夫 МЛ. 层状不均质油田得周期注水开发[M]. 北京: 石油工业出版社, 1989.

[2] 常子恒. 石油勘探开发技术(上下册)[M]. 北京: 石油工业出版社, 2001.

[3] Craig F F. The Reservoir Engineering Aspects of Waterflooding[M]. Dallas: SPE of Aime New York, 1971.

[4] Zick A A. A combined condensing/vaporizing mechanism in the displacement of oil by enriched gases [C]//SPE Annual Technical Conference and Exhibition, New Orleans, 1986.

[5] Forchheimer P. Wasserbewegung duich boden[J]. Zeitschrift des Vereines Deutscher Ingenieuer, 1901, 45: 1782-1788.

[6] Lindquist E. On the flow of water through porous soil[C]//Proceedings of the Congress des Grands Barrages, Stockholm, 1993.

[7] Hubbert M K. Darch's law and the field equations of the flow of underground fluids[J]. Hydrological Sciences Journal, 1957, 2(1): 23-59.

[8] Scheidegger A. On the stability of displacement fronts in porous media: A discussion of the Muskat-Aronofsky model[J]. Canadian Journal of Physics, 1960, 38(2): 153-162.

[9] Kralik J G, Manak L J, Jerauld G R, et al. Effect of trapped gas on relative permeability and residual oil saturation in an oil-wet sandstone[C]//SPE Annual Technical Conference and Exhibition, Dallas, 2000.

[10] Schneider F N, Owens W W. Sandstone and carbonate two-and three-phase relative permeability characteristics[J]. Society of Petroleum Engineers Journal, 1970, 10(1): 75-84.

[11] Kim T W, Kovscek A R. The effect of voidage-displacement ratio on critical gas saturation[J]. SPE Journal, 2018, 24(1): 178-199.

[12] Jones S, Getrouw N, Vincent-Bonnieu S. Foam flow in a model porous medium: Ⅱ. The effect of trapped gas[J]. Soft Matter, 2018, 14(18): 3497-3503.

[13] Bernard G G, Jacobs W L. Effect of foam on trapped gas saturation and on permeability of porous media to water[J]. Society of Petroleum Engineers Journal, 1965, 5(4): 295-300.

[14] Mulyadi H, Amin R, Kennarid T, et al. Measurement of residual gas saturation in water-driven gas reservoirs: Comparison of various core analysis techniques[C]//Oil and Gas Conference and Exhibition in China, Beijing, 2000.

[15] Jerauld G R. Prudhoe bay gas/oil relative permeability[J]. SPE Reservoir Evaluation & Engineering, 1997, 12(1): 66-73.

[16] Kantzas A, Ding M H, Jone L. Residual gas saturation revisited[J]. SPE Reservoir Evaluation & Engineering, 2001, 4(6): 467-476.

[17] 麦斯盖特 M. 采油物理原理(上下册)[M]. 俞志汉, 李奉孝, 译. 北京: 石油工业出版社, 1979.

[18] 张荣军. 低渗透油藏开发早期高含水井治理技术[M]. 北京: 石油工业出版社, 2009.

[19] 孔祥言. 高等渗流力学[M]. 合肥: 中国科学技术大学出版社, 1999.

[20] 童宪章. 油井产状和油藏动态分析[M]. 北京: 石油工业出版社, 1981.

[21] 童宪章. 应用童氏水驱曲线分析方法解决国内外一些油田动态分析问题[J]. 新疆石油地质, 1989, (3): 41-49.

[22] 童宪章. 天然水驱和人工注水油藏的统计规律探讨[J]. 石油勘探与开发, 1978, 5(6): 38-49.

[23] 金毓苏. 油田分层开采[M]. 北京: 石油工业出版社, 1985.

[24] 刘合. 采油工程[M]. 北京: 石油工业出版社, 2019.

[25] Vogel J V. Inflow performance relationships for solution-gas drive wells[J]. Journal of Petroleum Technology, 1968, 20(1): 83-92.

[26] Patton L D, Goland M. Generalized IPR curves for predicting well behavior[Inflow Performance Relation][J]. Petroleum Engineer International(United States), 1980, 52(7).

[27] Purcell W R. Capillary pressures-their measurement using mercury and the calculation of permeability therefrom[J]. Journal of Petroleum Technology, 1949, 186(2): 39-48.

[28] Burdine N T. Relative permeability calculations from pore size distribution data[J]. Journal of Petroleum Technology, 1953, 98(3): 71-78.

[29] Schmalz J P, Rahme H D. The variation of waterflood performance with variation in permeability profile[J]. Production Monthly, 1950, 15(9): 9-12.

[30] Pope G A. The application of fractional flow theory to enhanced oil recovery[J]. Society of Petroleum Engineers Journal, 1980, 20(3): 191-205.

[31] 桑德拉 R, 尼尔森 R F. 油藏注气开采动力学[M]. 张晓宜, 译. 北京: 石油工业出版社, 1987.

[32] Aronofsky J S, Lee A S. A linear programming model for scheduling crude oil production[J]. Journal of Petroleum Technology 1958, 10(7): 51-54.

[33] Lasdon L, Coffman P E, MacDonald R, et al. Optimal hydrocarbon reservoir production policies[J]. Operations Research, 1986, 34(1): 40-54.

[34] 葛家理, 赵立彦. 成组气田开发最优规划及决策. 油气田开发系统工程方法专辑(二)[M]. 北京:石油工业出版社, 1991.

[35] Mcfakland J W, Lasdon L, Loose V. Development planning and management of petroleum reservoirs using tank model and non-linear programming[J]. Operations Research, 1984, 32(2): 270-289.

[36] Wackowski R K, Stevens C E, Masoner L O, et al. Applying rigorous decision analysis methodology to optimization of a tertiary recovery project: Rangely Weber sand unit, Colorado[C]//Oil and Gas Economics, Finance and Management Conference, London, 1992.

[37] Babaev D A. Mathematical models for optimal timing of drilling multilayer oil and gas fields[J]. Mgmtment Science, 1975, 21(2): 1361-1369.

[38] 齐与峰, 朱国金. 注水开发油田稳产规划自适应模型//油气田开发系统工程方法专辑(二)[M]. 北京: 石油工业出版社, 1991.

[39] 陈爱东, 冯英俊. 多因素正交模拟敏感性统计分析方法[J]. 统计研究, 2001, (9): 54-56.

[40] 张杰, 张明达, 冯英浚. 目标规划模型的最优可达值及其应用[J]. 厦门大学学报(自然科学版), 2000, (2): 264-268.

[41] 韩志刚, 王洪桥. 多模型多方法综合多层递阶预报模式在油田产量预报中的应用[J]. 控制与决策, 1991, (6): 434-439.

[42] 檀雅静, 计小宇, 王天智, 等. 基于 SEC 准则的油田开发规划不确定优化模型及算法[J]. 运筹与管理, 2020, 29(7): 25-32.

[43] Amit R. Petroleum reservoir exploitation: Switching from primary to secondary recovery[J]. Operations Research, 1986, 34(4): 534-549.

[44] 齐与峰, 李力. 油田开发总体设计最优控制模型//油气田开发系统工程方法专辑(二)[M]. 北京: 石油工业出版社, 1991.

[45] 齐与峰, 朱国金. 注水开发总体设计最优控制模型//油气田开发系统工程方法专辑(二)[M]. 北京: 石油工业出版社, 1991.

[46] Rosenwald G W, Green D W. A method for determining the optimal location of wells in a reservoir using mixed integer programming[J]. SPE Journal, 1974: 44, 45.

[47] Beckner B L, Song X. Field development planning the optimal location of wells in a reservoir using mixed integer programming[J]. SPE Journal, 1974: 46, 47.

[48] Bitterncourt A C, Home R N. Reservoir development and design optimization[C]//SPE Annual Technology Conference and Exhibition, San Antonio, 1997.

[49] Gottifried B S. Optimization of a cyclic steam injection progress using penalty function[C]//Annual Fall Meeting of A Society of Petroleum Engineers of AIME, New Orleans, 1971.

[50] 齐与峰. 蒸汽注入过程的最优控制//油气田开发系统工程方法专辑(二)[M]. 北京: 石油工业出版社, 1991.

[51] Ramirez W F, Fathi Z, Cagnol J L. Optimal injection for enhanced oil recovery: Part 1-Theory and computational strategies[J]. SPE Journal, 1984, 24(3): 328-332.

[52] Forrester J W. System dynamics-A personal view of the first fifty years[J]. System Dynamics Review: The Journal of the System Dynamics Society, 2007, 23(2-3): 345-358.

[53] Burness G C, Gupta P K, Novotnak J F. An optimization model for allocation capital to exploration and production operations[C]//SPE Hydrocarbon Economics and Evaluations Symposium, Dallas, 1993.

[54] Nesvold R L, Herring T R, Currie J C. Field development optimization using linear programming coupled with reservoir simulation-Ekofisk field[C]//European Petroleum Conference, Milan, 1996.

[55] 翁文波. 预测论基础[M]. 北京: 石油工业出版社, 1984.

[56] 陈元千, 胡建国. 对翁氏模型建立的回顾及新的推导[J]. 中国海上油气(地质), 1996, 10(5): 317-324.

[57] 陈元千, 赵庆飞. Hubbert 模型与水驱曲线的联解法[J]. 中国海上油气(地质), 1996, 15(3): 194-198.

[58] 王炜, 刘鹏程. 预测水驱油田含水率的 Gompertz 模型[J]. 新疆石油学院学报, 2001, (4): 30-32.

[59] Schilthuis R J. Active oil and reservoir energy[J]. Transactions of the AIME, 1959, 118(1): 33-52.

[60] Mattar L, McNeil R. The "flowing" gas material balance[J]. Journal of Canadian Petroleum Technology. 1998, 37(2): 52-55.

[61] Arps J J. Analysis of decline curves[J]. Transactions of the AIME, 1945, 160(1): 228-247.

[62] Максимов М И. Метод подсчета извлекаемых запасов нефти вконечной стадии эксплуатации

нефтяных пластов в условиях вытеснения нефти водой[J]. геология неф ти и газа, 1959, (3): 42-47.

[63] 陈元千. 一种新型水驱曲线关系式的推导及应用[J]. 石油学报, 1993, 14 (2): 65-73.

[64] 陈元千. 对纳扎罗夫确定可采储量经验公式的推导及应用[J]. 石油勘探与开发, 1995, 22 (3): 63-68.

[65] 陈元千. 对翁氏预测模型的推导及应用[J]. 天然气工业, 1996, 16 (2): 22-26.

[66] Buckley S E, Leverett M C. Mechanism of fluid displacement in sands[J]. AIME, 1942, 146 (1): 107-116.

[67] Welge H J. A simplified method for computing oil recovery by gas or water drive[J]. Journal of Petroleum Technology, 1952, 4 (4): 91-98.

[68] Johnson E F, Bossler D P, Bossler V O N. Calculation of relative permeability from displacement experiments[J]. Transactions of the AIME, 1959, 216 (1): 370-372.

[69] Horner D R. Pressure build-up in wells[C]//Proceeding Third World Petroleum Congress, The Hague, 1951.

[70] Ramey H J. Non-Darcy flow and wellbore storage effects in pressure build-up and drawdown of gas wells[J]. Journal of Petroleum Technology, 1965, 17 (2): 223-233.

[71] Gringarten A C, Ramey H J, Raghavan J R. Applied pressure analysis for fractured wells[J]. Journal of Petroleum Technology, 1972, 27: 887-892.

[72] van Everdinger A F, Hurst W. The application of the Laplace transformation to flow problem in reservoirs[J]. Transations AIME, 1949, 186: 305-324.

[73] Fetkovich M J. The isochronal testing of oil wells[C]//Fall Meeting of the Society of Petroleum Engineers of AIME, Las Vegas, 1973.

[74] Bruce G H, Peaceman D W, Rachford Jr H H, et al. Calculations of unsteady-state gas flow through porous media[J]. Journal of Petroleum Technology, 1953, 5 (3): 79-92.

[75] Щелкачев В Н. Влияние на Нефтеотдачу Плотности Сетки Скважин и Их Размещения[J]. Нефтяное Хозяйство, 1974, (6): 26-30.

[76] 阿·波·克磊洛夫, 等. 油田开发科学原理(上下册)[M]. 北京: 石油工业出版社, 1956.

后 记

完成此书之际，我的职业生涯也即将画上句号。四十年石油战线上的奋斗，连续二十余年各级总师的经历，虽没有骄人的业绩，但也积累了一些心得体会。

四十年经验的切身总结是：学习出广度，思考出深度，总结出高度，实践出硬度。

我的学业有两次转变。我的本科专业是水文地质，毕业时分配到了油田开发部门，考虑到工作的适应和发展，五年后攻读油田开发工程专业的硕士研究生，融入到了油田开发工作的主流。为了开阔工作视野、提升系统思维和量化思维能力，我又脱产攻读了系统工程方向的博士。这两次学业方向的转变也是两次能力的提升，使我不仅拓展了跨学科方面的知识，更增强了自身的学习能力，这种能力让我受用一生，使我在后期的科研工作中能够以一种无畏的心态去学习并且不断掌握新的知识。

另一点心得是，应用与实践是科研工作不竭的驱动力。我本人研究的主要课题都是油田开发生产中客观存在的难题。科研方向立意正确，以实际应用为驱动，有的放矢，这样研究成果更有实际意义和认可度。例如，我在1990年做的硕士论文，以周期注水改善水驱开发效果力学机理为题，这是困扰大庆油田开发的实际问题。论文的目标明确，研究成果可以指导生产实践，这样的科研才是脚踏实地、名副其实的。通过这次独立性研究，我充分认识到刚参加工作时为了写文章而写文章的错误观念——犹如闭门造车，纸上谈兵，毫无意义。

在大庆油田勘探开发研究院工作了十八年后进入大庆油田技术决策层。这对我来说，又是一次来之不易的拓展视野、提高能力的机会。这次的工作需要我更多地在宏观上系统思考油田开发问题，促使我继续学习更多采油工程、地面工程的相关知识，鞭策我建立大庆油田特色的多学科油藏研究模式，成就了我"百个开发方案万口井"的技术把关人。这段宝贵的工作经历，让我对油藏工程研究有了更高维度的认识，恍然有一种"不识庐山真面目，只缘身在此山中"的感叹。

过了不惑之年，我调到中国石化石油勘探开发研究院并负责中国石化海外开发项目技术支撑和提高原油采收率研究工作。其间接触到了更多的油藏类型、更多的开发方式，更重要的是领悟、吸收了国外大石油公司多种不同的开发理念，终于体会到"全球的视野，政治经济的高度，系统的思维，学科集成的手段"的真谛。

本人在油藏工程研究方面的特长：一是用稳态逐次替换的方法研究非稳定流，这种方法不仅数学上容易处理，而且物理意义明确。二是创建流线积分法，实现从简单的流线或流管得到的方程，推广到相对复杂的井网。三是建立常微分方程(组)，将物质平衡方程、水驱特征曲线等等化为常微分方程的形式，求解开发指标变化规律，它既可以精细刻画，又简便易行。四是建立最优化数学模型表征油田开发问题，体现油田开发过程就是一个优化过程的本质。优化方法也是我博士的专业方向和学术上的兴趣点。

世界不曾偏爱不劳而获的人，亦不会辜负每一个努力进取、脚踏实地的人。从水文地质到油田开发，从大庆油田开发技术的攻坚到若干海外油田开发项目的技术支撑，这期间有困难、有遗憾、但更有收获。

从年轻时的意气风发到如今的老骥伏枥，虽未志在千里，但依然有兴趣继续油藏工程方面的研究。若能再对油田开发事业做出些许贡献，便是感恩天道酬勤了。

但也可能花更多的时间学习、思考数学、物理方面的兴趣问题，回归到我青少年时的最爱……